住房和城乡建设部“十四五”规划教材
教育部高等学校工程管理和工程造价专业教学指导分委员会规划推荐教材
高等学校智能建造专业系列教材
丛书主编　丁烈云

智能建造与计算机视觉技术

Computer Vision and Applications in Intelligent Construction

张　建　冯东明　徐　燕　主编
李　惠　吴　刚　主审

中国建筑工业出版社

图书在版编目（CIP）数据

智能建造与计算机视觉技术 ＝ Computer Vision and Applications in Intelligent Construction / 张建，冯东明，徐燕主编. -- 北京 ：中国建筑工业出版社，2024. 3

住房和城乡建设部“十四五”规划教材　教育部高等学校工程管理和工程造价专业教学指导分委员会规划推荐教材　高等学校智能建造专业系列教材 / 丁烈云主编

ISBN 978-7-112-29547-0

Ⅰ. ①智… Ⅱ. ①张… ②冯… ③徐… Ⅲ. ①智能技术－应用－建筑工程－高等学校－教材②计算机视觉－高等学校－教材 Ⅳ. ①TU-39②TP302. 7

中国国家版本馆 CIP 数据核字(2023)第 253047 号

本教材为高等学校智能建造专业系列教材，由高等院校专业教师团队编写。全书共分 11 章，内容包括绪论、相机成像与相机标定、数字图像处理、图像特征检测与图像匹配、基于计算机视觉的位移测量原理、深度学习与图形处理、目标识别与分割、立体视觉与三维重建、基于计算机视觉的结构位移监测应用案例、结构病害智能检测应用案例、结构施工视觉测量应用案例。本书直观呈现关键知识，紧密结合工程实践，直接服务于基础设施建造与运维应用。

本教材提供了丰富的演示程序、习题和实际工程案例等教学资源，特别适用于智能建造相关专业的本科生和研究生，同时也可作为科研人员、实验人员以及相关技术从业者的专业参考书。

为了更好地支持相应课程教学，我们向采用本书作为教材的教师提供部分教学课件，有需要的可与出版社联系，邮箱：jckj@cabp. com. cn，电话：（010）58337285，建工书院 http://edu. cabplink. com（PC 端）。

总 策 划：沈元勤
责任编辑：张　晶　冯之倩
责任校对：张　颖

住房和城乡建设部“十四五”规划教材
教育部高等学校工程管理和工程造价专业教学指导分委员会规划推荐教材
高等学校智能建造专业系列教材
丛书主编　丁烈云
智能建造与计算机视觉技术
Computer Vision and Applications in Intelligent Construction
张　建　冯东明　徐　燕　主编
李　惠　吴　刚　主审
*
中国建筑工业出版社出版、发行（北京海淀三里河路 9 号）
各地新华书店、建筑书店经销
北京红光制版公司制版
北京圣夫亚美印刷有限公司印刷
*
开本：787 毫米×1092 毫米　1/16　印张：14¾　字数：362 千字
2024 年 8 月第一版　2024 年 8 月第一次印刷
定价：**46.00** 元（赠教师课件）
ISBN 978-7-112-29547-0
（42282）

高等学校智能建造专业系列教材编审委员会

出 版 说 明

智能建造是我国“制造强国战略”的核心单元，是“中国制造 2025 的主攻方向”。建筑行业市场化加速，智能建造市场潜力巨大、行业优势明显，对智能建造人才提出了迫切需求。此外，随着国际产业格局的调整，建筑行业面临着在国际市场中竞争的机遇和挑战，智能建造作为建筑工业化的发展趋势，相关技术必将成为未来建筑业转型升级的核心竞争力，因此急需大批适应国际市场的智能建造专业型人才、复合型人才、领军型人才。

根据《教育部关于公布 2017 年度普通高等学校本科专业备案和审批结果的通知》（教高函〔2018〕4 号）公告，我国高校首次开设智能建造专业。2020 年 12 月，住房和城乡建设部办公厅印发《关于申报高等教育职业教育住房和城乡建设领域学科专业“十四五”规划教材的通知》（建办人函〔2020〕656 号），开展了住房和城乡建设部“十四五”规划教材选题的申报工作。由丁烈云院士带领的智能建造团队共申报了 11 种选题形成“高等学校智能建造专业系列教材”，经过专家评审和部人事司审核所有选题均已通过。2023 年 11 月 6 日，《教育部办公厅关于公布战略性新兴领域“十四五”高等教育教材体系建设团队的通知》（教高厅函〔2023〕20 号）公布了 69 支入选团队，丁烈云院士作为团队负责人的智能建造团队位列其中，本次教材申报在原有的基础上增加了 2 种。2023 年 11 月 28 日，在战略性新兴领域“十四五”高等教育教材体系建设推进会上，教育部高教司领导指出，要把握关键任务，以“1 带 3 模式”建强核心要素：要聚焦核心教材建设；要加强核心课程建设；要加强重点实践项目建设；要加强高水平核心师资团队建设。

本套教材共 13 册，主要包括：《智能建造概论》《工程项目管理信息分析》《工程数字化设计与软件》《工程管理智能优化决策算法》《智能建造与计算机视觉技术》《工程物联网与智能工地》《智慧城市基础设施运维》《智能工程机械与建造机器人概论（机械篇）》《智能工程机械与建造机器人概论（机器人篇）》《建筑结构体系与数字化设计》《建筑环境智能》《建筑产业互联网》《结构健康监测与智能传感》。

本套教材的特点：（1）本套教材的编写工作由国内一流高校、企业和科研院所的专家学者完成，他们在智能建造领域研究、教学和实践方面都取得了领先成果，是本套教材得以顺利编写完成的重要保证。（2）根据教育部相关要求，本套教材均配备有知识图谱、核心课程示范课、实践项目、教学课件、教学大纲等配套教学资源，资源种类丰富、形式多样。（3）本套教材内容经编写组反复讨论确定，知识结构和内容安排合理，知识领域覆盖全面。

本套教材可作为普通高等院校智能建造及相关本科或研究生专业方向的课程教材，也可供土木工程、水利工程、交通工程和工程管理等相关专业的科研与工程技术人员参考。

本套教材的出版汇聚高校、企业、科研院所、出版机构等各方力量。其中，参与编写的高校包括：华中科技大学、清华大学、同济大学、香港理工大学、香港科技大学、东南大学、哈尔滨工业大学、浙江大学、东北大学、大连理工大学、浙江工业大学、北京工业大学等共十余所；科研机构包括：交通运输部公路科学研究院和深圳市城市公共安全技术研究院；企业包括：中国建筑第八工程局有限公司、中国建筑第八工程局有限公司南方公司、北京城建设计发展集团股份有限公司、上海建工集团股份有限公司、上海隧道工程有限公司、上海一造科技有限公司、山推工程机械股份有限公司、广东博智林机器人有限公司等。

本套教材的出版凝聚了作者、主审及编辑的心血，得到了有关院校、出版单位的大力支持，教材建设管理过程严格有序。希望广大院校及各专业师生在选用、使用过程中，对规划教材的编写、出版质量进行反馈，以促进规划教材建设质量不断提高。

中国建筑出版传媒有限公司

2024 年 7 月

序　言

教育部高等学校工程管理和工程造价专业教学指导分委员会（以下简称教指委），是由教育部组建和管理的专家组织。其主要职责是在教育部的领导下，对高等学校工程管理和工程造价专业的教学工作进行研究、咨询、指导、评估和服务。同时，指导好全国工程管理和工程造价专业人才培养，即培养创新型、复合型、应用型人才；开发高水平工程管理和工程造价通识性课程。在教育部的领导下，教指委根据新时代背景下新工科建设和人才培养的目标要求，从工程管理和工程造价专业建设的顶层设计入手，分阶段制定工作目标、进行工作部署，在工程管理和工程造价专业课程建设、人才培养方案及模式、教师能力培训等方面取得显著成效。

《教育部办公厅关于推荐2018—2022年教育部高等学校教学指导委员会委员的通知》（教高厅函〔2018〕13号）提出，教指委应就高等学校的专业建设、教材建设、课程建设和教学改革等工作向教育部提出咨询意见和建议。为贯彻落实相关指导精神，中国建筑出版传媒有限公司（中国建筑工业出版社）将住房和城乡建设部“十二五”“十三五”“十四五”规划教材以及原“高等学校工程管理专业教学指导委员会规划推荐教材”进行梳理、遴选，将其整理为67项，118种申请纳入“教育部高等学校工程管理和工程造价专业教学指导分委员会规划推荐教材”，以便教指委统一管理，更好地为广大高校相关专业师生提供服务。这些教材选题涵盖了工程管理、工程造价、房地产开发与管理和物业管理专业主要的基础和核心课程。

这批遴选的规划教材具有较强的专业性、系统性和权威性，教材编写密切结合建设领域发展实际，创新性、实践性和应用性强。教材的内容、结构和编排满足高等学校工程管理和工程造价专业相关课程要求，部分教材已经多次修订再版，得到了全国各地高校师生的好评。我们希望这批教材的出版，有助于进一步提高高等学校工程管理和工程造价本科专业的教学质量和人才培养成效，促进教学改革与创新。

教育部高等学校工程管理和工程造价专业教学指导分委员会

2023年7月

前　　言

智能建造是在信息技术、工程技术、人工智能等领域取得显著进步的背景下发展起来的一种先进建筑施工方式。随着信息技术的迅猛发展，各种先进的数字化技术应用于建筑施工中，包括 BIM（建筑信息模型）、传感器技术、无人机等，为智能建造提供了强有力的技术支持。近年来，计算机视觉技术在基础设施的建造、运营、维护等各个阶段得到广泛应用，极大地改善了施工和维护阶段的效率和成本。这些进展很大程度上受益于不同学科的交叉融合，通过引入计算机视觉、人工智能等技术，能够实现高效、经济、自动化的基础设施建造、检测、监测。本书以由简至繁、从理论到实践的顺序组织各章节，包括从视觉模型到视觉系统、从二维视觉到三维视觉、从视觉算法到视觉应用，以及从单传感器视觉到多传感器视觉的内容。力求以层次性、系统性、先进性和实用性的特点，全面介绍计算机视觉的主要研究内容和实际应用，为读者提供丰富的知识和实践指导。

本书共 11 章，分为基本理论、高级应用方法、典型应用案例三个篇章。第 1 章为绪论，介绍了计算机视觉的发展历程和在土木工程领域的应用方向。第 1 篇为基本理论，包含第 2～4 章，介绍了相机成像与相机标定、数字图像处理、图像特征检测与图像匹配等理论方法。第 2 篇为高级应用方法，包含第 5～8 章，介绍了基于计算机视觉的位移测量原理、深度学习与图形处理、目标识别与分割、立体视觉与三维重建等内容。第 3 篇为典型应用案例，包含第 9～11 章，介绍了基于计算机视觉的结构位移监测应用案例、结构病害智能检测应用案例、结构施工视觉测量应用案例。

本教材体系完整，各部分内容详尽且相对独立。它结合了计算机视觉的理论知识和智能建造的工程需求，以学科交叉、知识融合为特点，力求培养既懂土木工程实际需求，又了解计算机视觉、深度学习等技术方法的复合型专业技术人才，以及具备跨领域发展潜力的应用研究型领军人才和新型工科人才。

在编写本教材的过程中，我们广泛参考了国内外的大量著作和资料。在此，衷心感谢被引用文献的作者，以及那些为本教材提供资料的编委和同行业专家。感谢为本教材编写做出工作的陈旺、高晨皓、赵梦辉、陈乙轩、朱德仁、胡天时、钱子欣、王昊楠、游弋、郭孝贤、王孟威、赵江帆等同学。

编者

2024 年 3 月

目　录

第2篇 高级应用方法

第3篇　典型应用案例

1

绪论

知识图谱

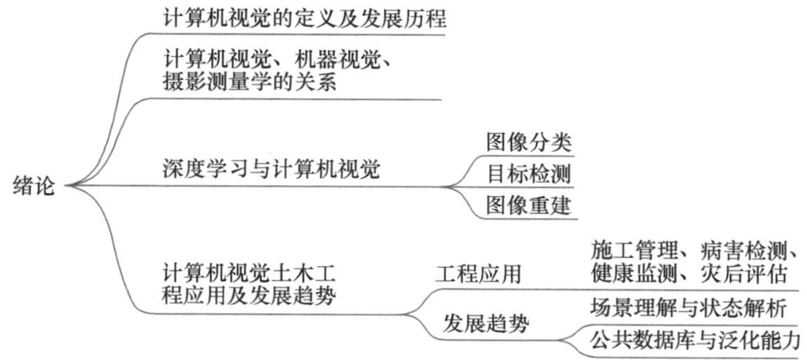

本章要点

知识点1. 计算机视觉的定义与发展。

知识点2. 计算机视觉、机器视觉、摄影测量学的关系。

知识点3. 深度学习与计算机视觉。

知识点4. 计算机视觉在土木工程的应用与发展。

学习目标

（1）了解计算机视觉的概念与发展历程。

（2）梳理相关领域之间的关联，了解计算机视觉在土木工程的前沿应用。

1.1 计算机视觉的定义及发展历程

计算机视觉是研究让机器具备视觉能力的学科，也就是让机器能对周围环境和其中的对象进行可视化分析。英国机器视觉协会（British Machine Vision Association，BMVA）将机器视觉定义为："自动提取、分析和理解单张或一系列图像中的有用信息"。计算机视觉与人类的视觉系统有相似之处。如图1-1所示，它通过使用各种成像系统来代替人类的眼睛，获取场景的图像或视频数据，再将数据传输到计算机中进行检测、识别等分析，输出图像或视频中的重要信息，如场景的分类属性（建筑工地）、塔式起重机的运动轨迹等，进而对现实场景进行理解。

在过去的六十多年里，计算机领域的专家们一直在努力寻找解析视觉数据的方法，其中的一些关键时刻和事件列举如图1-2所示。

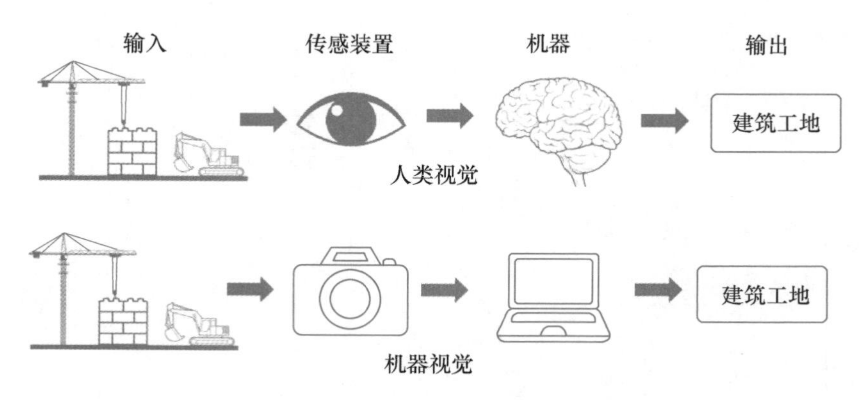

图 1-1　人类视觉与计算机视觉

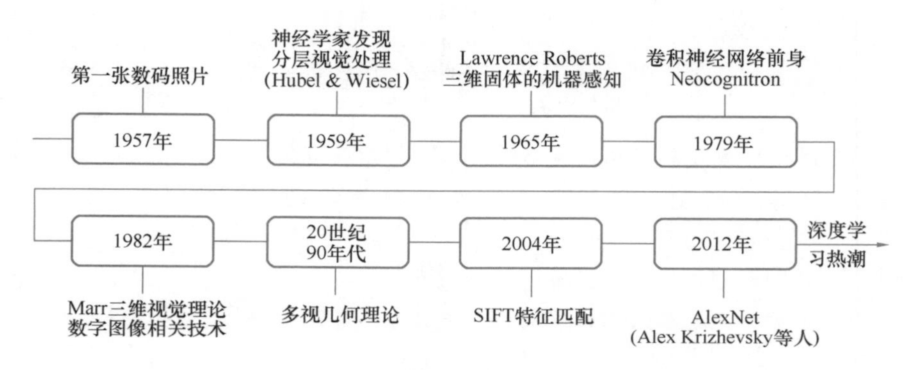

图 1-2　计算机视觉发展历史

图像处理的起源可以追溯到 1957 年，当时美国国家标准局的 Russell Kirsch 和他的团队开发了一台可编程的计算机，并搭建了一台旋转鼓式扫描仪。他们利用这个设备拍摄了人类历史上的第一张数字图像，如图 1-3 所示，照片中是 Kirsch 三个月大的儿子 Walden 的头像。尽管这幅黑白照片的尺寸只有 176 像素×176 像素，与今天的高清照片相差甚远，但它奠定了数字图像技术快速发展的基础，因此 Kirsch 被誉为“像素之父”。

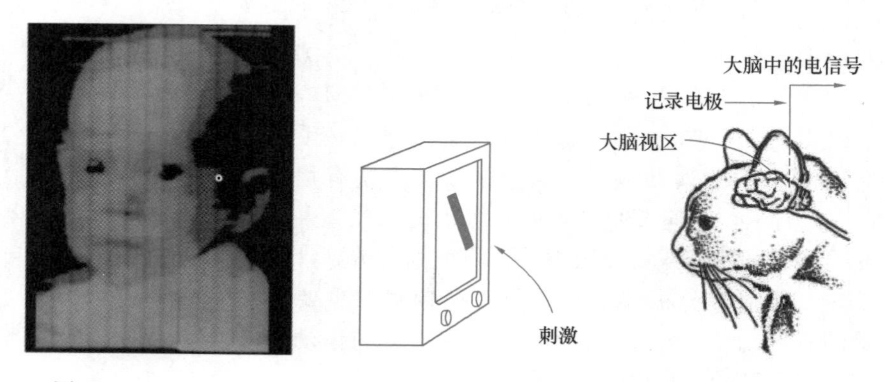

图 1-3　人类历史上第一张数字图像和神经生物学家开展的动物神经元测试

1959 年，神经生物学家 David Hubel 和 Torsten Wiesel 发表了一篇有关动物视觉神经元活动相关的论文，这是在计算机视觉领域中最具影响力的论文之一。他们使用了一种电生理技术记录了动物神经元的活动。实验发现，当插入新的图像幻灯片到投影仪中时，猫的一个神经元会发射信号，这也说明神经元对玻璃幻灯片锐利边缘的阴影所产生的线条运动是兴奋的。研究人员通过这些实验确定了视觉皮层中存在的神经元可以处理简单和复杂任务。进一步的拓展实验发现，视觉信号在大脑传输中会被分解，而视觉处理的起点通常是定向边缘等简单结构。这意味着当我们看到一个物体时，首先，由负责低级视觉处理的神经元识别边缘或确定边缘的方向；然后，复杂神经元会接收颜色、基本的二维形状；最后，更复杂的神经元进行高级视觉处理，如识别复杂特征或整合信息。这种逐层处理视觉信息的模式成为视觉神经生理学研究的框架，也为计算机视觉学科发展奠定了基础。由于在视觉系统和视觉处理领域的突破性发现，Hubel 和 Wiesel 两人获得了 1981 年的诺贝尔生理学或医学奖。

20 世纪 60 年代，研究人员对人工智能的未来充满期望，他们认为人工智能可以在未来几十年内实现自我学习和自我改进，甚至可以在 20 年内实现人类水平的智能。其中，麻省理工学院人工智能实验室的教授 Seymour Papert 发起了一个关于视觉的暑期项目，试图解决图像自动分割的问题。受限于当时的计算机技术和数据处理能力，这个项目并未取得成功，但它被认为是计算机视觉作为一门科学诞生的时刻。

1965 年，Lawrence Roberts 在麻省理工学院的博士论文《三维固体的机器感知》中描述了如何从线条轮廓二维图片中推导出三维几何信息，以及计算机如何从单张二维图片创建三维模型，如图 1-4 所示。书中讨论了相机投影变换、透视效应和深度感知的规则、假设等内容，是计算机视觉的先导之一。

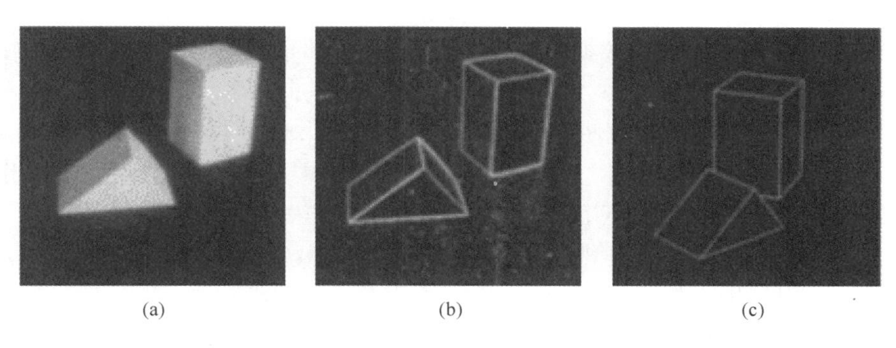

图 1-4 三维固体的机器感知

(a) 原始图；(b) 图像梯度；(c) 视角变化后渲染生成的新图

20 世纪 70 年代后，人工智能领域进入了一个寒冬期。尽管当时的研究进展缓慢，但在 20 世纪 80 年代末到 20 世纪 90 年代初期仍开发出了基础神经网络。1979 年，一位日本计算机科学家 Kunihiko Fukushima 受到视觉神经分层处理模式的启发，构建了一个用于模式识别的神经网络模型 Neocognitron，这也是卷积神经网络的前身。1989 年，LeCun 创新地将反向传播算法应用于权值共享的卷积神经层，发明了卷积神经网络 LeNet，并将其应用于美国邮局的手写字符识别系统中，标志着卷积神经网络的首次成功应用。

同一时期，视觉计算理论也在逐步形成，标志性事件是 1982 年 David Marr 出版的一本重要书籍《VISION》。Marr 被誉为“现代计算机视觉之父”，他提出了研究和理解视觉感知的通用框架，包含计算理论、表达和算法、算法实现三个层次的内容。视觉计算理论着重于挖掘成像物理场景的内在属性来进行视觉计算，也就是利用二维图像恢复三维物体的表面形状；物体表达分为物体坐标系三维形状表达，以及观测者坐标系下的 2.5 维表达；算法研究主要关注如何通过不同的模块（例如立体视觉、运动分析等）来获取物体的表达。这个过程可以分为三个阶段：从原始图像到 2.5 维图像，再到最终的三维模型表示。Marr 的工作在当时是开创性的，但它非常抽象，没有涉及任何关于视觉系统中数学建模和学习过程的内容。

在 20 世纪 90 年代，多视几何理论逐渐成熟，为分层三维重建理论奠定了基础。多视几何理论的核心研究对象是理论和计算方法，用于分析观察角度变化时图像中相应点的关联，以及空间中的点与其在图像中的投影之间的约束关系。而分层三维重建理论是一种逐步分阶段进行的优化方法，用于从多张二维图像中恢复出具有三维结构的欧几里得空间。分层三维重建理论在计算机视觉领域非常重要，因为许多三维视觉应用，如三维地图和全景街景展示等都是基于这个理论来实现的。

21 世纪初，研究热点从三维重建转向基于特征的物体识别，如 David Lowe 于 2004 年提出的 SIFT 方法，它是一种人工设计的特征方法，利用对旋转、位置和光照变化不敏感的局部特征进行图像配准和物体识别。2001 年，Paul Viola 和 Michael Jones 提出了第一个实时人脸检测框架，该算法在当时非常高效且可靠。虽然该算法基于机器学习，但它的工作方式类似于深度学习，在处理图像时可以进行人脸特征的定位。计算机视觉的重要突破发生在 2012 年，当时深度神经网络 AlexNet 在当年视觉识别挑战赛（ImageNet）中获胜。尽管卷积网络在 1989 年就被提出（LeNet），但 AlexNet 的成功不仅依赖于算法和模型本身，还依赖于高质量的数据集（如 ImageNet、Pascal）和高性能的计算硬件（如 NVIDIA GPU），这些因素都对其成功起到了关键作用。自此之后，深度学习技术引领了计算机视觉领域的新浪潮。通过使用更深的网络结构、大规模数据集和强大的计算硬件，深度学习在图像分类、目标检测、语义分割等任务上取得了显著的性能提升，并逐渐在自动驾驶、医学图像分析、人机交互等应用领域发挥着关键作用。

我们在本书的后续章节中提到了数字图像相关（Digital Image Correlation，DIC），它与计算机视觉的发展历史相互独立，但存在一些重叠的技术和方法。DIC 是实验力学领域的一项重要技术，它主要用于在实验室环境中观测物体的变形、形状和运动。通过对物体表面的图像进行比较和分析，DIC 技术可以精确地测量物体在受力或加载情况下的变形和形状变化，从而为力学实验提供有价值的数据和信息。DIC 算法由南卡罗来纳大学的 Peters 和 Ranson 在 1982 年首次提出，他们使用了一种交叉相关函数与零阶形状函数相结合的图像相关性表示方法，追踪了小型铝样本上激光散斑图案的刚体运动。接着，Sutton 及其同事继续改进初始的 DIC 技术，以满足工业场景中对表面变形测量的需求。DIC 技术的理论基础和基本框架在 2000 年之前基本上已经确立，商业测量系统的推广加速了 DIC 方法的应用领域，除了经典的实验力学、断裂力学、疲劳等测试外，DIC 技术也可应用于监测生物组织、电子元件和基础设施受到外部载荷下的变形和应变演变规律。DIC 技术与计算机视觉中的图像匹配在工作原理上有较高的相似度，它们都是通过检测和匹配两幅图像中的相同特征来实现图像几何对齐。由于实验力学检测对象通常为连续体且测量精度要求高，DIC 技术通常使用人工散斑图案和基于区域的匹配方法。

从工业界的角度上看，计算机视觉是目前人工智能领域中应用最广泛的技术之一。它的技术研究与产业应用正在迅速发展。我们日常生活中熟悉的人脸识别、AI 修图、虚拟现实等都与计算机视觉息息相关。下面列举了计算机视觉在智能制造、自动驾驶、医疗健康、农业等方面的应用，如图 1-5 所示。

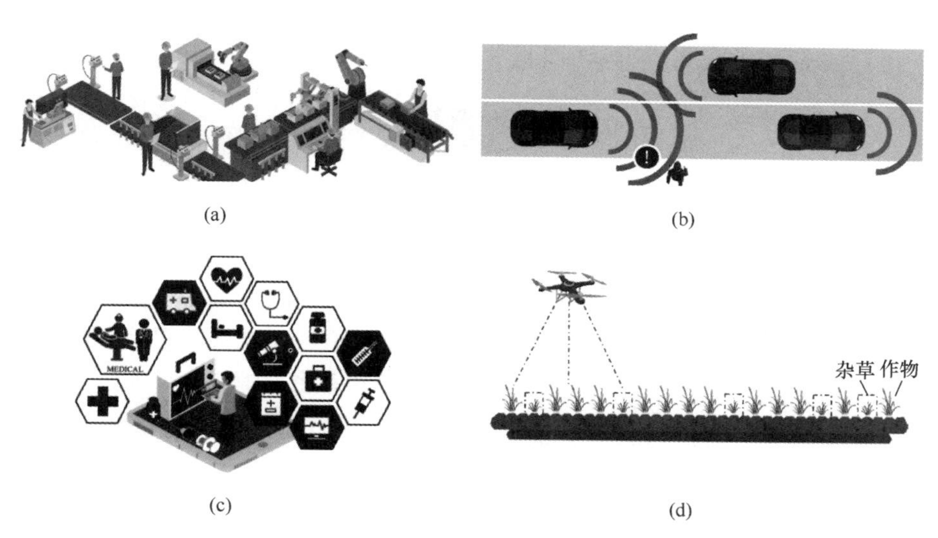

(a)　　(b)

(c)　　(d)

图 1-5　计算机视觉应用场景

（a）智能制造；（b）自动驾驶；（c）医疗健康；（d）智慧农业

智能制造：计算机视觉在制造业中扮演着重要的角色，常被用于产品和质量检查、结构监测及损伤跟踪等方面。相较于肉眼，摄像头能够更敏锐地察觉产品的微小缺陷，并且高效地完成任务。随着时间的推移，工业机器人在工业生产中的应用范围越来越广泛。在工件的分拣、码垛、零件的焊接以及工件的装配等行业，工业机器人逐渐取代了人工进行各种作业。将机器视觉技术与自动化生产线中的工件分拣系统相结合，使用工业智能相机代替多种烦琐的传感器，可以大大简化软件开发的难度，提高对工件或其他物品的识别速度和精度。

自动驾驶：自动驾驶技术利用多组摄像头收集车辆周围环境的信息，包括障碍物、道路标志、交通信号灯等。通过计算机视觉算法分析图像，获取全面的环境信息，例如道路边缘定位、路标识别以及其他车辆的识别。这些信息有助于判断路况并作出决策，从而确保行车的安全。如，车道保持是自动驾驶中一项重要的任务，计算机视觉就用于确保车辆能够在车道内行驶并遵守交通规则。计算机视觉算法会对摄像头拍摄的道路图像进行处理，通过分析颜色、亮度和纹理等信息来检测车道线的位置。一旦车道线被检测到，算法可以计算出车道的中心线，这个中心线通常作为车辆导航的目标路径，帮助车辆保持在正确的车道内。同时，利用计算机视觉，自动驾驶车辆可以检测和识别道路上的交通标志。这可以通过训练机器学习模型来实现，模型可以从大量图像数据中学习各种交通标志的特征，一旦识别出交通标志，车辆就能够理解当前道路的交通规则，如限速、禁止停车等。

医疗健康：在医疗健康领域，计算机视觉技术被应用于医学影像（如 X 光、MRI 扫描）的辅助诊断，能够自动识别出特定疾病的迹象，提高诊断的准确性和效率。此外，外科手术机器人通过光纤相机捕获实时图像，将患者手术前获取的CT扫描图像与实际手术场景图像相匹配，可以帮助医生在手术过程中更精准地定位患者的解剖结构和病变区域。这种技术有助于提前规划手术路径，从而在手术中更有效地进行操作，减少损伤风险。同时，通过计算机视觉技术，机器人系统可以感知手术区域的细微变化和解剖特征，从而引导机器人执行精确的动作。这种协作可以在复杂和精细的手术中提供更高的准确性和稳定性。

智慧农业：智慧农业利用计算机视觉技术结合无人机航拍图像，对田间条件、土壤湿度和作物健康信息进行评估，并预测作物产量。机器视觉也应用于农产品智能分拣机器，能够实时检测和分级农产品的大小、形状、颜色、表面缺陷等外观品质指标，实现自动高效的分拣。在果园中，杂草与树木竞争营养和水分，同时也成为病虫害滋生和栖息的场所，导致果园产量减少并降低产品的质量。化学除草方法高效且成本低，有利于保持果园的土壤环境和微生物群落。然而，传统的大面积喷洒方式存在药液浪费和残留的问题。我们利用计算机视觉技术来识别和获取果园中杂草的分布和密度信息，并通过处理器控制喷洒装置实现变量喷药，可解决传统大面积喷洒带来的药液浪费和残留问题。

1.2 计算机视觉、机器视觉、摄影测量的关系

在数学、物理和生物等基础学科的支持下，以生物视觉为启发，涌现了以视觉为核心的不同领域与技术，如成像、视觉认知和机器人视觉等，如图1-6所示。这些领域之间互相影响与渗透，由此形成最常提到的三个研究领域：计算机视觉（Computer Vision，CV）、机器视觉（Machine Vision，MV）和摄影测量（Photogrammetry）。总体而言，计算机视觉为机器视觉提供理论基础，机器视觉是计算机视觉的工程实现，两者处理的核心都是图像，都被认为是人工智能的重要分支。另一方面，摄影测量学起源于地理测绘领域，是地理学科的重要分支。虽然计算机视觉与摄影测量学的形成和发展相对独立，早期交流较少，但它们具有同样的理论基础。近十几年来，在理论、方法、算法及应用方面，这两个领域开始互相融合和交流。

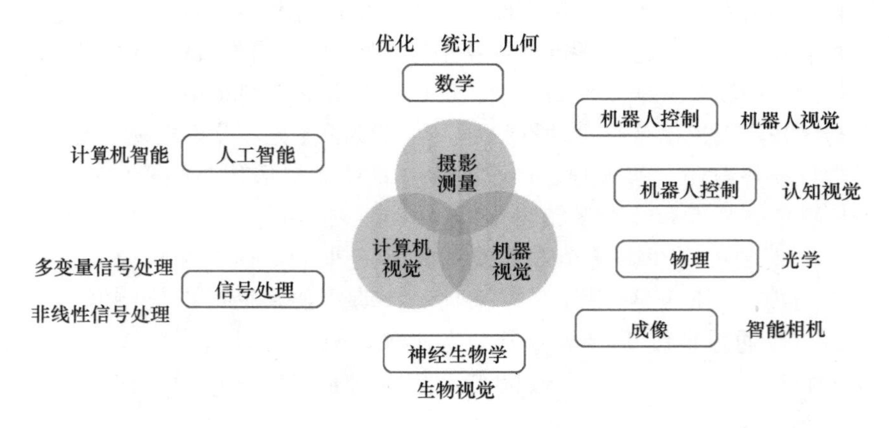

图1-6 研究领域关系图

机器视觉：机器视觉是研究如何让机器看见和理解目标场景，并快速作出决策的一种科学与技术。典型的机器视觉系统通常包含图像采集、数据传输、处理分析、决策执行4个部分，具有“感知—传输—理解—运用”的系统特征。（图像采集是通过相机、传感器等设备获取图像或视频数据，将现实世界中的视觉信息转化为数字形式的图像数据。数据传输是将获取的图像数据传输到计算机或其他处理设备，以便进行之后的图像处理和分析。处理分析即利用图像处理和分析算法对图像数据进行处理，包括图像增强、滤波、分割、特征提取等，以获取图像中的关键信息和特征。决策执行即根据处理和分析得到的结果，进行决策和执行相应的操作，例如识别物体、跟踪运动、控制机器人等。）在成像技术、处理算法、算力平台和行业应用4个核心要素的驱动下，[成像技术：包括相机、传感器等设备的发展，如高分辨率图像传感器、深度传感器等，为机器视觉系统提供高质量和多样化的图像数据源。处理算法：涵盖图像处理、图像分析和机器学习等领域的算法和方法，如边缘检测、目标识别、图像分类、深度学习等，用于对图像进行特征提取、模式识别和决策推断。算力平台：随着计算机硬件的发展，特别是图形处理器（GPU）和人工智能芯片（如GPU和TPU），计算机具有了更强大的计算能力和并行处理能力，加速了机器视觉算法的执行和实时性能。行业应用：机器视觉在工业视觉、自动驾驶、智能安防、医学影像、农业、无人机等领域有广泛的应用。它可以实现目标检测与跟踪、人脸识别、图像分割、虚拟现实等任务，为人们提供更智能、高效和安全的解决方案。]机器视觉已被广泛应用于多个领域，如工业视觉、图像解释、物体识别、虚拟现实、生命科学、智能制造、自动驾驶和人机交互。例如，在智能制造领域，机器视觉可以实现产品轮廓的三维测量和表面缺陷检测，对字符、条码等的识别，以及对产品的分类和分组。此外，机器视觉还能对机械手进行视觉引导和伺服控制，使其准确执行抓取、焊接、装配、码垛和拆垛等任务。机器视觉可以被看作是计算机视觉理论在工厂自动化中的运用，计算机视觉理论为机器视觉的算法和方法提供了重要的基础，使机器能够从图像数据中提取特征、进行目标检测和识别，并进行高级的图像理解和分析。通过计算机视觉的技术和方法，机器能够模拟和实现人类的视觉感知和认知过程，从而实现对目标场景的理解和决策。

摄影测量：根据国际摄影测量与遥感学会的定义，它是利用非接触成像传感器和其他传感器，通过记录、量测、分析和表达来获取地球及其环境，以及其他物体的可靠性信息的科学、技术和工艺。其与计算机视觉具有同样的理论基础，即小孔成像和双目视觉原理，同时处理的问题也很相似，但也有细微的区别。计算机视觉中理论的严密性要高于摄影测量，但摄影测量更强调测量精度，偏重航测、卫测等传统遥感和测绘领域。例如，在相机检校方面，摄影测量通常会使用高精度的三维检校场，而计算机视觉则常用二维平面棋盘。空中三角测量方面，摄影测量通常采用严密的光束法区域网平差，而在计算机视觉中则通常称为从运动恢复结构。除了全局的光束法平差外，计算机视觉还采用了一些非全局解法，例如增量式的局部平差、滤波等。摄影测量还涉及一系列重要的概念和技术，如相机校准、影像匹配、数字摄影测量、立体像对、数字高程模型等。相机校准是摄影测量中的关键步骤，通过准确确定相机的内外部参数，以保证摄影测量的精度。影像匹配是指将多个影像中相对应的特征点进行匹配，以实现立体视觉和三维测量。数字摄影测量利用数字技术对摄影测量进行数据的处理和计算，提高了数据的处理速度和精度。立体像对是指两个或多个在不同位置拍摄的影像对，通过对这些影像进行比对和分析，可以获取地物的三维坐标和形状信息。数字高程模型是基于摄影测量数据生成的地形模型，可以用于地形分析、地貌研究和工程设计等。摄影测量在现代遥感技术中扮演着重要的角色。通过利用航空影像和卫星影像数据，摄影测量可以获取地表地貌、植被覆盖、城市建筑物等信息，如图 1-7 所示。这些数据对于环境监测、土地利用规划、自然资源管理等具有重要意义。

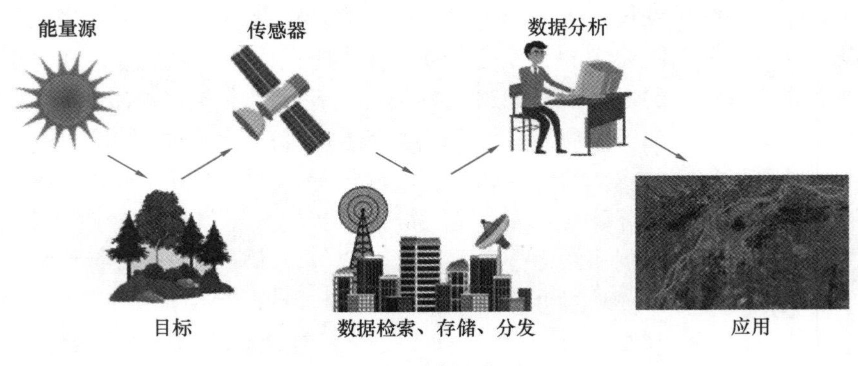

图 1-7 遥感基本原理

1.3 深度学习与计算机视觉的关系

传统计算机视觉系统的核心是从图像中提取人工设定的特征，如边缘检测、角点、颜色等。以目标检测任务为例，通常采用人工设计的特征与浅层分类器的技术方案，如尺度不变特征变换匹配算法（SIFT）、加速鲁棒特征算法（SURF）、二进制鲁棒独立基本特征（BRIEF）等特征提取方法，然后输入支持向量机、AdaBoost 等分类器中进行分类识别。虽然这些算法识别精准且计算复杂性低，但仍存在一些问题。首先这些检测算法泛化能力差，很难适应不同的检测场景。其次，为了获得准确的识别结果，这些算法依赖人工设定和参数调节。最后，由于提取到的特征质量直接影响目标检测效果，每个具体的问题领域都需要研究人员进行深入研究，构建适应性好的特征和检测器，这个过程既低效又昂贵。

自 2010 年以来，深度学习的出现和快速发展逐渐解决了传统计算机视觉面临的问题。深度学习属于机器学习的一个分支，使计算机能够通过经验进行学习，并以一种类似于人类思维层次结构的方式理解世界。简单来说，其是通过神经网络这个工具，从检测对象中提取特征信息，并通过大量的数据训练验证，使得输出结果接近我们期望的结果。相比于传统手工设计特征的方法，深度学习方法能够自动学习更具有区分力的深层特征，减少了人为设计特征造成的不完备性；同时，基于深度学习的方法将特征提取和分类器学习统一在一个框架中能够进行端到端的学习，这意味着我们不再需要过多关注特征提取及分类器设计的细节，而是更多地关注数据标注及增强、深度神经网络的结构设计和模型训练等方面。当然，深度学习也有一些缺点，如需要大数据支撑才能达到高精度且算法复杂，需要强大的硬件支持。

目前，随着深度学习技术的快速发展和图形处理器等硬件计算设备的应用，深度学习技术已经被广泛应用于计算机视觉的不同领域，如目标检测、图像分割、超分辨率重建、人脸识别等，并在图像搜索、自动驾驶、用户行为分析、文字识别、虚拟现实、激光雷达等产品中具有极高的商业价值和广阔的应用前景。

图像分类是为图像指定标签的任务。当图像中只有一个类别，并且该类别在图像中清晰可见时，图像分类技术非常适用该类场景。例如，我们可以用图像分类来判断一张照片是白天或夜间拍摄的。此外，在交通领域，图像分类可用于检测汽车是否处于停车位，即停车位是否被占用。

目标检测适用于包含多个对象的图片，是一个重要的研究领域。例如，计算机视觉系统在机器人和自动驾驶汽车的应用中面对的是非常复杂的图像。毫无疑问，准确地定位和识别每一个物体是实现自动化至关重要的一步。

图像重建的目标是重建图像缺失或损坏的部分。该任务可以被认为是一种没有客观评价的照片修复工具或变换器。虽然我们可以保证修复后的图像在可见属性上与原图尽可能匹配，但要求计算机重新创建没有参考的细节显然是不合理的。因此，图像重建系统存在一些限制，主要取决于可供学习的原始图像数量。有一种用于图像重建的模型被称为像素递归神经网络，它是利用递归神经网络来预测图像在二维空间中缺失的像素。图像重建应用的例子包括修复老照片或者黑白电影。在自动驾驶汽车中，图像重建可以用来观察小型障碍物，比如车辆与被跟踪行人之间的路标。

计算机视觉的一个重要目标是能够识别一段时间内发生的事，即在图像或视频中跟踪特定对象。目标跟踪对所有包含多个图像的计算机视觉系统来说都很重要。例如，在足球训练中，通过目标跟踪可以得到每个球员的时序位置信息，通过研究其体能和战术特点进行科学的训练。

在计算机视觉领域中，深度学习技术在目标检测、图像分割和超分辨率等任务上表现出色，取得了显著的成果，充分展现了其价值和潜力。尽管如此，在深度学习领域仍存在一些难题无法解决，如对数据的高度依赖性、模型在不同领域难以直接迁移以及深度学习模型的可解释性不足等。攻克这些难题将是计算机视觉领域未来发展的方向。

1.4 计算机视觉土木工程应用及发展趋势

计算机视觉技术在基础设施的建造、运营、维护等各个阶段得到广泛应用。这些技术可用于检查、监测和评估基础设施的安全状况，并且能够解决传统技术所面临的耗时、费力的问题。当前有众多学者研究计算机视觉技术和土木工程领域的交叉融合，主要集中在下述的施工监控、病害检测、健康监测等方面。

(1) “人机料法环”智能管理（4M1E）：围绕人员（Man）、机器（Machine）、材料（Material）、工艺方法（Method）、环境（Environment）等施工五大核心管理要素，利用计算机视觉、人工智能、云计算、物联网等技术手段建立智慧工地平台，已取得显著成果，如图 1-8 所示。通过分析工地现场的监控视频数据，快速智能识别工地现场存在的安全隐患并发出报警，保障建筑施工安全。静态场景中通过目标检测算法，识别出给定对象信息的感兴趣目标，如识别人员是否佩戴完整的个人防护设备。动态场景中通过目标轨迹追踪，获取人、机、料随时间变化的空间几何信息，用于评价人员是否暴露于危险区域、施工车辆停放位置是否合适等，规避潜在的事故风险。

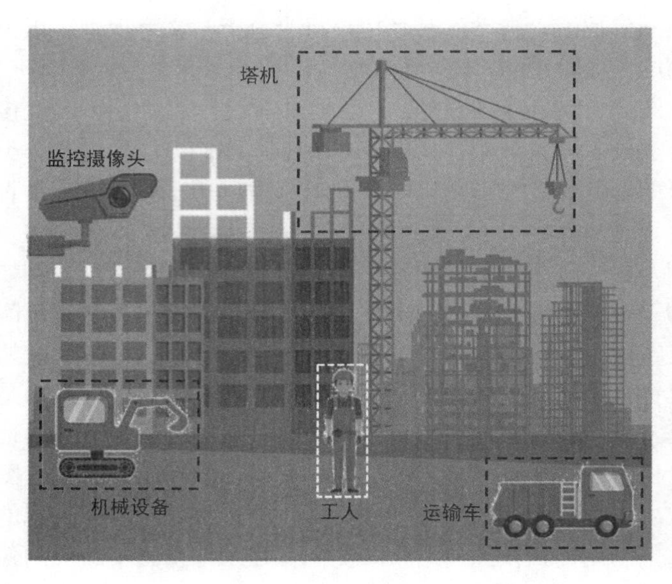

图 1-8　人机料法环智能管理的建筑工地

（2）施工进度与质量控制：施工进度控制一直是建设工程项目管理的重要目标之一，传统的施工进度记录往往以表格和文字的形式保存，耗费人力和时间，且过于依赖工人经验，信息反馈不及时，影响管理者的决策。基于计算机视觉与 BIM 技术的进度控制方法，以无人机载相机或现场监控摄像头为数据采集手段，建立大型基础设施的稠密点云模型，利用目标检测算法识别出关键组件和重要材料位置，并借助 BIM 模型将实际进度可视化展示，如图 1-9 所示。计算机视觉的另一个重要应用是施工质量检查与验收，如开发非接触式平直度检测技术、钢筋网扎丝绑扎质量智能验收系统等，通过计算机视觉技术中的目标检测和三维几何重建，自动获取安装质量参数，可优化工厂生产能力、劳动成本等。

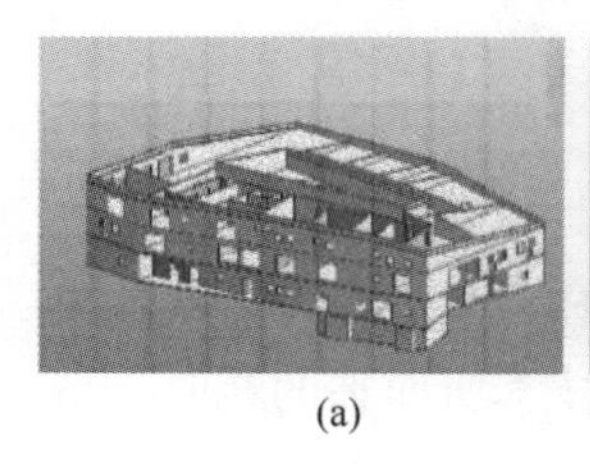
(a)

(b)
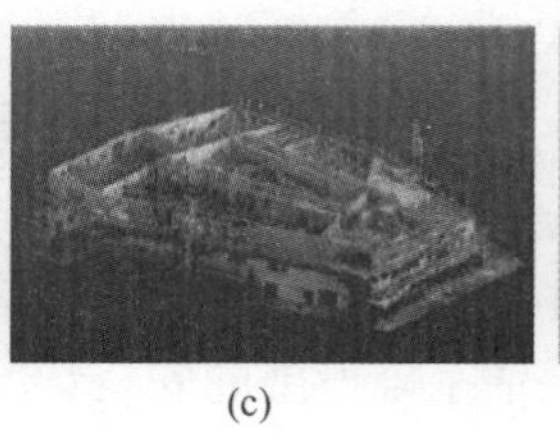
(c)
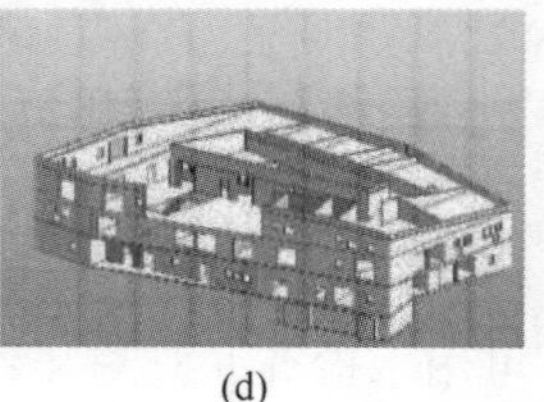
(d)

图 1-9　基于计算机视觉的施工进度可视化

（a）设计模型；（b）现场图像；（c）图像三维重建点云模型；（d）实际施工进度模型

（3）结构病害智能检测：基于计算机视觉的结构外观病害检测技术相比人工巡检具有检测速度快、效率高等优点，已经在裂缝发展、螺栓脱落、钢构件锈蚀、轨道扣件缺失等应用场景中取得优于人工检测的效果。其利用无人机、爬壁机器人等智能检测设备，搭载高清照相机对结构关键部件进行检查，获取结构外观病害图像，再通过识别、定位、评估三阶段完成分析。病害识别可以简化为计算机视觉里的目标检测任务，先建立高质量病害数据库，再通过深度学习算法识别出图像中的病害及类型。病害位置对评估损伤程度和监测其后期发展具有重要意义，而单张图像中识别出的病害缺少空间位置信息，因此通常采用图像拼接或三维重建方法，将病害的空间分布呈现到结构三维模型中。确定结构病害定位后，可结合规范对损伤的严重程度进行分级，也可通过有限元分析或其他计算方法对结构损伤程度进行定量分析，结合断裂力学、材料疲劳寿命等开展结构状态评估与剩余寿命预测。具体流程如图 1-10 所示。

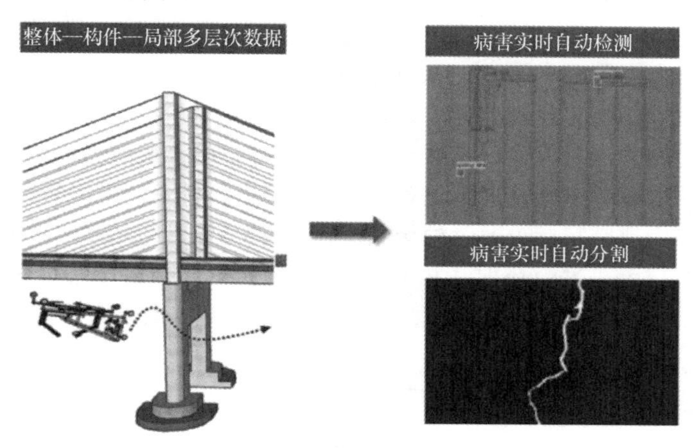

图 1-10　桥梁外观病害检测

（4）结构健康监测：基础设施结构的使用年限长达几十年，甚至上百年，服役期间由于材料老化、环境侵蚀、长期荷载、疲劳与突然冲击等耦合作用，不可避免地会发生结构损伤和性能劣化。因此，结构损伤识别、服役状态和可靠性评估是结构健康诊断的重要问题。结构健康监测（Structural Health Monitoring，SHM）是通过测量结构关键部位的加速度、位移、应变等物理量，并从中提取损伤敏感的特征进行统计分析，来确定结构当前健康状态的技术手段。这种监测方法为结构维护和管理决策提供了依据。基于计算机视觉技术的非接触式传感器，具备直接同步获取结构物多个空间位置点的变形信息的功能。相比于传统接触式传感器，基于计算机视觉的非接触式传感技术具有安装方便、价格相对较低并且支持多点测量等优点。根据应用场景不同，下面将分为全场变形及应变监测、动态位移监测及模态识别两部分介绍。

全场变形及应变监测：DIC 是一种采用图像配准技术进行高精度、全场变形和应变测量的光学方法，常用于监测实验室内试件拉伸、扭转、弯曲和复合加载的变形。DIC 测量系统一般由相机、照明光源及计算机组成。试验准备期间，通过喷雾罐、刷子、打印等方式在试件表面涂上散斑图案，确保加载期间散斑图案与试件表面变形一致。实验过程中，采集试件表面在加载前后的图像并存储到计算机中，通过图像分析算法获取试件表面目标全域的变形和应变数值。全局应变场演化云图可以从细观层次量化分析、总结裂纹的产生和扩展规律及岩石变形损伤演化特征，如图 1-11 所示。

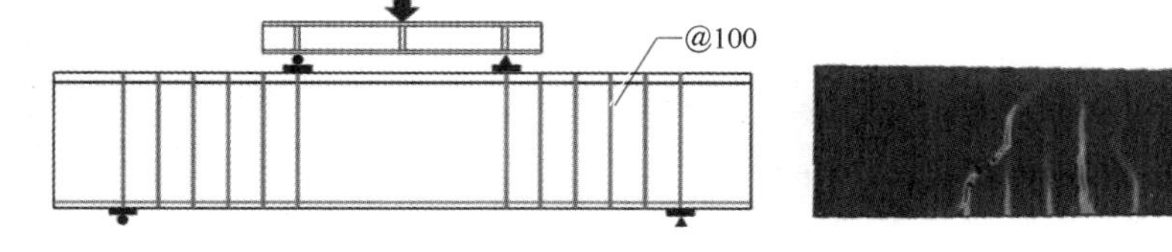

图 1-11　混凝土梁四点弯曲实验主应变云图

动态位移监测及模态识别：模态是指结构的固有振动特性，每一个模态具有特定的固有频率、阻尼比和模态振型。模态识别就是从结构实测响应数据中提取出模态参数，是结构状态监测和损伤检测中的关键步骤，能帮助理解结构体如何振动以及其在外部荷载下的抵抗能力。例如，2021 年赛格大厦异常晃动，专家通过多组荷载工况下的模态测试和分析，证实该现象系顶部桅杆风致涡激共振，也就是风吹过桅杆形成风涡引起桅杆振动，由于桅杆与楼体的某个高阶频率接近，从而带动大楼一起共振。传统的模态测试需要布设多组加速度计获取测点的加速度时程，而计算机视觉技术提供了一种非接触的简便方法，测量的结构响应是位移。测量设备由相机和计算机组成，关键测点处通常也会安装靶标作为观测对象，图像获取设备已经从固定位置拓展到无人机平台。在图像初始帧中框选出测点处的一个矩形框作为追踪目标，通过模板匹配、特征匹配、光流法等算法，在后续图像帧中定位出目标的新位置，进而获取其相对位移，如图 1-12 所示。监测获取的位移时程及模态识别结果可用于修正结构有限元模型、估算斜拉桥的拉索索力等。

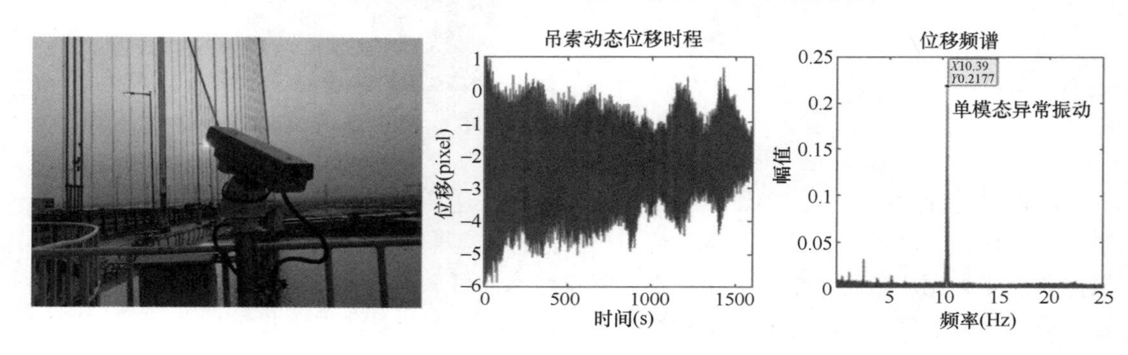

图 1-12　在线相机监测吊索的异常振动

（5）灾后快速评估：灾后第一时间准确获取建筑物、桥梁、道路等基础设施的损毁情况，能够为开展灾后应急救援、决策指挥以及灾后重建等提供技术支持和决策依据。传统的灾后基础设施损毁评估工作主要通过现场实地勘察，但效率低且人力、物力消耗大。遥感和近景航拍为灾情评估提供了丰富的数据源，而深度学习技术的不断发展显著提升了影像解析的效率，因此其在灾后评估中发挥着越来越重要的作用。卫星遥感多用于城市建筑群等大尺度结构的损失评估，无人机航拍更适用于单体结构。图 1-13 给出了震害识别案例。

近年来，基于计算机视觉的土木工程结构智能建造与运维已取得显著进展，极大地改善了施工和维护阶段的效率和成本。这些进展很大程度上受益于不同学科的交叉融合。通过引入计算机视觉、人工智能等技术，我们能够实现高效、经济、自动化的基础设施建造、检测、监测。目前，一些新的理念与技术，如生物视觉、智能感知、注意力机制等也正融入计算机视觉系统中，进一步提升其在土木工程领域的应用水平。从技术角度而言，计算机视觉技术的应用仍有很大的提升空间：

（1）全面的场景理解和结构状态解析。现有的建造运维智能化解决方案中，计算机视觉技术通常被应用到同一个场景中的多个独立任务中，如施工场景中的不安全行为预警、施工进度识别、质量检查等，运维场景中的结构变形响应监测、外观病害检测、车流荷载识别等。如何充分利用获取的多层次、多对象的视觉数据，优化施工管理体系和质量监督

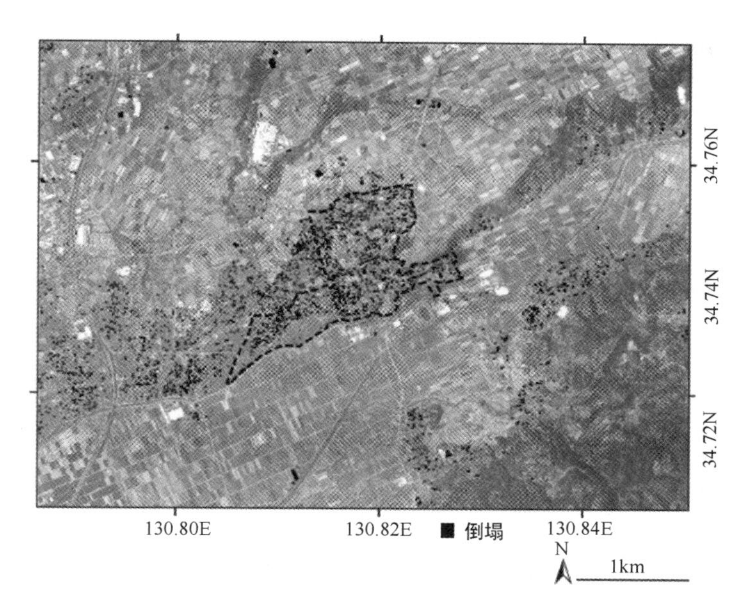

图 1-13 基于航拍图像和深度学习技术的建筑物震害识别

策略、解析结构服役性能及行为演化机制，是很具有挑战性的问题。

（2）土木工程领域的公共数据库和泛化能力强的模式识别算法。数据是人工智能的“养料”，深度学习算法往往依赖大量的标注数据，因此研究人员往往会在简单却繁杂的标注任务上耗费大量时间。因此，通过在海量的大数据中自动提取高质量、有效的特征，并利用建立的大数据库进行自动比对分析，结合人工智能算法的算力，系统能够主动分析、识别和处理，从而大大提高计算机视觉的识别能力，并提高解决实际工程问题的效率。

复习思考题

1. 什么是计算机视觉？

2. 试举例说明与计算机视觉相关的具体应用案例。

3. 计算机视觉、机器视觉和摄影测量三者之间的关系是怎样的，有怎样的联系和区别？

4. 深度学习的出现对计算机视觉的发展有哪些影响？

5. 举例说明计算机视觉技术如何应用在结构健康监测领域。

6. 举例说明计算机视觉技术如何应用在施工工地中。

第1篇

基 本 理 论

2 相机成像与相机标定

知识图谱

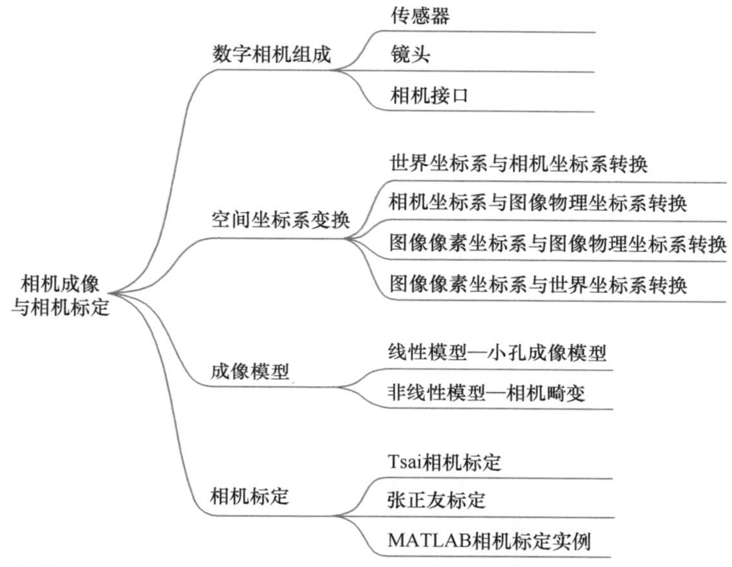

本章要点

知识点 1. 数字相机的组成。

知识点 2. 空间坐标系变换。

知识点 3. 成像模型。

知识点 4. 相机标定。

学习目标

(1) 了解数字相机的组成。

(2) 通过成像模型，熟练掌握空间坐标系之间的变换。

(3) 了解相机标定的概念，理解张氏标定法原理，能使用 MATLAB 完成相机标定。

2.1 数字相机

2.1.1 传感器

数字相机主要用于对待测物体进行实际的成像，它能够将光信号转换成电信号或者数字信号，其关键部位是电荷耦合器件（Charge Coupled Device，CCD）或互补金属氧化物半导体（Complementary Metal Oxide Semiconductor，CMOS）图像传感器，如图 2-1 所示。图像像素值（即图像灰度值）是 CCD 或 CMOS 图像传感器对光强（光亮度）的测量值。由于采集到的图像的质量将直接影响后续图像处理的效果，所以选择一个合适的相机对计算机视觉检测系统来说非常重要。对于一般的工业相机有如下参数：

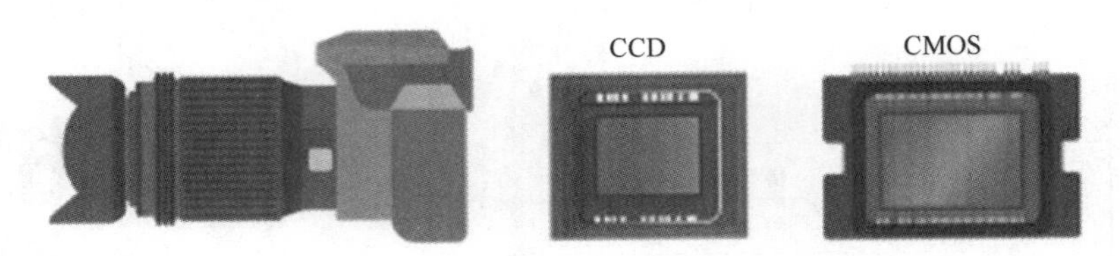

图 2-1　常见的传感器

（1）分辨率：分辨率是工业相机最基本的参数，可以用水平分辨率(H)和垂直分辨率(V)来描述，如 1920(H)×1080(V)表示每行的像元数量为 1920 个，共有 1080 行。分辨率越大，图像所占内存空间也越大，图片的细节越清晰，如图 2-2 所示。所以，在选择分辨率时，首先要保证图像有足够多的数据信息，能够满足系统检测的需要；其次考虑分辨率不能过大，以免浪费资源、降低效率。

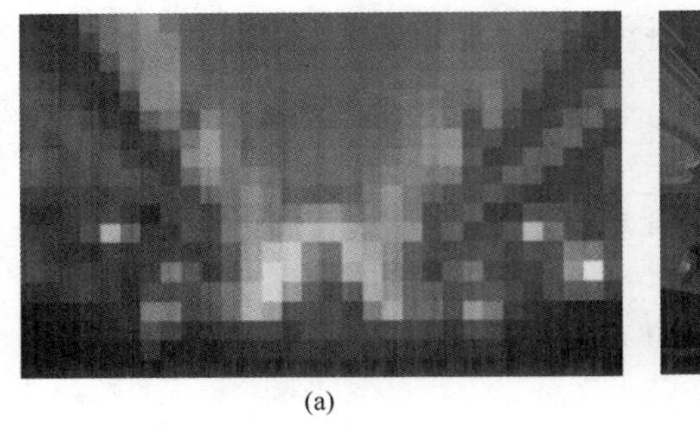

图 2-2　不同分辨率下图像的表现
(a) 低分辨率；(b) 高分辨率

（2）帧速：帧速表示相机采集图像的频率，单位为帧/s，即每秒所能采集的画面数量，可以用来衡量采集速度。帧速是衡量一台工业相机性能的重要参数，当相机速度足够时才能满足相应的系统需求。一般而言，不同类型的机器视觉系统所需要的帧速不尽相同，帧速需要与实际项目需求相匹配。目前，工业相机的帧速从十几帧/s 到几百帧/s 甚至上万帧/s 都有。

（3）传感器像元大小：传感器芯片由许多像元阵列组成，像元尺寸指芯片像元阵列上每个像元的实际物理尺寸，如图 2-3 所示。像元尺寸从某种程度上反映了芯片对光的响应能力，像元尺寸越大，能够接收到的光子越多，在同样的光照条件和曝光时间内产生的电荷数量越多。通常像元尺寸为几微米，大尺寸像元感光能力更好，但是使得在相同芯片面积条件下像素分辨率更低。

（4）动态范围：相机的动态范围是指相机探测光信号的范围，可用两种方法来界定：一种是光学动态范围，指饱和时最大光强和等价于噪声输出的光强的比值，由芯片的特性

图 2-3 传感器像元

决定；另一种是电子动态范围，指饱和电压和噪声电压之间的比值。动态范围大，则相机对不同的光照强度有更强的适应能力。

2.1.2 镜头

镜头是连接待测物体所反射的光线和相机成像的通道，主要作用是实现光束的变换调制，将待测物体成像在相机图像传感器的光敏面上。工业镜头对于被测物体成像有着十分关键的作用，它的质量直接影响机器视觉应用系统的整体性能。

工业镜头的历史悠久、品类繁多，一般可以进行如下划分：

（1）根据工业镜头的接口类型划分。工业镜头与工业相机间常用的接口主要包括 C 接口、CS 接口、F 接口、V 接口、T2 接口、徕卡接口、M42 接口、M50 接口等。接口类型的差异与工业镜头的性能和质量没有直接关系。上述接口模式中，工业相机中较常见的是 C 接口和 CS 接口，如图 2-4 所示。C 接口与 CS 接口的螺纹连接相同，均为 1 英寸-32UN 英制螺纹接口；区别在于 C 接口的后截距为 17.5mm，CS 接口的后截距为 12.5mm。CS 接

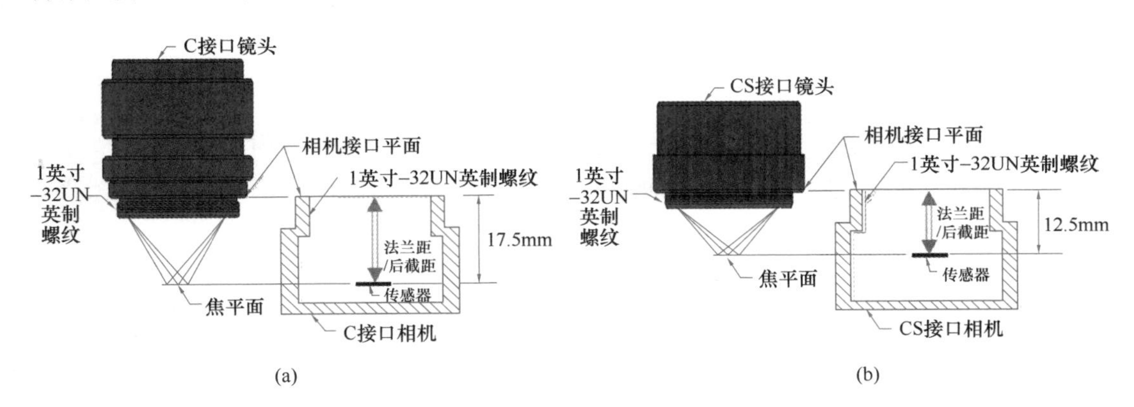

图 2-4 两种常见接口

(a) C 接口镜头与 C 接口相机；(b) CS 接口镜头与 CS 接口相机

口的工业相机可以和 C 接口及 CS 接口的镜头连接使用，但在使用 C 接口镜头时需要添加 5mm 转接口；而 C 接口的工业相机不能使用 CS 接口的镜头。

（2）根据能否变焦划分。根据能否变焦可将镜头分为定焦镜头和变焦镜头。定焦镜头的焦距是固定不变的，它的焦段只有一个，即镜头只有固定的视野。定焦镜头按照等效焦距又可以划分为鱼眼镜头、通广角镜头、广角镜头、标准镜头、长焦镜头和超长焦镜头。不同于变焦镜头的复杂设计，定焦镜头的内部结构更显精简。虽然变焦镜头可以适当改变焦距，但是变焦后对于物体的成像会有影响，所以定焦镜头的优势在于对焦速度快、成像质量稳定。显然，变焦镜头的优势就是焦距可变，这样便可以在物距不变时改变视场。

（3）根据镜头光圈划分。镜头按照光圈的调节方式可分为手动光圈和自动光圈两种，当待测物体上的光线变化不大、较为恒定时，适合用手动光圈；而当环境光线变化较为明显时，适合用自动光圈，从而能够根据实际的环境光实时改变镜头的光圈大小。

确定具体的镜头型号前，还需要确定镜头的一些基本参数：

（1）焦距：焦距是焦点到透镜中心点之间的距离，实际使用时镜头上面都会标注出焦距，并不需要使用者计算。

（2）视场角：视场角（Field of View，FOV）是指在成像场景中，相机可以接收影像的角度范围，也常被称为视野范围。视场角的大小决定了光学仪器的视野范围，视场角越大，视野就越大。如图 2-5 所示，如果成像传感器的大小固定，FOV 的大小直接由焦距决定。焦距越大，看得越远，但 FOV 越小；焦距越小，看得越近，但 FOV 越大。

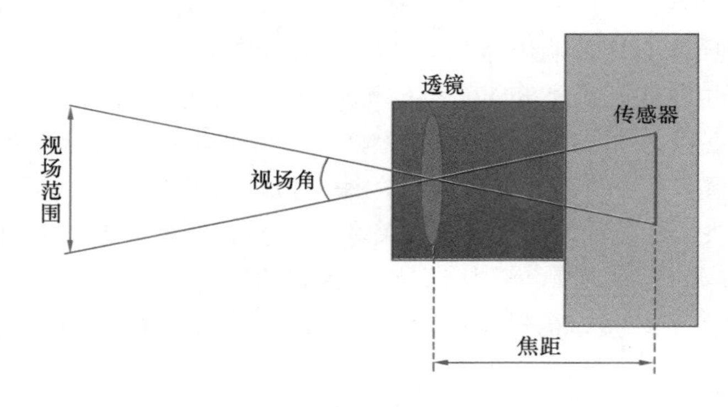

图 2-5 相机成像光路图

（3）光圈：光圈为可以调节孔径大小的机械部件，它通常在镜头内，通过调节镜头光孔大小来控制进入相机的光量。一般而言，当外界光较弱时，光圈应该相应开大，当外界光较强时，光圈应该相应开小。光圈大小一般用 F 表示，比如 F1、F1.4、F2.8、F4、F5.6、F8、F11、F16、F22、F32 等，这些表示中上一级正好是下一级通光量的一倍，即光圈开大了一级。为了表示方便，光圈大小通常是焦距的分数，这个分数被称为透镜的 f 数，它是焦距与光圈直径的比值，记为 N。如图 2-6 所示是一个焦距为 50mm 的相机镜头，其中 D 代表光圈打开的直径大小。

（4）景深：镜头能够取得清晰图像时被测物体的前后距离范围即为景深。一般而言，改变光圈、焦距、拍摄距离时，景深会相应变化。例如，如图 2-7 所示，将光圈值调大，

图 2-6　50mm 焦距时光圈打开不同大小

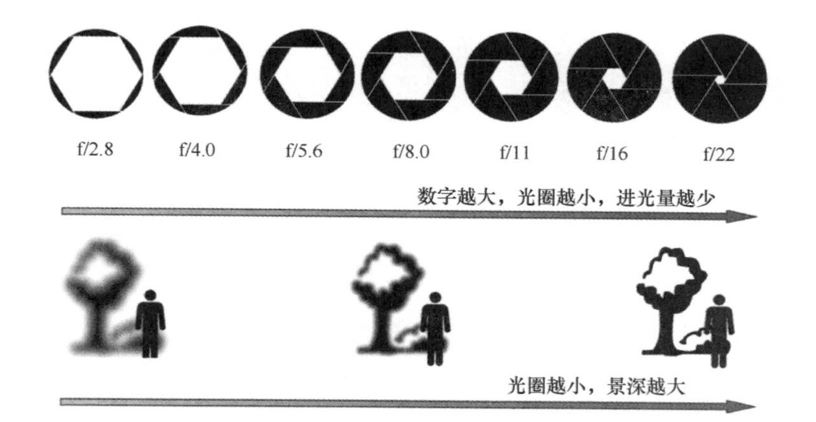

图 2-7　光圈大小对景深的影响

则景深相应变小；而将光圈值调小，则景深相应变大。对于桥梁检测而言，由于现在大跨桥梁的普遍使用，对相机景深的要求就有较高的要求，故而会在使用过程中选择小光圈，但是光圈过小会导致进光量过小，会涉及补光等需求。

（5）畸变：理想的物体成像中，物体和成像应该完全相似，然而，在实际成像过程中，由于镜头本身的光学结构以及成像特性，镜头会不可避免地产生畸变，其可以简单地理解为是由像面上局部放大倍率不一致所导致的。选用镜头时，需要根据所需达到的目标和精度来选择不同质量的镜头。相机畸变的类型包括：

1）径向畸变（图 2-8）

① 枕形畸变：又称鞍形形变，视野中边缘区域的放大率远大于光轴中心区域的放大率，常出现在远摄镜头中。

② 桶形畸变：与枕形畸变相反，视野中光轴中心区域的放大率远大于边缘区域的放大率，常出现在广角镜头和鱼眼镜头中。

③ 线性畸变：光轴与相机所拍摄的诸如建筑物类的物体的垂平面不正交，则原本应

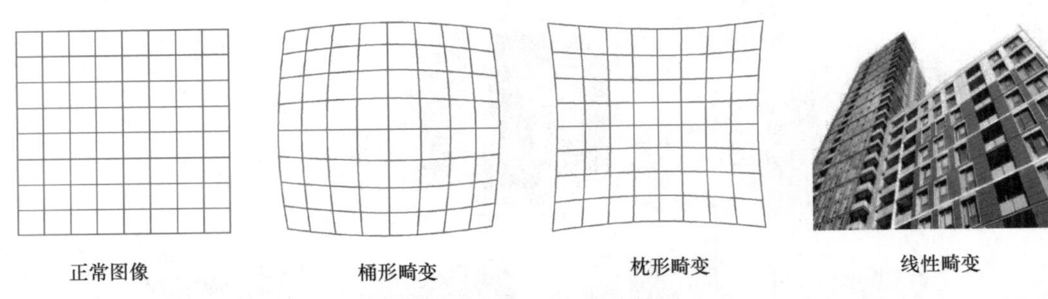

图 2-8 径向相机畸变示意图

该平行的远端一侧和近端一侧以不相同的角度汇聚产生畸变。这种畸变本质上是一种透视变换，即在某一特定角度，任何镜头都会产生相似的畸变。

2）切向畸变

切向畸变就是矢量端点沿切线方向发生的变化，也就是角度的变化。简单来说就是：假设上下两点是矢量端点，沿着切向方向变化，原本是一个正圆就变成了一个椭圆。切向畸变是由于透镜安装与“图像”平面不平行而产生的在光线垂直面上的变形。

为一个机器视觉系统选择镜头时，一般可以按照下列步骤进行：

① 根据系统整体尺寸和工作距离，结合视场角，大致判断出所需镜头的焦距；

② 切换不同的光圈大小，找到最合适的值；

③ 考虑镜头畸变、景深、接口等其他要求。

2.1.3 相机接口

相机常用的接口有 Camera Link、FireWire/IEEE 1394、USB、Gigabit Etherne 及 CoaXPress 等（图 2-9），不同的接口在传输速率及传输距离上有所区别。

图 2-9 常见相机接口类型

（1）Camera Link 接口。Camera Link 是专门针对工业相机的高速串行接口标准，具有小型化和高速率两个优点，适用于对宽带、稳定性及可靠性要求高的场合。Camera Link 接口需要配合 Camera Link 采集卡来使用。根据相机实际带宽需求的不同，Camera Link 接口从传输速度上有四种配置（带宽依次增加，且向下兼容）：Base（2.0Gbit/S 即 255MB/s）、Medium（4.8Gbit/S 即 610MB/S）、Full（5.4Gbit/S 即 680MB/s）、Deca（6.8Gbit/S 即 850MB/S）。Camera Link 接口不支持热插拔，当相机带电工作时，严禁插拔数据接口，避免损坏相机。

（2）IEEE 1394 接口。IEEE 1394 是一种串行数据传输协议接口，最早由苹果公司起草开发，注册商标为 FireWire（因此也被称为火线接口），后来由美国电子电气学会

(IEEE) 制定行业统一标准，并分配编号为1394，所以称其为IEEE 1394，简称1394。IEEE 1394接口支持串行数据传输协议，支持热插拔，支持双向同步数据传输，在提供较快速度的同时，传输距离也较远，同时能提供较高的分辨率以及帧频，适用于医学成像和实时速度要求不是特别高的应用场合。

(3) USB接口。USB全称是Universal Serial Bus（通用串行总线），是串行接口，无需采集卡，具有连接方便、传输速度快、支持热插拔、携带方便、标准统一等特点。

(4) Gigabit Ethernet接口。Gigabit Ethernet（简称GigE）即千兆以太网。GigE作为工业应用图像接口，主要用于高速、大数据量的图像传输，可进行远距离图像传输及降低远距离传输时电缆线的成本。GigE还具有简易、可扩展性好、安全可靠、管理维护方便等一系列优点，是未来应用的趋势。

(5) CoaXPress接口。CoaXPress是一种非对称的高速点对点串行通信数字接口标准，它保留了同轴线缆的优点，同时具有高速数据传输能力，线缆长度可达100m。其结合接口卡使用，数据传输量大、传输距离远，同时价格低廉、易集成、支持热插拔，适用于各类高振动的工业环境。该接口已经成为高性能相机系统实际采用的相机到计算机之间的接口之一。

2.2 空间坐标系变换

在对相机进行标定前，为确定空间物体表面上点的三维几何位置与其在二维图像中对应点之间的相互关系，首先需要对相机成像模型进行分析。在计算机视觉中，相机模型通过一定的坐标映射关系将二维图像上的点映射到三维空间。相机成像模型中涉及世界坐标系、相机坐标系、图像物理坐标系及图像像素坐标系四个坐标系间的转换，如图2-10所示。

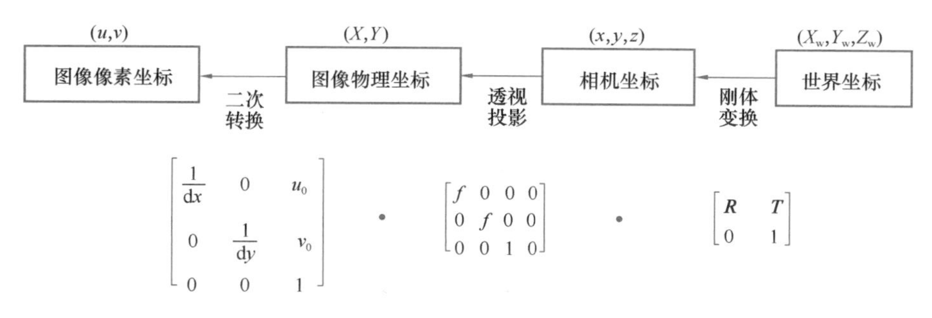

$$\begin{bmatrix} \frac{1}{dx} & 0 & u_0 \\ 0 & \frac{1}{dy} & v_0 \\ 0 & 0 & 1 \end{bmatrix} \cdot \begin{bmatrix} f & 0 & 0 & 0 \\ 0 & f & 0 & 0 \\ 0 & 0 & 1 & 0 \end{bmatrix} \cdot \begin{bmatrix} \boldsymbol{R} & \boldsymbol{T} \\ 0 & 1 \end{bmatrix}$$

图2-10 坐标转换流程

为了更加准确地描述相机的成像过程，首先需要对上述四个坐标系进行定义。

(1) 世界坐标系：也称为真实坐标系，用以描述相机和待测物体的空间位置。世界坐标系的位置根据实际情况自行确定。

(2) 相机坐标系：原点是相机镜头的光心，x轴与y轴分别与成像平面的X轴和Y轴平行，z轴与光轴重合、与成像平面垂直。

(3) 图像物理坐标系：原点是成像平面与光轴的交点，X轴和Y轴分别与相机坐标系的x轴与y轴平行，通常单位为mm，图像的像素位置用物理单位来表示。

（4）图像像素坐标系：建立在图像中的平面直角坐标系，单位为像素，用来表示各像素点在图像平面上的位置，其原点位于图像的左上角。

2.2.1 世界坐标系与相机坐标系转换

图 2-11 为世界坐标系与相机坐标系的转换示意图。利用旋转矩阵 $\boldsymbol{R}$ 与平移向量 $\boldsymbol{T}$ 可以实现世界坐标系中的坐标点到相机坐标系中的映射。

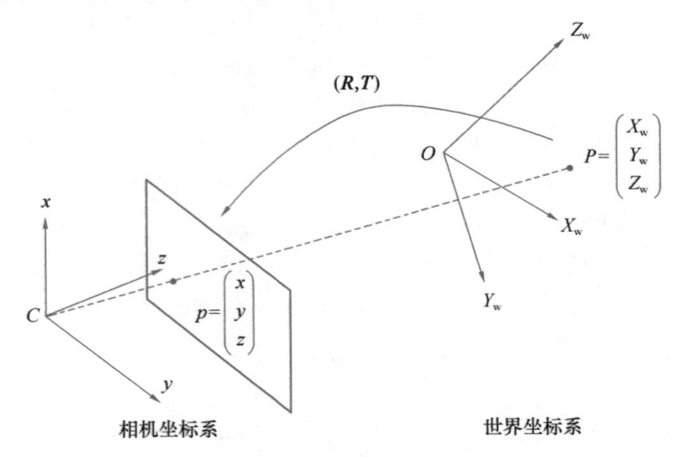

图 2-11 世界坐标系与相机坐标系的转换示意图

如果已知相机坐标系中的一点相对于世界坐标系的旋转矩阵与平移向量，则世界坐标系与相机坐标系的转换关系为：

$$s\begin{pmatrix} x \\ y \\ z \\ 1 \end{pmatrix} = \begin{pmatrix} \boldsymbol{R} & \boldsymbol{T} \\ 0 & 1 \end{pmatrix} \begin{pmatrix} X_{\mathrm{w}} \\ Y_{\mathrm{w}} \\ Z_{\mathrm{w}} \\ 1 \end{pmatrix} \tag{2-1}$$

其中，$\boldsymbol{R}$ 为 3×3 矩阵，$\boldsymbol{T}$ 为 3×1 平移向量。

2.2.2 相机坐标系与图像物理坐标系转换

如图 2-12 所示，成像平面所在的平面坐标系就是图像物理坐标系。

空间中任意一点 P 在图像平面的投影 $\boldsymbol{p}$ 是光心 O 与 P 点的连接线与成像平面的交点，由透视投影，可知：

$$\begin{cases} X = \dfrac{fx}{z} \\ Y = \dfrac{fy}{z} \end{cases} \tag{2-2}$$

式中，$\boldsymbol{p}(x,y,z)$ 是空间点 P 在相机坐标系下的坐标，对应图像物理坐标系下的坐标为 (X,Y)，f 为相机的焦距，则由式（2-2）可以得到相机坐标系与图像物理坐标系间的转换关系为：

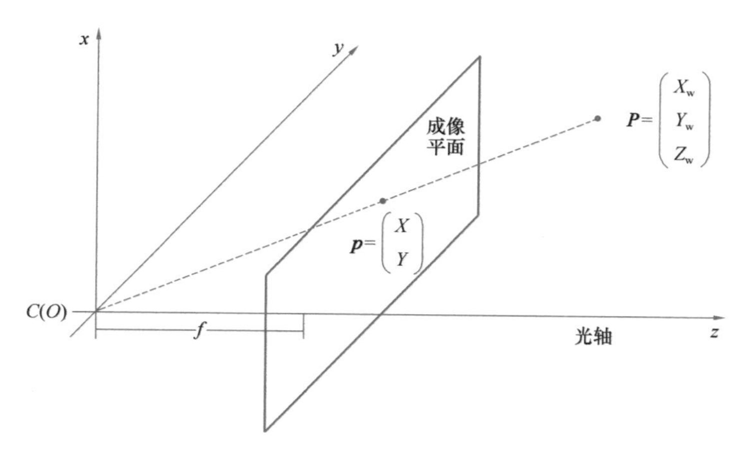

图 2-12　相机坐标系与图像物理坐标系的转换示意图

$$z\begin{pmatrix}X\\Y\\1\end{pmatrix}=\begin{pmatrix}f&0&0&0\\0&f&0&0\\0&0&1&0\end{pmatrix}\begin{pmatrix}x\\y\\z\\1\end{pmatrix}\tag{2-3}$$

2.2.3　图像像素坐标系与图像物理坐标系转换

图 2-13 展示了图像像素坐标系与图像物理坐标系之间的对应关系。其中，Ouv 为图像像素坐标系，O 点与图像左上角重合。该坐标系以像素为单位，u、v 为像素的横、纵坐标，分别对应其在图像数组中的列数和行数。O_1XY 为图像物理坐标系，其原点 O_1 在图像像素坐标系下的坐标为（u_0，v_0）。$\mathrm{d}x$ 与 $\mathrm{d}y$ 分别表示单个像素在横轴 X 和纵轴 Y 上的物理尺寸。

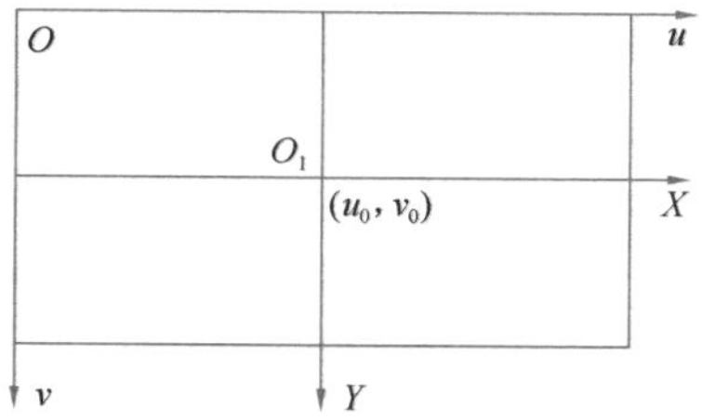

图 2-13　图像像素坐标系与图像物理坐标系

上述两坐标系之间的转换关系为：

$$u=\frac{X}{\mathrm{d}x}+u_0$$
$$v=\frac{Y}{\mathrm{d}y}+v_0\tag{2-4}$$

将式（2-4）转换为矩阵齐次坐标形式为：

$$\begin{pmatrix}u\\v\\1\end{pmatrix}=\begin{pmatrix}\frac{1}{\mathrm{d}x}&0&u_0\\0&\frac{1}{\mathrm{d}y}&v_0\\0&0&1\end{pmatrix}\begin{pmatrix}X\\Y\\1\end{pmatrix}\tag{2-5}$$

2.2.4　图像像素坐标系与世界坐标系转换

根据各坐标系间的转换关系，即式（2-1）、式（2-3）、式（2-5）可以得到世界坐标系与图像像素坐标系的转换关系：

$$z\begin{pmatrix}u\\v\\1\end{pmatrix}=\begin{pmatrix}\frac{1}{\mathrm{d}x} & 0 & u_0\\ 0 & \frac{1}{\mathrm{d}y} & v_0\\ 0 & 0 & 1\end{pmatrix}\begin{pmatrix}f & 0 & 0 & 0\\ 0 & f & 0 & 0\\ 0 & 0 & 1 & 0\end{pmatrix}\begin{pmatrix}\boldsymbol{R} & \boldsymbol{T}\\ 0 & 1\end{pmatrix}\begin{pmatrix}X_w\\Y_w\\Z_w\\1\end{pmatrix}$$

$$=\begin{pmatrix}a_x & 0 & u_0 & 0\\ 0 & a_y & v_0 & 0\\ 0 & 0 & 1 & 0\end{pmatrix}\begin{pmatrix}\boldsymbol{R} & \boldsymbol{T}\\ 0 & 1\end{pmatrix}\begin{pmatrix}X_w\\Y_w\\Z_w\\1\end{pmatrix}=\boldsymbol{M}_1\boldsymbol{M}_2\begin{pmatrix}X_w\\Y_w\\Z_w\\1\end{pmatrix}=\boldsymbol{M}\begin{pmatrix}X_w\\Y_w\\Z_w\\1\end{pmatrix} \tag{2-6}$$

式中，$a_x=f/\mathrm{d}x$，$a_y=f/\mathrm{d}y$；$\boldsymbol{M}$ 为 3×4 矩阵，被称为投影矩阵：$\boldsymbol{M}_1$ 由参数 a_x、a_y、u_0、v_0 决定，这些参数只与相机的内部结构有关，因此称为相机的内部参数（内参）；$\boldsymbol{M}_2$ 被称为相机的外部参数（外参），由相机相对于世界坐标系的位置决定。确定相机内参和外参的过程即为相机的标定。

基于上述四个坐标系之间的对应关系，接下来将深入探讨相机的成像模型。在这一领域，常见的模型涵盖了线性模型和非线性模型两种类型。线性模型主要应用于针孔模型或透镜模型，适用于视野较为狭窄的相机标定。然而，线性模型忽略了镜头畸变的影响。为了更准确地描述针孔透视成像过程，我们需要考虑非线性畸变，从而引入了相机的非线性模型以及相应的非线性标定方法。这类标定方法的优势在于，它们允许我们假设相机的光学成像模型非常复杂，充分考虑成像过程中的各种因素，从而实现更高精度的标定结果。其中，Faig 标定方法是非线性模型的典型代表。该方法充分考虑了成像过程中的多种因素，通过精心设计相机模型，然后在一系列约束条件下寻找使得模型最优的参数，采用非线性优化技术来进行求解。在解决这类非线性优化问题时，常常会选用 Levenberg-Marquardt 等优化算法来达到最佳求解效果。

2.3 成像模型

如图 2-14 所示，相机成像描述相机将三维场景变换到二维图像平面上的过程。相机成像模型一般可分为线性模型和非线性模型。线性模型可用针孔成像模型表示；当考虑到镜头畸变等因素时，相机成像模型为非线性模型。

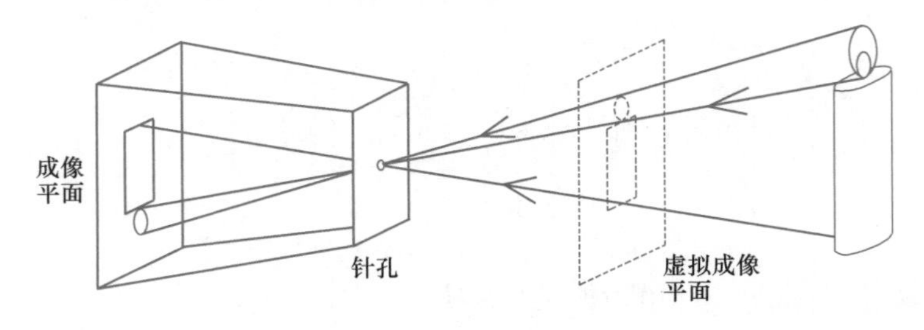

图 2-14 成像模型

2.3.1 线性模型

在实际应用中，我们常常使用理想的小孔成像模型来近似描述相机的工作原理。小孔成像模型被视为各种相机模型中最为简单的一种，它呈现出一种近乎线性的特性。在相机坐标系下，任一点 $P(X_w, Y_w, Z_w)$ 在图像平面的投影点 $p(X,Y)$ 都是 O_cP［即光心与点 $P(X_w,Y_w,Z_w)$ 的连线］与图像平面的交点，其几何关系如图 2-15 所示。

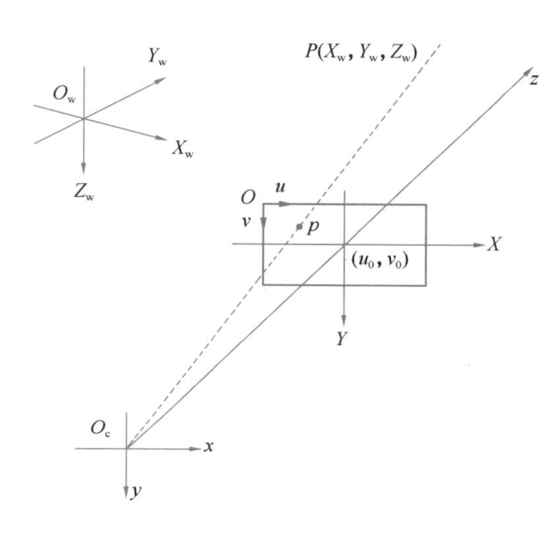

图 2-15 相机小孔成像模型

小孔成像模型的投影公式为：

$$\boldsymbol{s}\begin{pmatrix}u\\v\\1\end{pmatrix}=\begin{pmatrix}\alpha & 0 & u_0 & 0\\0 & \beta & v_0 & 0\\0 & 0 & 1 & 0\end{pmatrix}\begin{pmatrix}\boldsymbol{R} & \boldsymbol{T}\\0^{\mathrm{T}} & 1\end{pmatrix}\begin{pmatrix}X_w\\Y_w\\Z_w\\1\end{pmatrix}=\boldsymbol{M}_1\boldsymbol{M}_2\begin{pmatrix}X_w\\Y_w\\Z_w\\1\end{pmatrix} \tag{2-7}$$

简写为：

$$\boldsymbol{s}\begin{pmatrix}u\\v\\1\end{pmatrix}=\boldsymbol{M}\begin{pmatrix}X_w\\Y_w\\Z_w\\1\end{pmatrix} \tag{2-8}$$

2.3.2 非线性模型

在实际成像过程中，由于相机镜头的加工误差、装配误差等各种因素，相机畸变现象难以避免。这种畸变导致成像点偏离其原本应当出现的位置，从而使线性模型无法精确地描绘相机的成像几何特性。非线性模型可用式（2-9）来描述：

$$\begin{aligned}x_0 &= x_d + \delta_x(x, y)\\y_0 &= y_d + \delta_y(x, y)\end{aligned} \tag{2-9}$$

式中，(x_0, y_0) 是经过畸变的点，(x_d, y_d) 是线性模型计算出来的图像点坐标理想值，

$\delta_x(x,y)$、$\delta_y(x,y)$ 是非线性畸变，公式为：

$$\begin{aligned}\delta_x(x,y)&=k_1x(x^2+y^2)+[p_1(3x^2+y^2)+2p_2xy]+s_1(x^2+y^2)\\ \delta_y(x,y)&=k_2y(x^2+y^2)+[p_2(3x^2+y^2)+2p_1xy]+s_2(x^2+y^2)\end{aligned}\tag{2-10}$$

式中，$k_1x(x^2+y^2)$ 和 $k_2y(x^2+y^2)$ 是径向畸变，$p_1(3x^2+y^2)+2p_2xy$ 和 $p_2(3x^2+y^2)+2p_1xy$ 是离心畸变，$s_1(x^2+y^2)$ 和 $s_2(x^2+y^2)$ 是薄棱镜畸变，k_1、k_2、p_1、p_2、s_1、s_2 是畸变参数。

在相机标定过程中，通常不会考虑离心畸变和薄棱镜畸变。这是因为涉及非线性畸变因素时，往往需要引入附加的非线性算法来进行优化。然而，大量的研究已经表明，引入过多的非线性参数不仅在提升标定精度方面效果有限，还可能导致解的不稳定性。在一般情况下，仅使用径向畸变来描述非线性畸变已经足够，这可以表示为：

$$\begin{aligned}x_0&=x_d+\delta_x(x,y)=x_d(1+k_1r^2)\\ y_0&=y_d+\delta_y(x,y)=y_d(1+k_2r^2)\end{aligned}\tag{2-11}$$

式中，r 为径向半径 $r^2=x_d^2+y_d^2$。式（2-11）表明，相机畸变程度与 r 有关。r 越大，畸变越严重，位于边缘的点偏离越大。

将式（2-11）代入式（2-7）可得：

$$\boldsymbol{s}\begin{pmatrix}u\\v\\1\end{pmatrix}=\begin{pmatrix}(1+k_1r^2)&0&0\\0&(1+k_2r^2)&0\\0&0&1\end{pmatrix}\begin{pmatrix}a_x&0&u_0&0\\0&a_y&v_0&0\\0&0&1&0\end{pmatrix}\begin{pmatrix}\boldsymbol{R}&\boldsymbol{T}\\0^T&1\end{pmatrix}\begin{pmatrix}X_w\\Y_w\\Z_w\\1\end{pmatrix}\tag{2-12}$$

简写为：

$$\boldsymbol{s}\begin{pmatrix}u\\v\\1\end{pmatrix}=\boldsymbol{M}_d\begin{pmatrix}X_w\\Y_w\\Z_w\\1\end{pmatrix}\tag{2-13}$$

2.4 相机标定

相机标定是确定世界坐标到图像像素坐标之间转换关系的过程。标定技术主要依赖于一组在世界坐标系中具有已知相对位置的点，同时这些点在图像平面上的对应坐标也是已知的。通过研究物体表面上某点的三维几何位置与其在图像中对应点之间的相互关系，我们可以获得相机几何模型的参数。这个过程涉及确定相机的内部参数和外部参数，被称为相机标定。

总体而言，现有的相机标定方法可以分为两大类：传统相机标定方法和相机自标定方法。目前，传统相机标定技术研究如何有效、合理地确定非线性畸变校正模型的参数以及如何快速求解成像模型等，而相机自标定研究不需要标定参照物情况下的方法。传统的标定技术需要相机拍摄一个三维标定靶进行标定，而较新的标定技术仅需要一些平面靶标，如MATLAB标定工具箱等。从计算方法的角度，传统相机标定主要分为线性标定方法（透视变换矩阵和直接线性变换）、非线性标定方法、两步标定方法和平面模板方法。常见的标定板包括棋盘格标定板和圆形网格标定板，如图2-16所示。

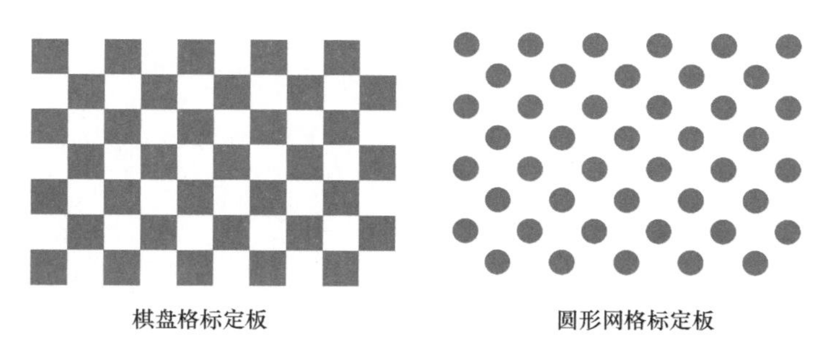

图2-16 两种常见的标定板

2.4.1 Tsai相机标定

直接线性变换方法以及透视变换矩阵方法利用线性技巧来推导相机参数，然而这些方法的不足之处在于未考虑到镜头的非线性畸变。如果通过直接线性变换方法或透视变换矩阵方法获得相机参数，我们可以将这些参数作为下一步计算的起始值，然后考虑畸变因素，运用优化算法以进一步提升标定的精度。这样的步骤就构成了所谓的"两步法"。

在这个"两步法"中，首先进行的是解线性方程，从而得到部分外部参数的精确解，接着是对剩余的外部参数以及畸变修正系数进行迭代求解。其中，一个比较典型的"两步法"是由Tsai提出的基于径向约束的方法。基于径向约束的相机标定方法在标定过程中具备速度快、准确性高的特点，然而，它仅考虑了径向畸变，而未考虑其他类型的畸变。该方法所使用的大部分方程是线性方程，从而简化了参数求解的复杂程度。

基于径向约束的相机标定方法的标定过程是先忽略镜头的误差，利用中间变量将标定方程转化为线性方程后求解出相机的外部参数，然后根据外部参数利用非线性优化的方法求取径向畸变系数k、有效焦距f以及平移分量t_z。

径向排列约束矢量$\boldsymbol{L}_1$和矢量$\boldsymbol{L}_2$具有相同的方向。由成像模型可知，径向畸变不改变$\boldsymbol{L}_1$的方向。由式（2-1）可得：

$$\begin{cases} x = r_{11}x_w + r_{12}y_w + r_{13}z_w + t_x \\ y = r_{21}x_w + r_{22}y_w + r_{23}z_w + t_y \\ z = r_{31}x_w + r_{32}y_w + r_{33}z_w + t_z \end{cases} \tag{2-14}$$

$$\frac{x}{y} = \frac{\boldsymbol{X}_d}{\boldsymbol{Y}_d} = \frac{r_{11}x_w + r_{12}y_w + r_{13}z_w + t_x}{r_{21}x_w + r_{22}y_w + r_{23}z_w + t_y} \tag{2-15}$$

整理可得：

$$x_w\boldsymbol{Y}_d r_{11} + y_w\boldsymbol{Y}_d r_{12} + z_w\boldsymbol{Y}_d r_{13} + \boldsymbol{Y}_d t_x - x_w\boldsymbol{Y}_d r_{21} - y_w\boldsymbol{Y}_d r_{22} - z_w\boldsymbol{Y}_d r_{23} = \boldsymbol{X}_d t_y \tag{2-16}$$

上式两边同除以t_y，得：

$$x_{\mathrm{w}}\boldsymbol{Y}_{\mathrm{d}}\frac{r_{11}}{t_{\mathrm{y}}}+y_{\mathrm{w}}\boldsymbol{Y}_{\mathrm{d}}\frac{r_{12}}{t_{\mathrm{y}}}+z_{\mathrm{w}}\boldsymbol{Y}_{\mathrm{d}}\frac{r_{13}}{t_{\mathrm{y}}}+\boldsymbol{Y}_{\mathrm{d}}\frac{t_{\mathrm{x}}}{t_{\mathrm{y}}}-x_{\mathrm{w}}\boldsymbol{Y}_{\mathrm{d}}\frac{r_{21}}{t_{\mathrm{y}}}-y_{\mathrm{w}}\boldsymbol{Y}_{\mathrm{d}}\frac{r_{22}}{t_{\mathrm{y}}}-z_{\mathrm{w}}\boldsymbol{Y}_{\mathrm{d}}\frac{r_{23}}{t_{\mathrm{y}}}=\boldsymbol{X}_{\mathrm{d}} \tag{2-17}$$

再将式（2-17）变换为矢量形式得：

$$(x_{\mathrm{w}}\boldsymbol{Y}_{\mathrm{d}}\quad y_{\mathrm{w}}\boldsymbol{Y}_{\mathrm{d}}\quad z_{\mathrm{w}}\boldsymbol{Y}_{\mathrm{d}}\quad \boldsymbol{Y}_{\mathrm{d}}\quad -x_{\mathrm{w}}\boldsymbol{Y}_{\mathrm{d}}\quad -y_{\mathrm{w}}\boldsymbol{Y}_{\mathrm{d}}\quad -z_{\mathrm{w}}\boldsymbol{Y}_{\mathrm{d}})\begin{pmatrix} r_{11}/t_{\mathrm{y}} \\ r_{12}/t_{\mathrm{y}} \\ r_{13}/t_{\mathrm{y}} \\ t_{\mathrm{x}}/t_{\mathrm{y}} \\ r_{21}/t_{\mathrm{y}} \\ r_{22}/t_{\mathrm{y}} \\ r_{23}/t_{\mathrm{y}} \end{pmatrix}=\boldsymbol{X}_{\mathrm{d}} \tag{2-18}$$

式中，行矢量（$x_{\mathrm{w}}\boldsymbol{Y}_{\mathrm{d}}\quad y_{\mathrm{w}}\boldsymbol{Y}_{\mathrm{d}}\quad z_{\mathrm{w}}\boldsymbol{Y}_{\mathrm{d}}\quad \boldsymbol{Y}_{\mathrm{d}}\quad -x_{\mathrm{w}}\boldsymbol{Y}_{\mathrm{d}}\quad -y_{\mathrm{w}}\boldsymbol{Y}_{\mathrm{d}}\quad -z_{\mathrm{w}}\boldsymbol{Y}_{\mathrm{d}}$）是已知的，而列矢量（$r_{11}/t_{\mathrm{y}}\quad r_{12}/t_{\mathrm{y}}\quad r_{13}/t_{\mathrm{y}}\quad t_{\mathrm{x}}/t_{\mathrm{y}}\quad r_{21}/t_{\mathrm{y}}\quad r_{22}/t_{\mathrm{y}}\quad r_{23}/t_{\mathrm{y}}$）^{T} 是待求参数。

$$(x_{\mathrm{w}}\boldsymbol{Y}_{\mathrm{d}}\quad y_{\mathrm{w}}\boldsymbol{Y}_{\mathrm{d}}\quad \boldsymbol{Y}_{\mathrm{d}}\quad -x_{\mathrm{w}}\boldsymbol{Y}_{\mathrm{d}}\quad -y_{\mathrm{w}}\boldsymbol{Y}_{\mathrm{d}})\begin{pmatrix} r_{11}/t_{\mathrm{y}} \\ r_{12}/t_{\mathrm{y}} \\ t_{\mathrm{x}}/t_{\mathrm{y}} \\ r_{21}/t_{\mathrm{y}} \\ r_{22}/t_{\mathrm{y}} \end{pmatrix}=\boldsymbol{X}_{\mathrm{d}} \tag{2-19}$$

利用最小二乘法求解这个方程组，计算有效焦距 f、平移分量 t_z 和透镜畸变系数 k 时，先用线性最小二乘法计算有效焦距 f 和平移矢量 $\boldsymbol{T}$ 的 t_z 分量，然后利用有效焦距 f 和平移矢量 $\boldsymbol{T}$ 的 t_z 分量值作初始值，求解非线性方程组得到 f、t_z、k 的准确值。

利用式（2-18）以及旋转矩阵为正交矩阵的特点，可以确定旋转矩阵 $\boldsymbol{R}$ 和平移分量 t_{x}、t_{y} 。

利用径向一致约束方法将外部参数分离出来，并用求解线性方程的方法求解外部参数。另外，可将世界坐标和相机坐标重合，这样标定时就能只求内部参数，从而简化标定。

2.4.2 张正友标定

1998 年，张正友提出了基于二维平面靶标的标定方法，使用相机在不同角度下拍摄多幅平面靶标的图像，比如棋盘格的图像，然后通过对棋盘格的角点进行计算分析来求解相机的内外部参数。

1. 从每一幅图像得到一个映射矩阵 H

一个二维点可以用 $\boldsymbol{m}=(u,v)^{\mathrm{T}}$ 表示，一个三维点可以用 $\boldsymbol{M}=(\boldsymbol{X},\boldsymbol{Y},\boldsymbol{Z})^{\mathrm{T}}$ 表示，用 $\tilde{\boldsymbol{x}}$ 表示其增广矩阵，则 $\tilde{\boldsymbol{m}}=(u,v,1)^{\mathrm{T}}$ 以及 $\tilde{\boldsymbol{M}}=(\boldsymbol{X},\boldsymbol{Y},\boldsymbol{Z},1)^{\mathrm{T}}$。三维点与其投影图像点之间的关系为：

$$s\tilde{\boldsymbol{m}}=\boldsymbol{A}(\boldsymbol{R},t)\tilde{\boldsymbol{M}} \tag{2-20}$$

式中，$\tilde{\boldsymbol{M}}=(\boldsymbol{X},\boldsymbol{Y},1)$ 为标定模板平面上的齐次坐标，$\tilde{\boldsymbol{m}}=(u,v,1)^{\mathrm{T}}$ 为模板平面上的点投影里图像平面上对应点的齐次坐标；$\boldsymbol{s}$ 是任意标准矢量；$\boldsymbol{R}$、t 为外部参数；$\boldsymbol{A}$ 矩阵为相机

的内部参数，可表示为：

$$\boldsymbol{A}=\begin{pmatrix}\alpha & \gamma & u_0\\ 0 & \beta & v_0\\ 0 & 0 & 1\end{pmatrix} \tag{2-21}$$

式中，(u_0, v_0) 是坐标系上的原点；α 和 β 是图像上 u 和 v 坐标轴的尺度因子；γ 表示图像坐标轴的垂直度。

假定模板平面在世界坐标系 $Z=0$ 的平面上，则由式（2-21）可得：

$$\boldsymbol{s}\begin{pmatrix}u\\ v\\ 1\end{pmatrix}=\boldsymbol{A}(r_1\quad r_2\quad r_3\quad t)\begin{pmatrix}\boldsymbol{X}\\ \boldsymbol{Y}\\ 0\\ 1\end{pmatrix}=\boldsymbol{A}(r_1\quad r_2\quad r_3)\begin{pmatrix}\boldsymbol{X}\\ \boldsymbol{Y}\\ 1\end{pmatrix} \tag{2-22}$$

此时，可以得到一个 3×3 的矩阵：

$$\boldsymbol{H}=(\boldsymbol{h}_1\quad \boldsymbol{h}_2\quad \boldsymbol{h}_3)=\lambda\boldsymbol{A}(r_1\quad r_2\quad t) \tag{2-23}$$

利用映射矩阵可得内部参数矩阵 $\boldsymbol{A}$ 的约束条件为：

$$\boldsymbol{h}_1^{\mathrm{T}}\boldsymbol{A}^{-\mathrm{T}}\boldsymbol{A}^{-1}\boldsymbol{h}_2=0 \tag{2-24}$$

2. 利用约束条件线性求解内部参数矩阵 A

假设存在：

$$\boldsymbol{B}=\boldsymbol{A}^{-\mathrm{T}}\boldsymbol{A}^{-1}\boldsymbol{h}=\begin{pmatrix}B_{11} & B_{12} & B_{13}\\ B_{21} & B_{22} & B_{23}\\ B_{31} & B_{32} & B_{33}\end{pmatrix}$$

$$=\begin{pmatrix}\dfrac{1}{\alpha^2} & -\dfrac{\gamma}{\alpha^2\beta} & \dfrac{v_0 r-u_0\beta}{\alpha^2\beta}\\ -\dfrac{\gamma}{\alpha^2\beta} & \dfrac{\gamma^2}{\alpha^2\beta}+\dfrac{1}{\beta^2} & -\dfrac{\gamma(v_0 r-u_0\beta)}{\alpha^2\beta}-\dfrac{v}{\beta^2}\\ \dfrac{v_0 r-u_0\beta}{\alpha^2\beta} & -\dfrac{\gamma(v_0 r-u_0\beta)}{\alpha^2\beta}-\dfrac{v_0}{\beta^2} & \dfrac{(v_0 r-u_0\beta)^2}{\alpha^2\beta}+\dfrac{v_0}{\beta^2}+1\end{pmatrix} \tag{2-25}$$

式中，$\boldsymbol{B}$ 是对称矩阵，可以表示为六维矢量 $\boldsymbol{b}=(B_{11}, B_{12}, B_{13}, B_{22}, B_{23}, B_{33})^{\mathrm{T}}$，基于绝对二次曲线原理求出 $\boldsymbol{B}$ 以后，再对 $\boldsymbol{B}$ 矩阵求逆，并从中导出内部参数矩阵 $\boldsymbol{A}$；再由 $\boldsymbol{A}$ 和映射矩阵 $\boldsymbol{H}$ 计算外部参数旋转矩阵 $\boldsymbol{R}$ 和平移向量 $\boldsymbol{t}$，公式为：

$$\begin{cases}\boldsymbol{\gamma}_1=\boldsymbol{\lambda}\boldsymbol{A}^{-1}\boldsymbol{h}_1\\ \boldsymbol{\gamma}_2=\boldsymbol{\lambda}\boldsymbol{A}^{-1}\boldsymbol{h}_2\\ \boldsymbol{\gamma}_3=\boldsymbol{\gamma}_1\cdot\boldsymbol{\gamma}_2\\ \boldsymbol{t}=\boldsymbol{\lambda}\boldsymbol{A}^{-1}\boldsymbol{h}_3\end{cases} \tag{2-26}$$

3. 最大似然估计

采用最大似然准则优化上述参数。假设图像有 n 幅，模板平面标定点有 m 个，则最大似然估计值就可以通过最小化以下公式得到：

$$\sum_{i=1}^{n}\sum_{j=1}^{m}\|m_{ij}-m(\boldsymbol{A}, k_1, k_2, \boldsymbol{R}_i, t_i, \boldsymbol{M}_j)\|^2 \tag{2-27}$$

式中，m_{ij} 为第 j 个点在第 i 幅图像中的像点；$\boldsymbol{R}_i$ 为第 i 幅图像的旋转矩阵；$\boldsymbol{t}_i$ 为第 i 幅图像的平移向量；$\boldsymbol{M}_j$ 为第 j 个点的空间坐标；初始估计值利用上面线性求解的结果，畸变系数 k_1、k_2 初始值为 0。

综上，该方法基本步骤如下：

（1）制作棋盘格标定板；

（2）移动或旋转棋盘格标定板，用相机拍摄记录不同方向、角度的标定板图像；

（3）检测图像特征点；

（4）通过旋转矩阵的正交性及旋转向量模为 1 的性质，求解不考虑畸变影响下的线性方程组，获得相机内部参数与外部参数；

（5）通过最小二乘法求解相机径向畸变系数；

（6）计算重投影误差，利用最大似然估计迭代优化上述步骤求解的相机参数。

通过上述步骤我们可以得知，这个方法在已知标定板尺寸的前提下只需要移动标定板并拍摄相关图像就能够完成标定过程。这一方法的步骤非常简单，而且对于标定板尺寸的精度要求不高。尽管如此，该方法仍能够保持标定得到的相机参数具备较高的精度。

2.4.3 MATLAB 相机标定实例

1. 相机标定板制作

参照棋盘格布局在计算机上画出 10×7（25mm×25mm）的棋盘格，并用纸打印出来粘贴到板上，如图 2-17 所示。

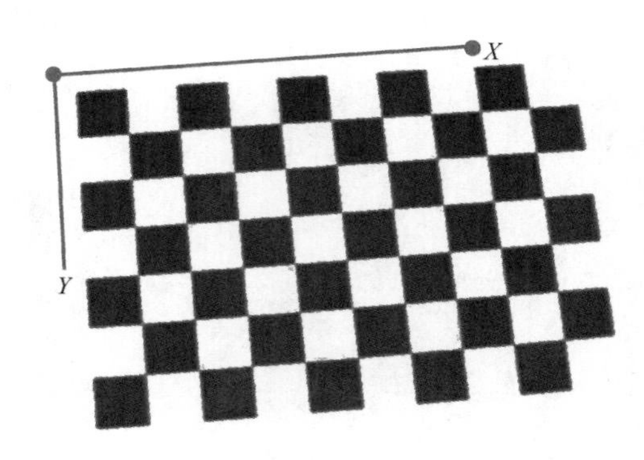

图 2-17 制作棋盘格

2. 基于 MATLAB 的相机标定

利用 MATLAB 的相机标定工具箱对本文试验用相机进行标定计算。采用相机拍摄黑白格标定板不同姿态和距离的 9 幅图像。通过标定，相机内部参数矩阵为：

$$\begin{bmatrix} 714.19 & 0 & 0 \\ 0 & 710.38 & 0 \\ 563.65 & 355.73 & 1 \end{bmatrix}$$

内部参数和畸变参数是相机的固有属性，只要相机硬件参数没有变化，内部参数和畸变参数就不变。

标定过程可视化结果如图 2-18 所示。首先进行棋盘格角点提取，获取角点在图像坐标系和世界坐标系的坐标，作为求解方程中的已知量，如图 2-18(a)所示。如图 2-18(b)所示，为评估标定可靠性，将角点的世界坐标通过求得的外部参数矩阵和相机内部参数矩阵重新转化到像素坐标下，与提取的图像原始角点坐标共同计算 *RMSE*，即重投影误差，误差越小，结果越可靠。本例中总体平均重投影误差为 0.18 像素。另外，可利用外部参数矩阵进行相机位姿或棋盘位姿的可视化。如图 2-18 (c)所示，通过将世界坐标系下的棋盘坐标通过外部参数矩阵的逆变换转换到相机坐标系，从而将棋盘位姿进行可视化。如图 2-18(d)所示，将相机坐标系下的相机坐标通过外部参数矩阵转换到世界坐标系，从而将相机位姿进行可视化。

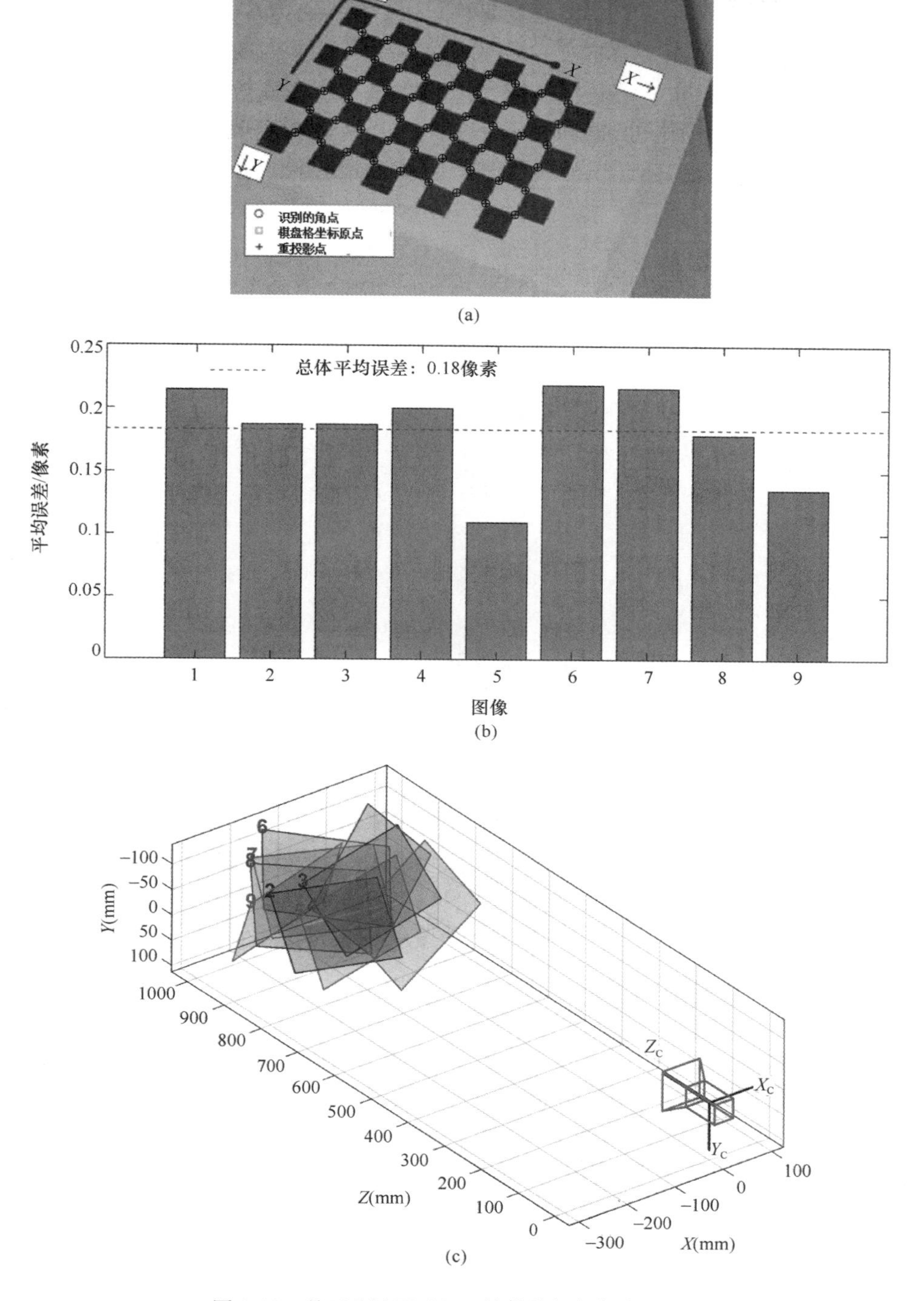

图 2-18　基于 MATLAB 工具箱的相机标定（一）

（a）棋盘格角点提取结果可视化；（b）平均重投影误差；（c）棋盘位姿可视化结果

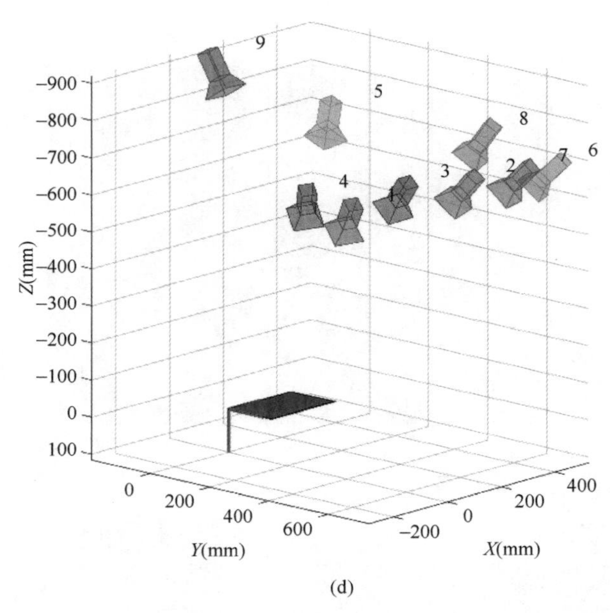

(d)

图 2-18 基于 MATLAB 工具箱的相机标定（二）
（d）相机位姿可视化结果

该相机标定实例所用的 MATLAB 程序如下，程序运行演示视频见二维码 2-1：

2-1 程序运行演示视频

```
% Create a set of calibration images.
images = imageDatastore(fullfile(toolboxdir('vision'),'visiondata','calibration','mono'));
imageFileNames = images.Files;
% Detect calibration pattern.
[imagePoints, boardSize] = detectCheckerboardPoints(imageFileNames);
% Generate world coordinates of the corners of the squares.
squareSize = 29; % millimeters
worldPoints = generateCheckerboardPoints(boardSize, squareSize);
% Calibrate the camera.
I = readimage(images, 1);
imageSize = [size(I, 1), size(I, 2)];
[params, ~, estimationErrors] = estimateCameraParameters(imagePoints, worldPoints,...
                                    'ImageSize', imageSize);
figure;
showExtrinsics(params,'CameraCentric');
figure;
showExtrinsics(params,'PatternCentric');
figure;
showReprojectionErrors(params);
```

然后可以利用获得的参数对原图片进行畸变校正等处理，MATLAB 程序示例如下，程序运行演示视频见二维码 2-2：

```
% 导入相机标定结果
loadcameraParams.mat;
% 读入一张待校正的图像
I = imread('test_image.jpg');
% 对图像进行校正
[J, newOrigin] = undistortImage(I, cameraParams);
% 显示校正前后的图像
figure;
subplot(1,2,1);
imshow(I);
title('Original Image');
subplot(1,2,2);
imshow(J);
title('Corrected Image');
% 获取校正后图像中某一点的三维坐标
imagePoints = [320, 240];
worldPoints = pointsToWorld(cameraParams, [0, 0, 0], imagePoints);
% 显示校正后的点在三维坐标系中的位置
figure;
plotCamera('Location', cameraParams.Location, 'Orientation', cameraParams.Orientation, 'Size', 10);
hold on;
plot3(worldPoints(:,1), worldPoints(:,2), worldPoints(:,3),'r*');
hold off;
xlabel('X');
ylabel('Y');
zlabel('Z');
title('Corrected Point in 3D Space');
```

2-2 程序运行演示视频

2.5 本章小结

本章介绍了相机成像与相机标定两部分内容。相机成像是相机通过光学系统捕获场景，并将其转化为数字图像的过程。我们深入探讨了数字相机的重要组成部件，以及与成像相关的四大坐标系（世界坐标系、相机坐标系、图像物理坐标系和图像像素坐标系）之间的几何变换关系。相机标定是在相机成像的基础上对相机的内部参数和外部参数进行精确测量和校准。本章详细介绍了 Tsai 和张正友两种标定模型，也演示 MATLAB 中相机标定的流程。了解相机成像和相机标定的原理也为我们在实际项目中选择合适的相机设备、调整相机参数提供了理论支持，从而更好地应用于实际工程和研究中。

复习思考题

1. 镜头的基本参数有哪些，这些基本参数的定义是什么？
2. 相机成像模型涉及哪些坐标系？
3. 世界坐标系与相机坐标系是如何转换的？
4. 图像像素坐标系与世界坐标系是如何转换的？
5. 什么是相机标定？
6. 简述张正友相机标定法的基本步骤。
7. 尝试利用棋盘格，使用 MATLAB 相机标定工具箱对手机摄像头进行标定，获得相关参数。

3 数字图像处理

知识图谱

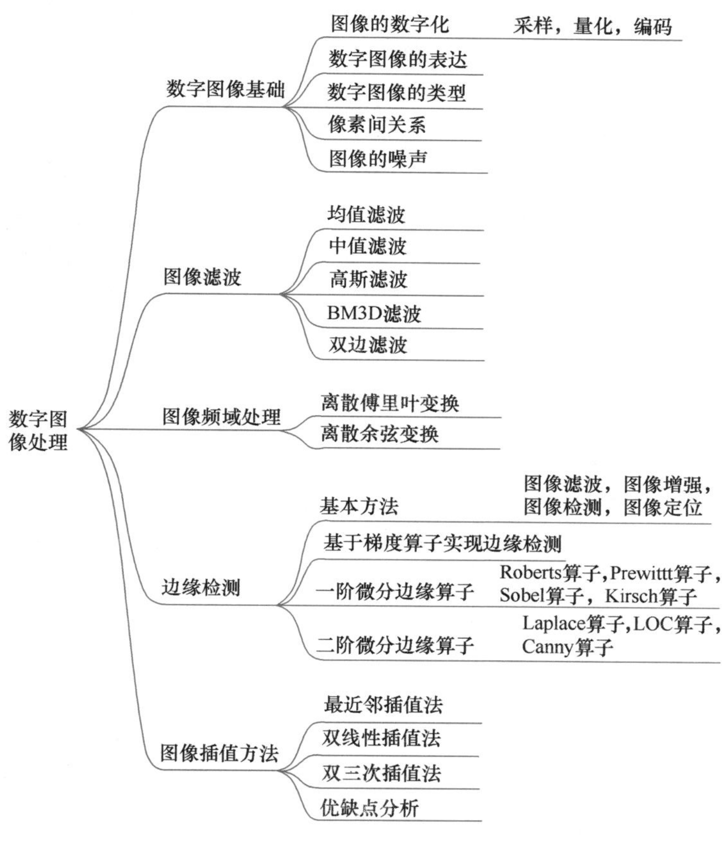

本章要点

知识点 1. 数字图像基础。

知识点 2. 图像滤波。

知识点 3. 图像频域处理。

知识点 4. 边缘检测。

知识点 5. 图像插值。

学习目标

（1）对数字图像有初步认识。

（2）理解图像滤波的概念并掌握主要的图像滤波方法。

（3）理解图像频域处理的概念。

（4）掌握边缘检测的原理与方法，能通过多种方式获取图像的边缘信息。

（5）掌握图像插值的原理与方法，能根据实际选择合适的图像插值方法并使用。

3.1 数字图像基础

3.1.1 图像的数字化

如图 3-1 所示，一维信号处理中，模拟信号数字化（即“模数变换”）包括抽样、量化和编码三个基本过程。抽样是以相等的时间间隔来对模拟信号进行抽样，将其时间上的连续信号转换为幅度连续、时间上离散的抽样信号；量化是把抽样信号分级“取整”，从而把时间离散、幅度连续的抽样信号转换成时间离散、幅度离散的数字信号；编码是把量化的数值用一组二进制的数码来表示，完成模拟信号到数字信号的转换。需要注意的是，虽然抽样信号在时间轴上是离散的，但它仍然是模拟信号。抽样信号的样值在一定的取值范围内，可以有无限多个不同的值，无法一一给出对应的数字编码，因此必须进行量化。相对于量化前的抽样信号，量化后的数字信号可能会出现失真。这种失真被称为量化失真，当信号在接收端被还原为模拟信号时，就会表现为噪声，即量化噪声。量化噪声的大小取决于样值被分成多少级，即量化级差或间隔大小。分的级数越多，即间隔越小，那么量化噪声也就越小。

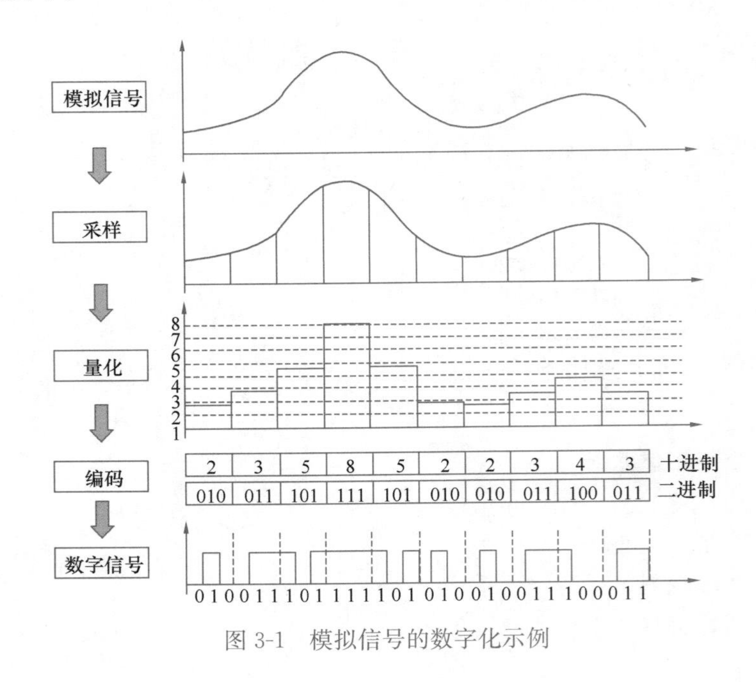

图 3-1 模拟信号的数字化示例

与一维信号一样，二维图像在本质上是模拟量，特别是在计算机应用尚未普及之前，图片多以模拟图像形式出现。随着计算机时代的到来，数字计算成为一种主流，相应的图像处理方式也就发生了转变，数字图像模型应运而生。

在计算机中，图形由像素组成，一幅图像被分为 $M \times N$ 个方格，如图 3-2 所示，每个方格即为像素。每个像素具有两个属性：坐标和幅度。坐标由行、列表示；幅度值为表示该像素位置上亮暗程度的整数。

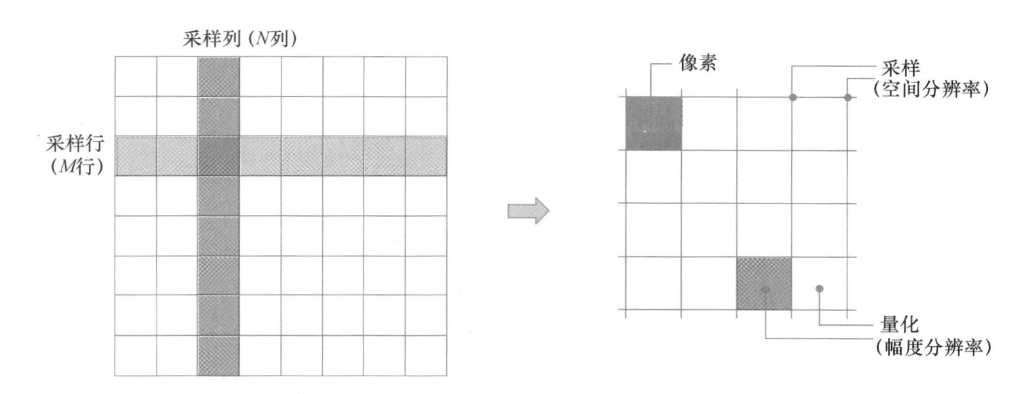

图 3-2　数字图像示意图

图像经过数字化转化为数字图像，它是将模拟图像信息转化为数字图像信息的过程，如图 3-3 所示。

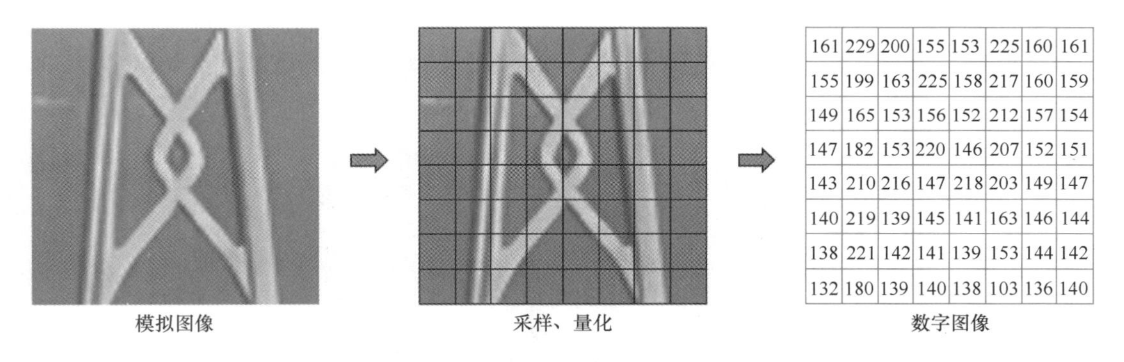

161	229	200	155	153	225	160	161
155	199	163	225	158	217	160	159
149	165	153	156	152	212	157	154
147	182	153	220	146	207	152	151
143	210	216	147	218	203	149	147
140	219	139	145	141	163	146	144
138	221	142	141	139	153	144	142
132	180	139	140	138	103	136	140

图 3-3　模拟图像到数字图像的转化

在图像采集中，传感器输出连续变化的电压信号，得到的是模拟信号图像。一幅图像可以用一个二维函数 $f(x, y)$ 来定义，其中（x，y）是空间（平面）坐标，在任何坐标（x，y）处的幅度值 f 被定义为图像在这一位置的亮度。要将模拟图像转换成数字形式，需要对坐标和幅度进行数字化，因为模拟图像在 x 和 y 坐标以及在幅度变化上是连续的。数字化坐标值被称为取样，将幅度值数字化称为量化。因此，当 x、y 及幅度值 f 都是有限且离散的量时，我们称图像为数字图像。

下面，重点介绍图像数字化的采样和量化两个过程。

（1）采样

采样是把一幅连续图像在空间上离散成 $M \times N$ 个网格，是实现图像数字化的重要环节，决定着图像的空间分辨率。

一般来说，采样间隔越大，所得图像像素数越小，空间分辨率低，图像质量差，严重时出现马赛克效应；采样间隔越小，所得图像像素数越大，空间分辨率高，图像质量好，但数据量大。

空间分辨率可以通过 PPI（Pixels Per Inch）度量。PPI 也叫像素密度，表示每英寸（1 英寸＝2.54cm）所包含的像素点数量。例如：若 1 英寸包含 10 个像素点，则图像分辨率是 10PPI；若 1 英寸包含 20 个像素点，则图像分辨率就是 20PPI，如图 3-4 所示。我们发现，随着 PPI 数值的增大，图像效果越来越好。

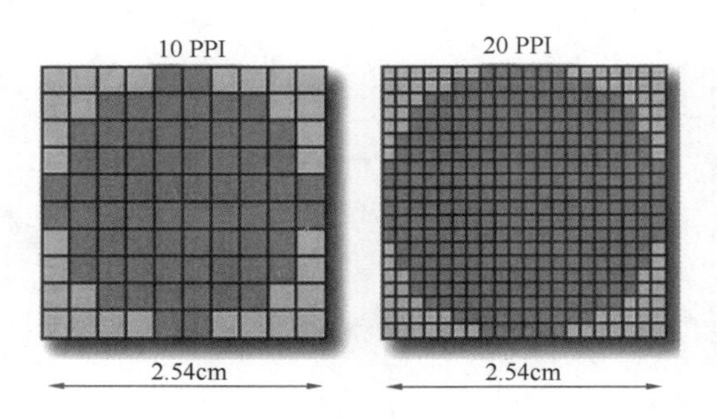

图 3-4　数字图像示意图

与一维信号一样，二维图像信号的采样也需要遵循采样定理。也就是说，二维信号的采样需要满足奈奎斯特采样定理，这样才能产生满足要求的数字图像。在满足采样定理的前提下，采样数量不同，图像的分辨率不同。当横向的像素数（行数）为 M，纵向的像素数（列数）为 N 时，对同一幅图像分别采取 M、N 值不同的采样，其结果如图 3-5 所示。

图 3-5　采样示例

同样地，二维图像在采样频率过低时也会出现混叠和过采样的现象，如图 3-6 所示。

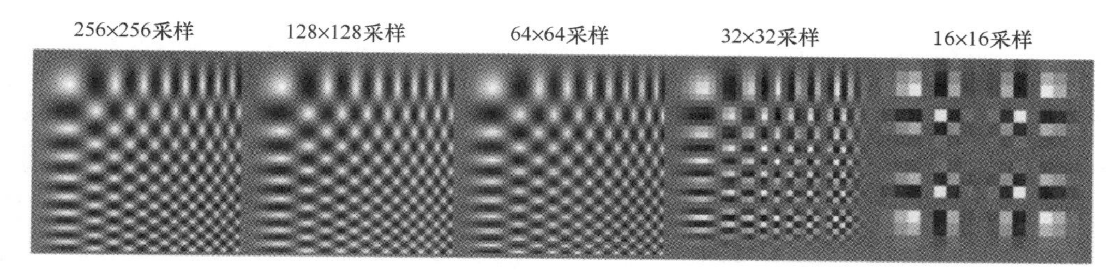

图 3-6　二维图像不同分辨率采样示例

(2) 量化

在时间和空间上，采样后的模拟图像被离散化为像素。但是像素灰度值依然是连续的，不便于处理，因而需要量化。将每个像素点的模拟量灰度值转化为离散量，这个过程就是量化。此外，还可以使用离散量代替像素的灰度值，使像素看起来更加简单方便，以便进行各种操作。量化方式可以分为线性量化和非线性量化。

一幅数字图像中不同灰度值的个数称为灰度级。灰度级常用 2 的整数次幂（即 2^k）表示（最常见的是 8 比特量化，即 $2^8=256$）。当图像的采样点数一定，采用不同量化级数时，图像的质量会发生变化。量化等级越多，所得图像层次越丰富，灰度分辨率高，图像质量好，但数据量大；量化等级越少，图像层次欠丰富，灰度分辨率低，会出现假轮廓现象，图像质量变差，但数据量小。

如图 3-7 所示，对一幅采样参数设置相同的图像，分别用不同的灰度级去量化，即将灰度级从 256 减小到 2（k 值从 8 减小到 1），结果显而易见。伪轮廓是指出现明显的类似于等高线的不连续过渡带，从而对画面感观质量造成影响的现象；伪轮廓通常在以 16(k 值为 4)或更少级数的均匀设置的灰度级显示的图像中十分明显。

图 3-7　量化示例

3.1.2 数字图像的表达

将一幅图像视为一个二维函数 $f(x, y)$，其中 x 和 y 是空间坐标，在 $x-y$ 平面上任意一点空间坐标（x，y）的幅度值 f 被称为该点图像的灰度、亮度或强度。如果 f、x、y 均为非负有限离散值，则称该图像为数字图像。用函数 $f(x, y)$ 定义数字图像仅适用于最为一般的情况，即静态的灰度图像。更严格地说，对于静态图像，用 2 个自变量的函数 $f(x, y)$ 表示数字图像；对于动态画面，还需要时间参数 t，即用 3 个自变量的函数 $f(x, y, t)$ 表示数字图像。对于灰度图像，函数值是一个数值；而对于彩色图像，函数值是一个向量。

从线性代数和矩阵论的角度，数字图像是一个由图像信息组成的二维矩阵，矩阵的每个元素均代表对应位置上的图像亮度或彩色信息。当然，数字图像在数据和存储上可能需要一个三维矩阵来表示，这样每个单位位置的图像信息需要三个数值来表示。因此，数字图像处理的实质是对矩阵进行各种运算和处理。也就是说，将原始图像变为目标图像的过程，实际上是由一个矩阵变为另一个矩阵的数学过程。无论是图像的点运算、几何运算、图像的统计特征还是傅里叶变换等正交变换，本质上都是基于图像矩阵的数学运算。

数字图像具有多种表达形式，常见的有以下三种：

（1）函数：二维函数 $f(x, y)$，即为 $x-y$ 平面坐标系上的点。

（2）矩阵：可以写成一个二维的 $M\times N$ 矩阵（其中 M 和 N 分别为图像的行数和列数），矩阵中的每个元素对应一个像素：

$$\boldsymbol{F}=\begin{bmatrix} f_{11} & f_{12} & \cdots & f_{1N} \\ f_{21} & f_{22} & \cdots & f_{2N} \\ \vdots & \vdots & & \vdots \\ f_{M1} & f_{M2} & \cdots & f_{MN} \end{bmatrix} \tag{3-1}$$

（3）矢量：数字图像也可以用矢量来表示，各个矢量中的每个元素分别对应一个像素，一般写成如下形式：

$$\begin{gathered} \boldsymbol{F}=[\boldsymbol{f}_1 \quad \boldsymbol{f}_2 \quad \cdots \quad \boldsymbol{f}_N] \\ \boldsymbol{f}_i=[f_{1i} \quad f_{2i} \quad \cdots \quad f_{Mi}]^{\mathrm{T}} \end{gathered} \tag{3-2}$$

其中，$i=1, 2, 3, \cdots, N$；f_{Mi}为像素值。

3.1.3 数字图像的类型

基于颜色和灰度的多少，常用的数字图像可以分为二值图像、灰度图像和 RGB 图像三种基本类型。

（1）二值图像

计算机中二值图像的数据类型采用一个二进制位表示，因为一幅二值图像的二维矩阵仅由 0、1 构成，其中“0”代表黑色，“1”代表白色。二值图像通常用于文字、线条图的扫描识别以及掩膜图像的存储。其优点是占用空间少，缺点是当用来作为表示人物、风景的图像时，二值图像只能描述其轮廓，不能描述细节，这时候要用更高的灰度级。

在数字图像处理中，二值图像占有非常重要的地位，在实际应用中，有很多系统是以二值图像处理实现构成的。图像的二值化处理是通过将图像上像素的灰度值设置为 0 或 255（或者 1）来完成的。这样整个图像呈现出明显的黑白效果。通过适当的阈值选取，可以获得仍然能够反映图像整体和局部特征的二值图像，从而在数字图像处理中起到重要的作用。

为了进行二值图像的处理与分析，首先要把灰度图像二值化。二值图像的集合性质只与灰度值为 0 或 255 的像素位置有关，与其他像素值无关，这使处理变得简单。一般为了得到理想的二值图像，会采用封闭且连通的边界条件来定义不交叠的区域。通过阈值法，我们可以将所有灰度值大于或等于阈值的像素判定为属于特定物体，将它们的灰度值设为 255。反之，这些像素被排除在物体区域以外，灰度值设为 0，代表背景或者另外的物体区域。如果一个物体内部的灰度值均匀一致，并且该物体处于具有其他等级灰度值的均匀背景下，使用阈值法可以得到较好的分割效果。如果物体与背景在灰度值上没有明显差别（例如纹理相似），那么可以将这个差别特征转换为灰度差异，然后使用阈值法来分割该图像。

图像二值化是图像分析与处理中最常见、最重要的处理手段之一。最常见的二值化处理方法是计算像素灰度值的平均值 T，扫描图像的每个像素灰度值并与 T 比较，大于 T 时设为 1（白色），否则设为 0（黑色），即：

$$g(i,j)=\begin{cases}1, & f(i,j)>T\\0, & f(i,j)\leqslant T\end{cases} \tag{3-3}$$

式（3-3）使用平均值作为二值化阈值可能导致部分物体像素或者背景像素丢失。为了解决此问题，可使用直方图法来寻找二值化阈值。直方图是图像的重要统计特征，用直方图法选择二值化阈值主要是先找出图像的两个最高峰，然后将阈值取为这两处之间的波谷值。

Ostu 方法由日本学者大津（Ostu）提出，也叫最大类间方差法。它主要依据图像的灰度特性将图像分成背景和目标两部分。背景区域和目标区域之间的类间方差越大，其差别也越大。当部分目标被误判为背景或部分背景被误判为目标时都会导致这两部分的差别变小，因此使得类间方差最大的阈值分割意味着误判的概率最小。

（2）灰度图像

灰度图像一般是指具有 256 级灰度值的数字图像，即 8bit 灰度图像。灰度图像只有灰度颜色。灰度图像矩阵元素的取值范围为 [0，255]，数据类型为 8 位无符号数，灰度图像包含了 0 到 255 之间不同灰度级别的像素值，其中 0 代表纯黑色，255 代表纯白色。二值图像则是灰度图像的一种特殊形式，其只有两种像素值，一种是黑色，另一种是白色。

图像由像素构成，每个像素实际上采用二进制位（bit）来表示。以灰度图像为例，若灰度图像的每个像素值用 8bit 来表示，则表明该图像的每个像素有 28 种可能的值，习惯用 0～255 这 256 个数值表示，每个数值表示一种灰度的级别。0 表示黑色，255 表示白色。这样的 8bit 的灰度图像称为 8 位图像。通常所说的 8 位灰度图像，即为 256 色的灰度图像。

(3) RGB图像

RGB图像又称真彩色图像，是指在组成一幅彩色图像的每个像素值中，分别用红(R)、绿(G)、蓝(B)三原色的组合来表示每个像素的颜色。由于数字图像以二维矩阵表示，每个像素的颜色需由R、G、B三个分量来表示，因此RGB图像矩阵需要采用三维矩阵表示，即$M\times N\times 3$矩阵，M、N分别表示图像的行数和列数，3个$M\times N$的二维矩阵分别表示各个像素的R、G、B颜色分量。理论上RGB图像中每个像素所表示的颜色多达2^{24}（$2^8\times 2^8\times 2^8$）种。RGB图像的数据类型一般为8位无符号整型。

总的来说，随着颜色类型的增加，数字图像所需的存储空间逐渐增加。需要最少存储空间的是二值图像，因为它只能表示黑、白两种颜色。灰度图像可以表示由黑色到白色渐变的256个灰度级，每个像素只需要一个字节的存储空间。而RGB图像可以表示2^{24}种颜色，相应每个像素需要3个字节的存储空间，是灰度图像的3倍。表3-1对数字图像三种基本类型进行了对比。

假设有一幅512像素×512像素的图像，256个灰度级（用8bit表示，即一个字节），则图像需要512×512个字节存储。如果是彩色视频（每秒30帧，每帧512×512），那么一秒钟的视频数据量为512×512×1×3×30个字节。

数字图像三种基本类型对比 表3-1

类型	二值图像	灰度图像	RGB图像
颜色数量	2	256	2^{24}
数据类型	1bit	8bit	24bit
矩阵大小	$M\times N$	$M\times N$	$M\times N\times 3$

3.1.4 像素间关系

1. 像素的相邻和邻域

图像中像素的相邻和邻域有3种，如图3-8所示。

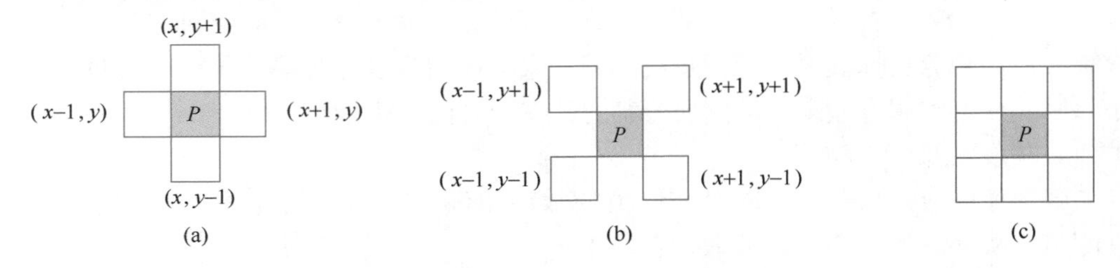

图3-8 像素邻域示例

(a) 4邻域；(b) 4对角邻域；(c) 8邻域

(1) 4邻域

设相对于图像显示坐标系的图像中的像素P位于(x, y)处，则P在水平方向和垂直方向相邻的像素最多可有4个，其坐标分别为$(x-1,y)$，$(x,y-1)$，$(x,y+1)$，$(x+1,y)$。

由这4个像素组成的集合称为像素P的4邻域，记为$N_4(P)$。像素的4邻域如图3-8(a)所示。

（2）4 对角邻域

设相对于图像显示坐标系的图像中的像素 P 位于（x，y）处，则 P 在对角相邻的像素最多可有 4 个，其坐标分别为 $(x-1, y-1)$，$(x-1, y+1)$，$(x+1, y-1)$，$(x+1, y+1)$。

由这 4 个像素组成的集合称为像素 P 的 4 对角邻域，记为 $N_D(P)$。像素的 4 对角邻域如图 3-8(b) 所示。

（3）8 邻域

由像素 P 的 4 对角邻域和 4 邻域像素组成的集合称为像素 P 的 8 邻域，记为 $N_8(P)$。像素 P 的 8 邻域如图 3-8(c) 所示。

2. 像素间距离的度量

像素间的距离有以下几种度量方式，如图 3-9 所示，图中的数字表示数字所处像素位置与 0 所在位置的距离。

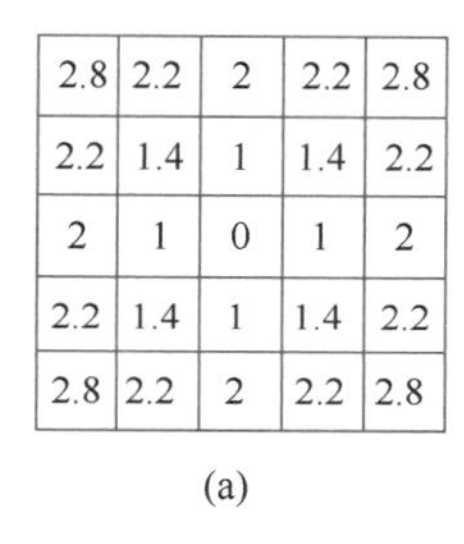

(a)

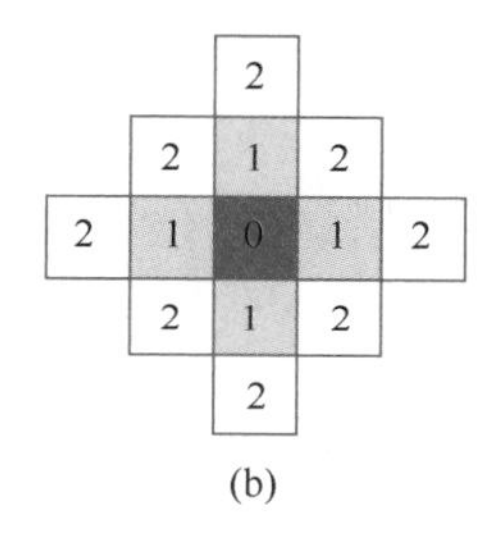

(b)

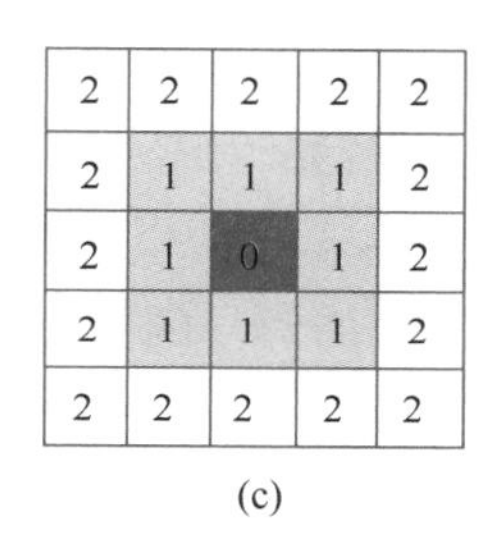

(c)

图 3-9　像素距离示例

(a) D_E；(b) D_4；(c) D_8

（1）欧氏距离 D_E

$$D_E[(i,j),(h,k)]=\sqrt{(i-h)^2+(j-k)^2} \tag{3-4}$$

根据式（3-4），所有距像素点（x，y）的欧氏距离小于或等于 D_E 的像素都包含在以（x，y）为中心，以 D_E 为半径的圆平面中。

欧氏距离的优点是直观且显然，缺点是平方根的计算费时且数值可能不是整数。

（2）街区距离 D_4

$$D_4[(i,j),(h,k)]=|i-h|+|j-k| \tag{3-5}$$

坐标为（i，j）和（h，k）两点间的距离也可以表示为数字栅格上从起点移动到终点所需的最少的基本步数。如果只允许横向和纵向的移动，就是街区距离 D_4。

（3）棋盘距离 D_8

$$D_8[(i,j),(h,k)]=\max\{|i-h|+|j-k|\} \tag{3-6}$$

在数字格栅中如果允许对角线方向的移动，则得到距离 D_8，D_8 也称为棋盘距离。距离 D_8 等于国际象棋中的“国王”在棋盘上从一处移动到另一处所需的步数。

3.1.5　图像中的噪声

图像噪声是指实际图像的退化，通常称之为随机误差。在图像的获取、传输或处理过程中，噪声是不可避免的，它可能依赖于图像内容，也可能与其无关。噪声通常由概率特征描述。

理想的噪声称为白噪声。白噪声具有常量的功率谱，即在所有频率上均有相同的噪声强度。作为退化的最坏估计，白噪声是常用的模型，它可以简化计算。

白噪声的一个特例是高斯噪声。服从高斯（正态）分布的随机变量具有高斯曲线型的概率密度。在一维情况下，概率密度函数是：

$$p(x)=\frac{1}{\sigma\sqrt{2\pi}}e^{\frac{-(x-\mu)^2}{2\sigma^2}} \tag{3-7}$$

其中，μ、σ 分别是随机变量的均值和标准差。在很多实际情况中，可以通过高斯噪声的均值和标准差来近似描述噪声。

当图像信号通过信道传输时，通常出现的噪声与信号无关，这种与信号无关的退化被称为加性噪声，可以用以下模型来表示：

$$f(x,y)=g(x,y)+v(x,y) \tag{3-8}$$

其中，噪声 v 和输入图像 g 是相互独立的变量。

计算噪声贡献的所有平方和：

$$N=\sum_{(x,y)}v^2(x,y) \tag{3-9}$$

计算观察到的信号的所有平方和：

$$S=\sum_{(x,y)}f^2(x,y) \tag{3-10}$$

信噪比可以定义为：$SNR=S/N$。信噪比常用对数尺度来表示，单位为分贝（dB）：

$$SNR_{\mathrm{dB}}=10\lg SNR \tag{3-11}$$

3.2 图像滤波

图像滤波的目的是消除或抑制图像中的噪声，从而实现图像增强。噪声的产生有很多种原因，可能会由图像传输过程中的信号干扰、相机自身的原因和拍摄过程中的抖动等造成。噪声主要分为高斯噪声、脉冲噪声（也称椒盐噪声）、散斑噪声等。最大限度地保留图像细节信息，同时尽可能去除噪声，是一个好的图像滤波算法的关键。最常见和最基本的图像滤波方法有均值滤波、中值滤波、高斯滤波、BM3D 滤波（Block Matching and 3D filtering、三维块匹配滤波）和双边滤波等。

1. 均值滤波

均值滤波是线性滤波中最简单的一种，它根据要处理的像素邻域的像素值来决定处理之后的图像像素值。具体来说，它采用该像素邻域中所有像素的灰度平均值来代替每一个像素值。因此，均值滤波的操作可以表述为：

$$b(x,y)=\frac{1}{mn}\sum_{(r,c)\in T_{\mathrm{xy}}}a(r,c) \tag{3-12}$$

式中，$b(x,y)$是均值滤波之后图像上的像素灰度值；$a(r,c)$是输入图像的像素灰度值，即要进行均值滤波的图像；m、n 为所用模板的大小；T_{xy} 为所使用的均值滤波模板；(r,c)为均值滤波模板中的像素坐标。

常用的均值滤波模板有两种，第一种是计算模板内像素灰度值的平均值：

$$w=\frac{1}{9}\begin{bmatrix}1&1&1\\1&1&1\\1&1&1\end{bmatrix} \tag{3-13}$$

第二种是给模板所覆盖的像素灰度值加上了权重，即每个像素值对结果的影响不一样，权重大的像素对结果的影响比较大，具体如下：

$$w=\frac{1}{16}\begin{bmatrix}1&2&1\\2&4&2\\1&2&1\end{bmatrix} \tag{3-14}$$

均值滤波可以平滑图像，但同时也会平滑掉阶跃变化的灰度值，使其变为渐变变化，这会导致图像细节信息的严重丢失，进而影响边缘提取的定位精度。

2. 中值滤波

图像中的中值滤波是另一种用来消除图像噪声以减少其对后续处理影响的操作。它同样也使用模板对图像进行处理，通过在图像上平移模板并对模板内的像素灰度值按照大小进行排序，然后选取排在中间位置的数值，将它赋值给图像的待处理像素。如果模板中有奇数个元素，那么中值就取按照从大到小或者从小到大排序之后中间位置元素的灰度值；如果模板有偶数个元素，中值就取排序之后中间两个灰度值的平均值。中值滤波的模板通常采用奇数个元素，这有利于简化计算和编程实现。对于边界的处理，可以将原图像的像素直接复制到处理之后图像的对应位置，或者将处理之后的图像边界像素灰度值直接赋值为 0。中值滤波可以表示为：

$$\boldsymbol{b}(\boldsymbol{x},\boldsymbol{y})=\underset{(r,c)\in T_{xy}}{\operatorname{median}}[a(r,c)] \tag{3-15}$$

中值滤波在去除脉冲噪声（即椒盐噪声）方面很有效，同时又能保留图像的细节特征，如边缘信息。

3. 高斯滤波

高斯滤波属于频域滤波，它是由高斯函数的形状来选择权值的。高斯滤波一维的高斯分布通常表示为：

$$G(x)=\frac{1}{\sqrt{2\pi\sigma}}\mathrm{e}^{-\frac{x^2}{2\sigma^2}} \tag{3-16}$$

二维的分布函数为：

$$G(x,y)=\frac{1}{2\pi\sigma^2}\mathrm{e}^{-\frac{x^2+y^2}{2\sigma^2}} \tag{3-17}$$

式中，σ 是标准差。

在图像处理中经常使用到高斯函数。高斯滤波器的平滑程度与标准差有很大关系：标准差越大，高斯滤波器的频带就越宽，从而使图像平滑程度增加。此外，通过调节标准差可以很好地处理图像中噪声引起的欠平滑问题。值得一提的是，由于二维高斯函数具有旋转对称性，因此高斯滤波在每个方向上的平滑程度都是相同的。对于一幅图像，计算机无法事先知道图像的边缘方向信息，因此高斯滤波是无法确定在哪个方向上需要做更多平滑的。高斯函数的可分离性使得卷积可以将二维过程转化为两步一维过程，首先用一维高斯函数和图像进行卷积，然后将卷积的结果与另一个方向的一维高斯函数卷积，这样可以将算法的时间复杂度从 $O(n^2)$ 降低到 $O(n)$，从而大大提高计算效率。

理论上，高斯分布在任何位置都是非零值，然而在实际应用中如果仍然按照这种方式构建高斯模板，那么高斯模板将是一个无限大的模板，这显然是不可行的。因此，为了满足实际应用需要，我们只需要构建取值在均值 3 倍标准差之内的高斯模板。通常情况下，高斯模板的大小为 3×3 或 5×5，其权值分布如下：

$$\frac{1}{9}\times\begin{bmatrix}1 & 2 & 1\\2 & 4 & 2\\1 & 2 & 1\end{bmatrix} \quad 和 \quad \frac{1}{273}\times\begin{bmatrix}1 & 4 & 7 & 4 & 1\\4 & 16 & 26 & 16 & 4\\7 & 26 & 41 & 26 & 7\\4 & 16 & 26 & 16 & 4\\1 & 4 & 7 & 4 & 1\end{bmatrix}$$

4. BM3D 滤波

BM3D 滤波是一种包含非局部和变换域两种思想的性能优越的图像滤波算法。通过与相邻图像块进行匹配，该方法将若干相似的块整合为一个三维矩阵，然后在三维空间进行滤波，最后将滤波结果反变换融合到二维得到滤波后的图像。BM3D 滤波作为一种非常有效的图像滤波算法，成为其他新的滤波算法竞相比较的对象。此外，BM3D 滤波还扩展到了图像处理的其他领域，例如图像去模糊、压缩传感和超分辨率重构等。BM3D 滤波算法的实现分为两步：

(1) 第一步：基础估计。

首先将图像进行窗口化，设定数个参考块，计算图像参考块与其他图像块之间的距离，根据这些距离寻找差异最小的块作为相似块，并将相似块归入对应组，形成一个三维矩阵。接着，将每个矩阵中的三维块进行二维变换编码，例如采用 Wavelet 变换、DCT 变换等。在二维变换结束后，对矩阵的第三个维度进行一维变换。由于得到的每个块的估计可能会重叠，因此需要对这些重叠的块进行加权平均，这一过程被称为聚集。这样，通过分组和滤波，就能够得到每个块的估计。

(2) 第二步：最终估计。

与第一步相似，第二步通过使用第一步的结果图即基础估计来进行块匹配。通过块匹配，每个参考块形成两个三维矩阵，一个是通过基础估计形成的，另一个是通过本次匹配的坐标在噪声图上整合出来的。之后对这两个三维矩阵都进行二维、一维变换。为了获得更好的结果，通常会采用离散余弦变换来进行最终估计的二维变换。对噪声图形成的三维矩阵进行缩放时，使用 Wiener 滤波，并利用基础估计的三维矩阵值以及噪声强度来计算缩放系数。滤波后，将噪声图的三维矩阵通过反变换转换回图像估计。之后，通过与第一步相似的聚集操作恢复出二维图像，形成最终的估计结果，这样就得到了经过 BM3D 滤波后的图像。

5. 双边滤波

双边滤波算法是一种二维图像处理技术，其核心思想是通过加权平均的方式来代替当前像素的灰度值。该算法采用当前像素邻域内各个像素的灰度值进行加权平均计算，权重因子既与两像素间的欧式距离有关，也与两像素的灰度值差异有关。这种加权平均过程可以同时抑制图像噪声，并有效保留图像的边缘细节特征，具有明显的优点。假设 p 是数字图像 I 中的当前待处理像素，则二维图像双边滤波算法为：

$$I_{\mathrm{b}}(p)=\frac{\sum_{q\in S}G_{\mathrm{S}}(p,q)G_{\mathrm{r}}(p,q)I(q)}{\sum_{q\in S}G_{\mathrm{S}}(p,q)G_{\mathrm{r}}(p,q)} \tag{3-18}$$

式中，$I_{\mathrm{b}}(p)$是 p 经过双边滤波后的像素灰度值；q 表示 p 的邻域像素点；$I(q)$是点 q 的像素灰度值；S 是邻域像素的集合；$G_{\mathrm{S}}(p,q)$为空间邻近度因子；$G_{\mathrm{r}}(p,q)$为灰度相似度因子。$G_{\mathrm{S}}(p,q)$和 $G_{\mathrm{r}}(p,q)$的表达式分别为：

$$G_{\mathrm{S}}(p,q)=\mathrm{e}^{-\frac{(x-u)^2+(y-v)^2}{2\sigma_{\mathrm{s}}^2}} \tag{3-19}$$

$$G_{\mathrm{r}}(p,q)=\mathrm{e}^{-\frac{[I(x,y)-I(u,v)]^2}{2\sigma_{\mathrm{r}}^2}} \tag{3-20}$$

式中，(x,y) 为图像像素坐标；(u,v) 为中心点像素坐标；σ_{S}是基于高斯函数的空间距离标准差；σ_{r}是基于高斯函数的灰度标准差。

由式（3-19）和式（3-20）可见，双边滤波算法同时考虑了当前像素与周围像素的欧式距离和灰度相似性，因此邻域中与中心点距离更近、灰度更相似的像素被赋予较大的权重，反之则赋予较小的权重，这使得双边滤波算法具有距离各向异性和灰度各向异性，可以较好地保留细节特征。

通过在原始图像中添加“高斯噪声”来模拟噪声图像，如图 3-10 所示；均值滤波和高斯滤波后的图像如图 3-11 所示。

图 3-10　噪声图像模拟

图 3-11　滤波去噪示例

图 3-10 和图 3-11 所用的 MATLAB 程序如下，程序运行演示视频见二维码 3-1：

3-1 程序运行演示视频

```
clc, clear, close all
I=imread('GZA Bridge_RGB.jpg');
Bridge_gray=rgb2gray(I);
Bridge_gray_gn=imnoise(Bridge_gray,'gaussian',0,0.0015);   % Add Gaussian noise
k=ones(3,3)/9;                                       % Define a 3x3 mean filter
Bridge_gray_gn_m=imfilter(Bridge_gray_gn,k);         % Apply mean filter to Gaussian noised image
k=fspecial('gaussian',[5 5],2);                      % Define a 5x5 Gaussian filter kernel
Bridge_gray_gn_g=imfilter(Bridge_gray_gn,k);         % Apply Gaussian filter to image
figure
subplot(2,2,1); imshow(Bridge_gray); title('原始图像')
subplot(2,2,2); imshow(Bridge_gray_gn); title('高斯噪声图像')
subplot(2,2,3); imshow(Bridge_gray_gn_m); title('均值滤波去噪')
subplot(2,2,4); imshow(Bridge_gray_gn_g); title('高斯滤波去噪')
```

3.3 图像频域处理

数字图像处理的方法有两大类：一种是空间域处理法，另一种是频域处理法。把图像信号从空间域变换到变换域进行处理，便可以从另外一个角度来分析图像信号的特性。图像频域处理的最突出特点是操作速度快，同时也可以采用现有的二维数字滤波技术对图像进行各种所需的处理，因此图像频域处理被广泛应用。

数字图像的频域处理主要有三种应用：利用某些频域变换可以修改图像的某些频域特性，如去噪等；利用某些频域变换可以从图像中提取图像的特征，如周期纹理等；通过图像频域处理可以实现图像的高效压缩编码，从而减小计算位数，大大减少运算次数。

实现数字图像的频域处理最关键的是变换处理。首先，需要将图像从空间域变换到频域，然后进行多种处理，最后将结果反变换，即从频域变换到空间域，以此实现图像处理的目的。一般情况下，频域处理采用线性正交变换，也被称为酉变换。本节将重点介绍图像的离散二维傅里叶变换和离散二维余弦变换。

数字图像处理方法主要包括空间域处理方法（空域法）和变换域处理方法（频域法）。图像变换是将图像信号从空间域变换到另一个域。图像变换的目的是根据图像在变换域中的某些性质对图像进行加工处理。虽然这些性质在空间域中很难甚至无法获取，但是在变换域中却能很好地呈现。在有些情况下，在空间域中分析图像信号很不方便，通过图像变换后再进行分析往往变得很容易。在数字图像处理中，图像增强、图像恢复、图像编码、图像分析和描述等都需要利用图像变换作为手段。常见的图像变换有离散傅里叶变换（DFT）、离散余弦变换（DCT）和离散小波变换，除此之外，还有离散沃尔什—哈达玛变换（DWHT）和离散 K-L 变换等。

3.3.1 离散傅里叶变换

离散傅里叶变换是一种最基本的图像频域变换，在数字图像处理中应用广泛。为了方便理解，我们将傅里叶变换对图像的分解类比成一个玻璃棱镜对光信号的分解。棱镜是可以将光分解为不同颜色的物理仪器，每个成分的颜色的区由波长（或频率）来决定。傅里叶变换可以看作数学上的棱镜，能将函数基于频率分解为不同的成分，从而可以更好地识别图像中的各种成分。

图像中的频率是指表征灰度变化剧烈程度的指标，即灰度在平面空间上的梯度。例如，在图像中，大面积沙漠的灰度变化缓慢，对应的频率值很低；而地表属性变换很大的边缘区域在图像中是一片灰度变化剧烈的区域，对应的频率值较高。傅里叶变换具有非常明显的物理意义，设 f 是一个能量有限的模拟信号，则其傅里叶变换就表示 f 的谱。从纯粹的数学意义上看，傅里叶变换是将一个函数转换为一系列周期函数来处理的。从物理意义上看，傅里叶变换是用来实现图像空间域到频域的转换，其逆变换是图像频域到空间域的转换。换句话说，傅里叶变换的物理意义是将图像的灰度分布函数变换为图像的频率分布函数，傅里叶逆变换是将图像的频率分布函数变换为灰度分布函数。

傅里叶变换是数字图像处理中应用最广泛的一种变换，图像增强、图像复原和图像分析与描述等每一类处理方法都要用到图像变换，尤其是图像的傅里叶变换。傅里叶变换将时域信号分解为不同频率的正弦与余弦和的形式。它是数字图像处理技术的基础，其通过在时域和频域来回切换图像，来对图像的信息特征进行提取和分析。

数字图像 $f(x, y)$ 可以表达为一个 $M\times N$ 的矩阵。图像矩阵的离散二维傅里叶变换可按级数形式定义为：

$$F(u,v)=\frac{1}{MN}\sum_{x=0}^{M-1}\sum_{y=0}^{N-1}f(x,y)\mathrm{e}^{-j2\pi\left(\frac{ux}{M}+\frac{vy}{N}\right)} \tag{3-21}$$

式中，u，$x=0$，1，2，…，$M-1$；v，$y=0$，1，2，…，$N-1$。

傅里叶反变换为：

$$f(x,y)=\sum_{u=0}^{M-1}\sum_{v=0}^{N-1}F(u,v)\mathrm{e}^{j2\pi\left(\frac{ux}{M}+\frac{vy}{N}\right)} \tag{3-22}$$

在离散傅里叶变换对中，$F(u,v)$ 称为离散信号 $f(x,y)$ 的频谱，$\varphi(u,v)$ 为相位角，$|F(u,v)|$ 被称为幅度谱，它们之间的关系为：

$$F(u,v)=|F(u,v)|\mathrm{e}^{j\varphi(u,v)}=R(u,v)+jI(u,v)$$

$$\varphi(u,v)=\arctan\frac{I(u,v)}{R(u,v)}$$

$$|F(u,v)|=\sqrt{R^2(u,v)+I^2(u,v)} \tag{3-23}$$

离散二维傅里叶变换的许多性质对于数字图像分析具有非常重要的作用，几个主要性质介绍如下：

（1）可分离性

离散二维傅里叶变换可以分解为两个一维傅里叶变换，不论是先对行还是先对列进行一维傅里叶变换都是一样的，顺序对结果并没有影响。同样，离散二维傅里叶反变换也可以分成两步来求。考虑 $M=N$ 时，其变换公式如下：

$$F(u,v)=\frac{1}{N}\sum_{x=0}^{N-1}e^{-j2\pi ux/N}\frac{1}{N}\sum_{y=0}^{N-1}f(x,y)e^{-j2\pi vy/N}$$

$$f(x,y)=\sum_{u=0}^{N-1}e^{j2\pi ux/N}\sum_{v=0}^{N-1}f(u,v)e^{j2\pi vy/N} \tag{3-24}$$

式中，u，x，v，$y=0$，1，2，…，$N-1$。

完成一幅 $N\times N$ 图像的离散二维傅里叶变换需要进行 N^2 次乘法和 $N(N-1)$ 次加法运算，计算量巨大。快速傅里叶变换（FFT）解决了这一难题。根据式（3-24），令 $F(x,v)=\frac{1}{N}\sum_{y=0}^{N-1}f(x,y)e^{-j2\pi vy/N}$，则有 $F(u,v)=\frac{1}{N}\sum_{x=0}^{N-1}f(x,v)e^{-j2\pi ux/N}$。其中，$F(x,v)$ 为 $f(x,y)$ 在 y 方向 N 点的 DFT；$F(u,v)$ 为 $f(x,y)$ 在 x 方向 N 点的 DFT。于是一个 $N\times N$ 图像的二维 DFT 可转换为一次 y 方向 N 点的一维 DFT 和一次 x 方向 N 点的一维 DFT，而这两次一维 DFT 均可使用快速傅里叶变换（FFT）。

（2）平移性

考虑图像行数和列数相等时，即 $M=N$ 时，移位性质可表述为：

$$f(x,y)e^{j2\pi(u_0x+v_0y)/N}\Leftrightarrow F(u-u_0,v-v_0) \tag{3-25}$$

式（3-25）表明，$f(x,y)$ 乘以一个指数项函数后，并取其乘积的傅里叶变换，可使频域的中心移到 (u_0,v_0) 点。在图像处理过程中，在傅里叶变换后，往往需要将中心移动到 $u_0=v_0=N/2$ 位置上，此时有：

$$f(x,y)e^{j2\pi(u_0x+v_0y)/N}=f(x,y)e^{j\pi(x+y)}=f(x,y)(-1)^{x+y}\Leftrightarrow F(u-N/2,v-N/2) \tag{3-26}$$

表明，在空间域中将 $f(x,y)$ 乘以 $(-1)^{x+y}$，就可将 $f(x,y)$ 傅里叶变换的原点移动到相应 $N\times N$ 频率方阵的中心，这个过程称为图像中心化。频谱图像的中心化能够使得频域图像更加直观，并且在频域的处理也更加方便。

（3）共轭对称性

离散二维傅里叶变换的共轭对称性可表示为：

$$F(u,v)=F^*(-u,-v) \tag{3-27}$$

离散二维傅里叶变换的共轭对称性给图像的频谱分析和显示带来了极大的好处，在实际应用中，只需对其一半的频谱变换结果进行计算和分析即可。

离散二维傅里叶变换还具有很多其他性质，如周期性和旋转不变性等，这里不再一一赘述。

图像傅里叶变换与反变换效果如图 3-12 所示。

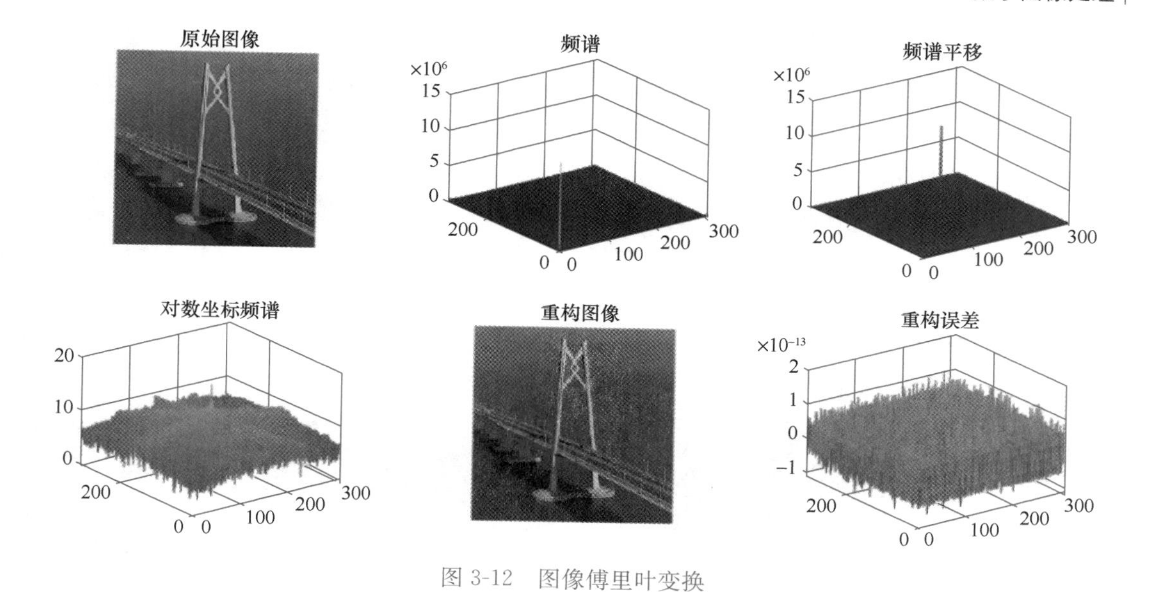

图 3-12　图像傅里叶变换

图 3-12 所用的 MATLAB 程序如下，程序运行演示视频见二维码 3-2：

3-2 程序运行演示视频

```
clc, clear, close all
I=imread('GZA Bridge_RGB.jpg');
I=I(51:358,251:558,1:3);
I_Gray=rgb2gray(I);
img1 = double(I_Gray);
imglF = fft2(img1);
imglFF = fftshift(abs(imglF));
imgRec = ifft2(imglF);
figure;
subplot(2,3,1); imshow(img1,[]); title('原始图像')
subplot(2,3,2); mesh (abs(imglF)); title('频谱')
subplot(2,3,3); mesh (imglFF); title('频谱平移')
subplot(2,3,4); mesh(log(1+imglFF)) ; title('对数坐标频谱')
subplot(2,3,5); imshow(imgRec,[]); title('重构图像')
subplot(2,3,6); mesh(img1-imgRec); title('重构误差')
```

3.3.2　离散余弦变换

离散余弦变换（Discrete Cosine Transform，DCT）是与傅里叶变换相关的一种变换，它类似于离散傅里叶变换，但是只使用实数。离散余弦变换相当于一个长度大概是它两倍的离散傅里叶变换。离散余弦变换的类型包括Ⅰ型、Ⅱ 型和Ⅲ型等，其中最常用的是第二种类型。它的逆被称为反离散余弦变换或逆离散余弦变换（IDCT）。

Ⅰ型和Ⅱ型离散余弦变换公式分别为：

$$F(u,v)=\frac{1}{N}\sum_{x=0}^{M-1}\sum_{y=0}^{N-1}f(x,y)\cos\left[\frac{\pi}{N}\mu\left(x+\frac{1}{2}\right)\right]\cos\left[\frac{\pi}{N}v\left(y+\frac{1}{2}\right)\right] \quad (3\text{-}28)$$

$$F(x,y)=\frac{1}{N}\sum_{x=0}^{M-1}\sum_{y=0}^{N-1}F(u,v)\cos\left[\frac{\pi}{N}\mu\left(x+\frac{1}{2}\right)\right]\cos\left[\frac{\pi}{N}v\left(y+\frac{1}{2}\right)\right] \tag{3-29}$$

式中，$F(u,v)$ 为 $f(x,y)$ 的 DCT 变换；(x,y) 为图像空间坐标；(u,v) 为变换域坐标；N 为图像的大小。

离散余弦变换经常在信号处理和图像处理中使用，用于对信号和图像的有损数据压缩。这是由于离散余弦变换具有很强的能量集中特性：大多数自然信号（包括图像和声音）的能量都是集中在离散余弦变换后的低频部分。离散余弦变换常被用于 JPEG 图像压缩。此外，它也经常被用于求解偏微分方程。

图 3-13 是图像经过 DCT 变换，变换系数处理以及反变换重构后的结果。

图 3-13　图像离散余弦变换压缩

3.4　边缘检测

3.4.1　边缘介绍

（1）边缘的定义

边缘是不同区域的分界线，是周围（局部）灰度值有显著变化的像素点的集合，有幅值与方向两个属性。这个不是绝对的定义，主要应该理解边缘是局部特征，以及周围灰度值显著变化则产生边缘，如图 3-14 所示。

（2）轮廓与边缘的关系

一般认为轮廓是对物体的完整边界的描述，边缘点一个个连接起来构成轮廓。边缘可以是一段边缘，而轮廓一般是完整的。根据人眼视觉特性，看物体时一般是先获取物体的轮廓信息，再获取物体中的细节信息。比如看到几个人站在那里，我们一眼看过去马上能知道的是每个人的高矮胖瘦，然后才获取脸和衣着等信息。

图 3-14 边缘检测案例

（3）边缘的类型

图像边缘具有幅度和方向两个特征。在沿着边缘方向移动时，像素的灰度值变化相对缓和；而在垂直于边缘方向移动时，像素的灰度值变化则相对剧烈。这种剧烈的变化呈阶跃状（Step Edge）、斜坡状（Ramp Edge）或者屋顶状（Roof Edge），分别称为阶跃状边缘、斜坡状边缘和屋顶状边缘，如图 3-15 所示。一般常用一阶和二阶导数来描述和检测边缘。

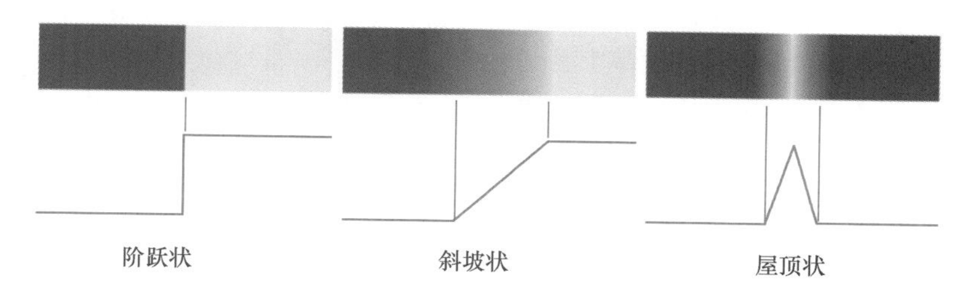

图 3-15 图像边缘

3.4.2 边缘检测介绍

边缘检测是图像处理与计算机视觉中极为重要的一种分析图像的方法，它的目的是找到图像中亮度变化剧烈的像素点构成的集合，表现出来往往是轮廓。如果图像中的边缘能够精确地测量和定位，那么实际的物体就能够被定位和测量（包括物体的面积、物体的直径、物体的形状等都能被测量）。

对于来自现实世界的图像，通常在出现下面 4 种情况时该区域被视为一个边缘：

（1）深度的不连续（物体处在不同的平面上）；

（2）表面方向的不连续（如正方体不同的两个面）；

（3）物体材料不同（这样会导致光的反射系数不同）；

（4）场景中光照不同（如被阴影覆盖的地面）。

例如，图 3-16 中的图像是图像中水平方向 6 个像素点的灰度值显示效果，我们很容易地判断在第 3 和第 4 个像素之间有一个边缘，因为它们之间发生了强烈的灰度跳变。在实际的边缘检测中边缘远没有这样简单明显，我们需要取对应的阈值来区分它们。

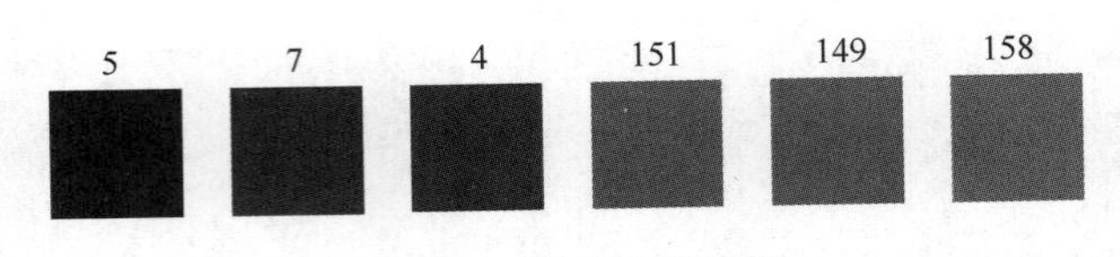

图 3-16 图像边缘示例

3.4.3 边缘检测的基本方法

一般图像边缘检测方法主要分四步进行：

第一步：图像滤波。主流的边缘检测算法通常基于图像强度的一阶和二阶导数，但这种方法对噪声极为敏感，因此需要采用滤波器来优化与噪声相关的边缘检测器的表现。然而，值得注意的是，大部分滤波器在降噪的同时会损失边缘的强度，因此需要在增强边缘和降噪之间找到一个平衡点。

第二步：图像增强。确定图像各点邻域强度的变化值是增强边缘的基础。增强算法可以突显邻域（或局部）强度值有显著变化的点。通常，通过计算梯度的幅值来实现边缘增强。

第三步：图像检测。在图像中，存在许多梯度幅值较大的点，然而这些点在某些特定的应用场景下并不一定是边缘。因此，需要采用一些方法来确定哪些点是边缘点。其中，最常用的方法是基于梯度幅值的简单判断。

第四步：图像定位。在某些应用场合中，需要确定边缘位置，这时可以使用子像素分辨率来估计边缘的位置，同时也可以估计出边缘的方向。

3.4.4 边缘检测算子的概念

在数学中，函数的变化率由导数来刻画，图像可以看成二维函数，其上面的像素值变化也可以用导数来刻画，当然图像是离散的，所以我们换成像素的差分来实现。对于阶跃型边缘，图 3-15 中显示其一阶导数具有极大值，极大值点对应二阶导数的过零点，也就是说，准确的边缘的位置对应于一阶导数的极大值点或者二阶导数的过零点（注意，过零点不仅指二阶导数为 0 值的位置，也指正负值过渡的零点）。因此，边缘检测算子的类型就存在一阶和二阶微分算子。

3.4.5 常见的边缘检测算子

图像中的边缘可以通过对它们求导数来确定，而导数可利用微分算子来计算。对于数字图像来说，通常是利用差分来近似微分。

近二十多年来提出了许多边缘检测算子，在这里我们仅讨论其中常见的边缘检测算子。

如图 3-17 所示，常见的一阶微分边缘算子包括 Roberts、Prewitt、Sobel、Kirsch 等，将在 3.4.9 节具体讲述；常见的二阶微分边缘算子包括 Laplace 算子、LOG 算子和 Canny 算子等，将在 3.4.10 节中展开讲解。其中，Canny 算子是最常用的一种，也是当前被认为最优秀的边缘检测算子。

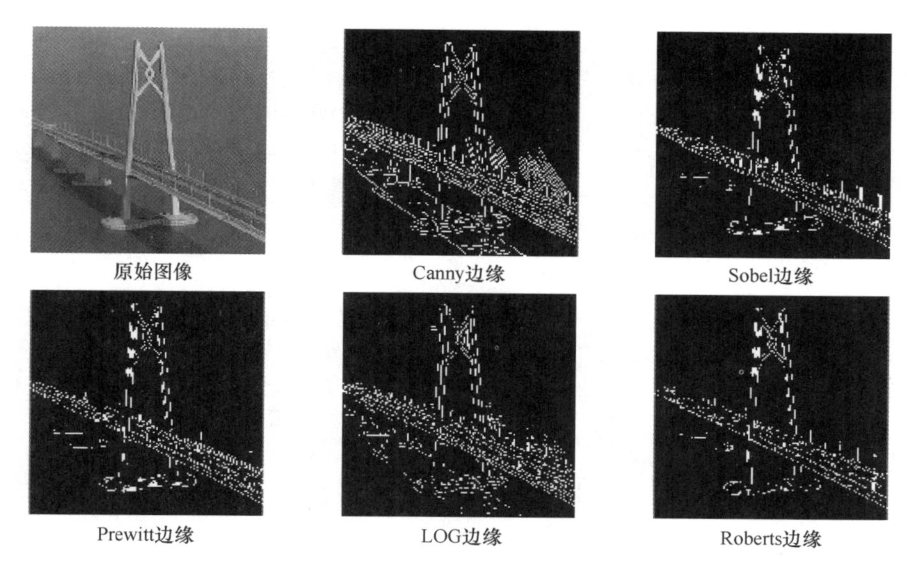

图 3-17 图像边缘检测算子示例

图 3-17 所用的 MATLAB 程序如下，程序运行演示视频见二维码 3-3：

```
clc, clear, close all
I=imread('GZA Bridge_RGB.jpg');
I=I(51:358,251:558,1:3);
Bridge_gray=rgb2gray(I);
Bridge_Ec = edge(Bridge_gray,'canny');        % Canny 边缘
Bridge_Es = edge(Bridge_gray,'sobel');        % Sobel 边缘
Bridge_Ep = edge(Bridge_gray,'prewitt');      % Prewitt 边缘
Bridge_El = edge(Bridge_gray,'log');          % LOG 边缘
Bridge_Er = edge(Bridge_gray,'Roberts');      % Roberts 边缘
figure
subplot(2,3,1); imshow(Bridge_gray); title('原始图像')
subplot(2,3,2); imshow(Bridge_Ec); title('Canny 边缘')
subplot(2,3,3); imshow(Bridge_Es); title('Sobel 边缘')
subplot(2,3,4); imshow(Bridge_Ep); title('Prewitt 边缘')
subplot(2,3,5); imshow(Bridge_El); title('LOG 边缘')
subplot(2,3,6); imshow(Bridge_Er); title('Roberts 边缘')
```

3-3 程序运行演示视频

3.4.6 梯度算子介绍

（1）边缘点

边缘点对应于一阶微分幅度的最大值点以及二阶微分的零点。

（2）梯度的定义

梯度是指二个曲面沿着给定方向的倾斜程度。在单变量函数中，梯度可理解为只是导数；对于一个线性函数而言，梯度就是曲线在某点的斜率，是一个带方向的向量。

（3）梯度算子

梯度算子属于一阶微分算子，对应一阶导数。若图像含有较小的噪声并且图像边缘的灰度值过渡较为明显，梯度算子可以得到较好的边缘检测结果。3.4.9 节介绍的 Roberts、Sobel 等算子都属于梯度算子。

3.4.7 梯度的衡量方法

对于连续函数 $f(x,y)$，我们计算出了它在(x,y)处的梯度，并且用一个矢量（沿 x 方向和沿 y 方向的两个分量）来表示，具体如下：

$$\boldsymbol{G}(x,y)=\begin{bmatrix}\boldsymbol{G}_{\mathrm{x}}\\ \boldsymbol{G}_{\mathrm{y}}\end{bmatrix}=\begin{bmatrix}\dfrac{\partial f}{\partial x}\\ \dfrac{\partial f}{\partial y}\end{bmatrix} \tag{3-30}$$

衡量梯度的幅值会用到以下三种范数：

$$\boldsymbol{G}(x,y)=\sqrt{\boldsymbol{G}_{\mathrm{x}}^2+\boldsymbol{G}_{\mathrm{y}}^2}\text{，2 范数梯度}$$
$$\boldsymbol{G}(x,y)=|\boldsymbol{G}_{\mathrm{x}}|+|\boldsymbol{G}_{\mathrm{y}}|\text{，1 范数梯度}$$
$$\boldsymbol{G}(x,y)\approx\max(|\boldsymbol{G}_{\mathrm{x}}|,|\boldsymbol{G}_{\mathrm{y}}|)\text{，}\infty\text{ 范数梯度}$$

值得注意的是，由于使用 2 范数梯度要对图像中的每个像素点进行平方及开方运算，计算复杂度高，在实际应用中通常取绝对值或最大值来近似代替该运算以实现简化，与平方及开方运算相比，取绝对值或最大值进行边缘检测的准确度和边缘的精度差异都很小，如图 3-18 所示。

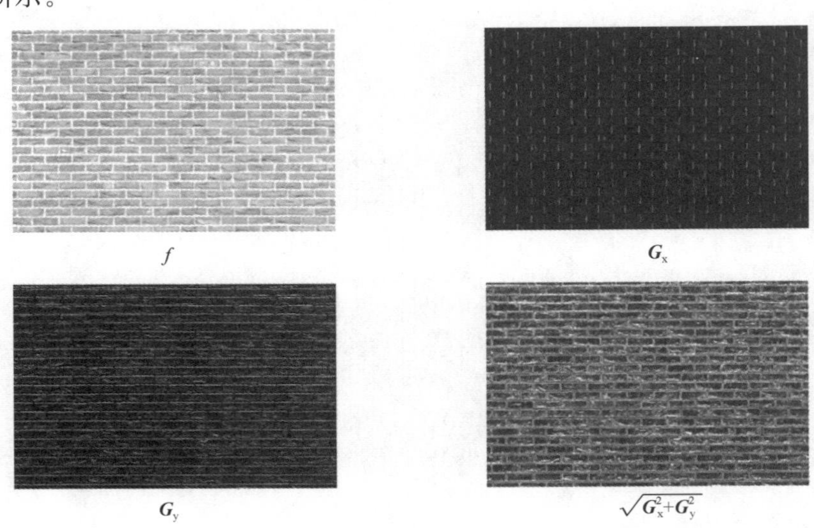

图 3-18　x、y 方向的边缘

3.4.8 如何用梯度算子实现边缘检测

1. 原理

基于梯度算子的边缘检测大多数是基于方向导数求卷积的方法。

2. 实现过程

以 3×3 的卷积模板为例，如图 3-19 所示。

Z_1	Z_2	Z_3
Z_4	Z_5	Z_6
Z_7	Z_8	Z_9

(a)

W_1	W_2	W_3
W_4	W_5	W_6
W_7	W_8	W_9

(b)

图 3-19 图像卷积示例

(a) 原始图像 3×3 子区域；(b) 3×3 卷积模板

设定好卷积模板后，将模板在图像中移动，并将图像中的每个像素点与此模板进行卷积，得到每个像素点的响应 R，用 R 来表征每个像素点的邻域灰度值变化率，即灰度梯度值，从而可将灰度图像经过与模板卷积后转化为梯度图像。模板系数 W_i（$i=1$，2，3，…，9）相加的总和必须为零，以确保在灰度级不变的区域中模板的响应为零。Z 表示像素的灰度值：

$$R = W_1 Z_1 + W_2 Z_2 + \cdots + W_9 Z_9 \tag{3-31}$$

然后我们设定一个阈值，如果卷积的结果 R 大于这个阈值那么该像素点为边缘点，输出白色；如果 R 小于这个阈值，那么该像素点不为边缘点，输出黑色。于是，最终就能输出一幅黑白的梯度图像，实现边缘的检测。

由于边缘检测涉及的概念比较复杂，因此专门用一个小节来讲解边缘检测的内容以及如何用梯度算子去计算边缘阈值。后文将要介绍的边缘检测算法重点用于阶跃型边缘的计算，按照其一阶导数具有极大值或极大值点对应的二阶导数为过零点，将边缘检测算法分为一阶微分边缘算子检测方法和二阶微分边缘算子检测方法。

3.4.9 一阶微分边缘算子

一阶微分边缘算子也称为梯度边缘算子，它是利用图像在边缘处的阶跃性（图 3-20），即图像梯度在边缘取得极大值的特性进行边缘检测。

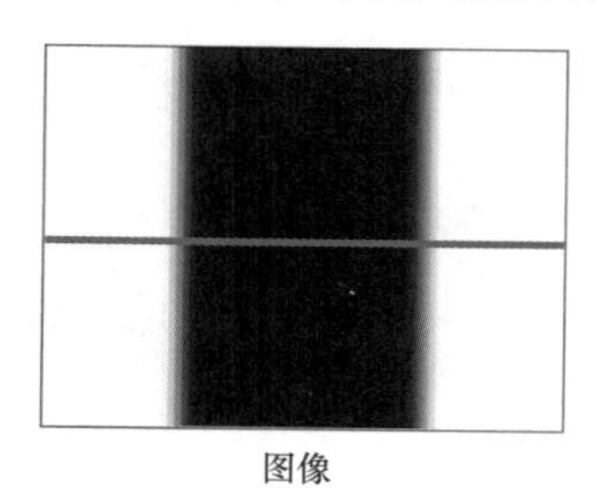

图像

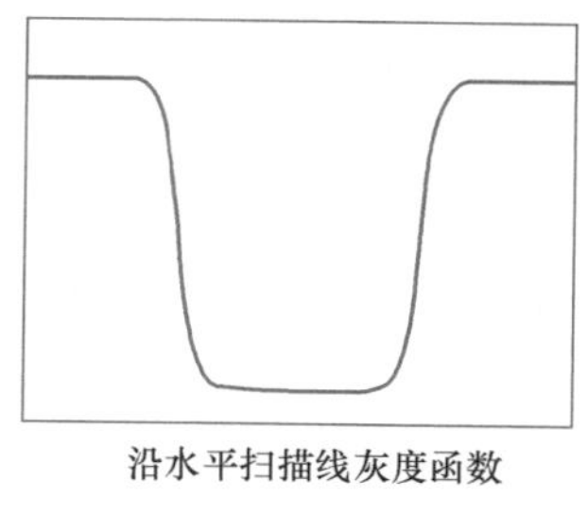

沿水平扫描线灰度函数

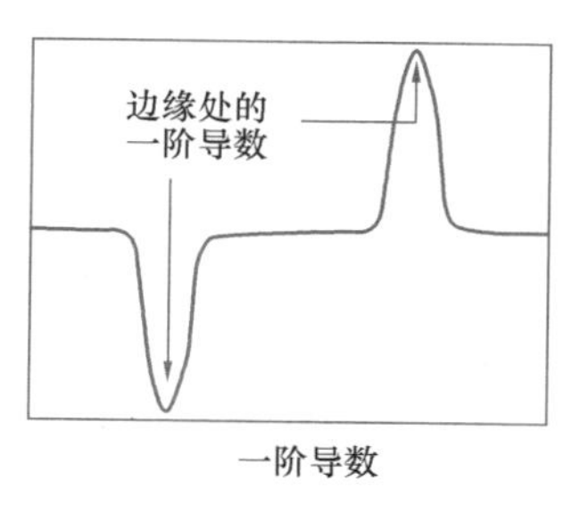

一阶导数

图 3-20 一阶微分边缘

梯度是一个矢量，它具有方向 θ 和模 $|\Delta \boldsymbol{I}|$：

$$\Delta \boldsymbol{I} = \begin{Bmatrix} \dfrac{\partial \boldsymbol{I}}{\partial x} \\ \dfrac{\partial \boldsymbol{I}}{\partial y} \end{Bmatrix} \tag{3-32}$$

$$|\Delta \boldsymbol{I}| = \sqrt{\left(\frac{\partial \boldsymbol{I}}{\partial x}\right)^2 + \left(\frac{\partial \boldsymbol{I}}{\partial y}\right)^2} = \sqrt{\boldsymbol{I}_x^2 + \boldsymbol{I}_y^2} \tag{3-33}$$

$$\theta = \arctan(\boldsymbol{I}_x \boldsymbol{I}_y) \tag{3-34}$$

梯度的方向提供了边缘的趋势信息，因为梯度方向始终垂直于边缘方向，梯度的模值大小提供了边缘的强度信息。

在实际使用中，通常利用有限差分进行梯度近似。对于上面的公式，我们有如下的近似：

$$\begin{aligned}\frac{\partial \boldsymbol{I}}{\partial x} &= \lim_{k\to 0}\frac{\boldsymbol{I}(x+\Delta x,y)-\boldsymbol{I}(x,y)}{\Delta x} \approx \boldsymbol{I}(x+1,y)-\boldsymbol{I}(x,y),(\Delta x=1)\\ \frac{\partial \boldsymbol{I}}{\partial y} &= \lim_{k\to 0}\frac{\boldsymbol{I}(x,y+\Delta y)-\boldsymbol{I}(x,y)}{\Delta y} \approx \boldsymbol{I}(x,y+1)-\boldsymbol{I}(x,y),(\Delta y=1)\end{aligned} \tag{3-35}$$

（1）Roberts 算子

1963 年，Roberts 提出了一种用于寻找边缘的算子，即 Roberts 边缘算子。它是一个 2×2 的模板，通过计算相邻对角像素的差值来实现边缘检测。虽然边缘定位较为准确，但该算子对噪声非常敏感。

Roberts 算子是一种利用局部差分算子来查找边缘的算子，其边缘的锐利程度由图像灰度的梯度决定。梯度是一个向量，∇f 指出灰度变化得最快的方向和数量。

因此，最简单的边缘检测算子是用图像的垂直和水平差分来逼近梯度算子：

$$\nabla f = [f(x,y)-f(x-1,y), f(x,y)-f(x,y-1)] \tag{3-36}$$

对每一个像素计算出式（3-31）的向量，求出它的绝对值然后与阈值进行比较，利用这种思想就得到了 Roberts 交叉算子。

在实际使用中，Roberts 算法过程非常简单。

$$\begin{aligned} g(i,j) = &| f(i,j)-f(i+1,j+1) | \\ &+| f(i,j+1)-f(i+1,j) | \end{aligned} \tag{3-37}$$

选用 1 范数梯度计算梯度幅度：$|\boldsymbol{G}(x,y)=|\boldsymbol{G}_x|+|\boldsymbol{G}_y|$。卷积模板如图 3-21 所示。

$\boldsymbol{G}_x$		$\boldsymbol{G}_y$	
1	0	0	1
0	−1	−1	0

图 3-21　Roberts 交叉算子模板

则模板运算结果：

$$\begin{aligned}\boldsymbol{G}_x &= 1\times f(x,y)+0\times f(x+1,y)+0\times f(x,y+1)+(-1)\times f(x+1,y+1)\\ &= f(x,y)-f(x+1,y+1)\\ \boldsymbol{G}_y &= 0\times f(x,y)+1\times f(x+1,y)+(-1)\times f(x,y+1)+0\times f(x+1,y+1)\\ &= f(x+1,y)-f(x,y+1)\\ \boldsymbol{G}(x,y) &= |\boldsymbol{G}_x|+|\boldsymbol{G}_y|\\ &= | f(x,y)-f(x+1,y+1) | + | f(x+1,y)-f(x,y+1) |\end{aligned} \tag{3-38}$$

如果 $\boldsymbol{G}(x,y)$ 大于某一阈值，认为（x，y）点为边缘点。

（2）Prewitt 算子

Prewitt 算子是 J. M. S. Prewitt 于 1970 年提出的检测算子。不同于 Roberts 算子采用 2×2大小的模板，Prewitt 算法采用了 3×3 大小的卷积模板。2×2 大小的模板在概念上很简单，但是它们对于用关于中心点对称的模板来计算边缘方向不是很有用，其最小模板大小为 3×3。3×3 模板考虑了中心点对段数据的性质，并携带有关于边缘方向的更多信息。

在算子的定义上，Prewitt 希望通过使用“水平＋垂直”的两个有向算子去逼近两个偏导数 $\boldsymbol{G}_x$、$\boldsymbol{G}_y$，这样在灰度值变化很大的区域上卷积结果也同样达到极大值。

1	1	1
0	0	0
–1	–1	–1

(a)

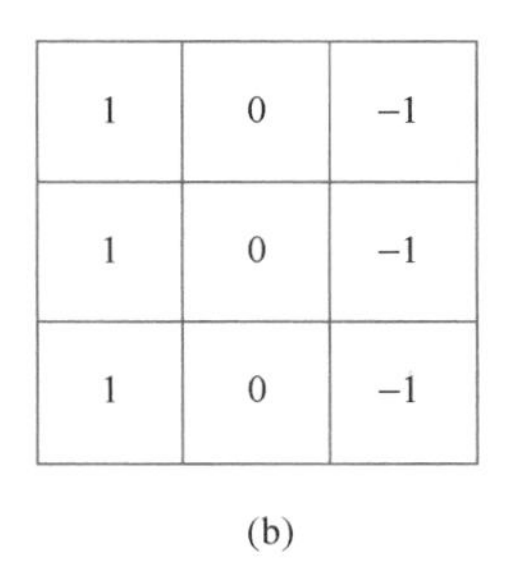

1	0	–1
1	0	–1
1	0	–1

(b)

图 3-22 Prewitt 边缘检测有向算子
(a) 水平方向；(b) 垂直方向

在实际使用中，Prewitt 边缘检测算子使用两个方向算子，如图 3-22 所示，每一个逼近一个偏导数，这是一种类似计算偏微分估计值的方法，x 和 y 两个方向的近似检测算子为：

$$\begin{aligned} p_{\mathrm{x}} &= [f(i+1,j-1)+f(i+1,j)+f(i+1,j+1)]- \\ &\quad [f(i-1,j-1)+f(i-1,j)+f(i-1,j+1)] \\ p_{\mathrm{y}} &= [f(i-1,j+1)+f(i,j+1)+f(i+1,j+1)]- \\ &\quad [f(i-1,j-1)+f(i,j-1)+f(i+1,j-1)] \end{aligned} \tag{3-39}$$

得出卷积模板为：

$$\boldsymbol{G}_{\mathrm{x}} = \begin{vmatrix} -1 & 0 & 1 \\ -1 & 0 & 1 \\ -1 & 0 & 1 \end{vmatrix}$$

$$\boldsymbol{G}_{\mathrm{y}} = \begin{vmatrix} -1 & -1 & -1 \\ 0 & 0 & 0 \\ 1 & 1 & 1 \end{vmatrix} \tag{3-40}$$

记图像为 $\boldsymbol{M}$，梯度幅值为 T，进行如下比较：

$$T = (\boldsymbol{M} \otimes \boldsymbol{G}_{\mathrm{x}})^2 + (\boldsymbol{M} \otimes \boldsymbol{G}_{\mathrm{y}})^2 > \text{threshold} \tag{3-41}$$

如果 T 大于阈值 threshold，那么该点为边缘点。

(3) Sobel 算子

Sobel 算子最初是 1968 年在一次博士生课题讨论会上提出的（“A3×3 Isotropic Gradient Operator for Image Processing”），后来在 1973 年正式出版发表的一本专著《Pattern Classification and Scene Analysis》的脚注里作为注释出现和公开。Sobel 算子和 Prewitt 算子都是加权平均，但是 Sobel 算子认为，邻域像素对当前像素的影响是不等价的，因此不同距离的像素具有不同的权值，对算子结果的影响也不同。通常来说，距离越远，产生的影响越小。

将 Prewitt 边缘检测算子模板的中心系数增加一个权值 2，不但可以突出中心像素点，而且可以得到平滑的效果，这就是 Sobel 算子。

Sobel 算子是一种将方向差分运算与局部平均相结合的方法。该算子是在以 $f(x,y)$

为中心的 3×3 邻域上计算 x 和 y 方向的偏导数，即：

$$\begin{aligned} p_x &= [f(i+1,j-1)+2f(i+1,j)+f(i+1,j+1)] \\ &\quad -[f(i-1,j-1)+2f(i-1,j)+f(i-1,j+1)] \\ p_y &= [f(i-1,j+1)+2f(i,j+1)+f(i+1,j+1)] \\ &\quad -[f(i-1,j-1)+2f(i,j-1)+f(i+1,j-1)] \end{aligned} \tag{3-42}$$

得出卷积模板为：

$$\boldsymbol{G}_x = \begin{vmatrix} -1 & 0 & 1 \\ -2 & 0 & 2 \\ -1 & 0 & 1 \end{vmatrix} \qquad \boldsymbol{G}_y = \begin{vmatrix} -1 & -2 & -1 \\ 0 & 0 & 0 \\ 1 & 2 & 1 \end{vmatrix} \tag{3-43}$$

记图像为 $\boldsymbol{M}$，梯度幅值为 T，进行如下比较：

$$T = (\boldsymbol{M} \otimes \boldsymbol{G}_x)^2 + (\boldsymbol{M} \otimes \boldsymbol{G}_y)^2 > \text{threshold} \tag{3-44}$$

如果 T 大于阈值 threshold，那么该点为边缘点。

（4）Kirsch 算子

Kirsch 算子是 R. Kirsch 提出来的一种边缘检测算法。其与前述算法的不同之处在于，Kirsch 考虑到 3×3 的卷积模板事实上涵盖 8 种方向（左上，正上，……，右下），于是 Kirsch 采用 8 个 3×3 的模板对图像进行卷积，这 8 个模板代表 8 个方向，并取最大值作为图像的边缘输出。

它采用下述 8 个模板对图像上的每一个像素点进行卷积求导数：

$$\begin{aligned} &\boldsymbol{K}_N = \begin{vmatrix} 5 & 5 & 5 \\ -2 & 0 & 3 \\ -3 & -3 & -3 \end{vmatrix}, \boldsymbol{K}_{NB} = \begin{vmatrix} -3 & 5 & 5 \\ -3 & 0 & 5 \\ -3 & -3 & -3 \end{vmatrix} \\ &\boldsymbol{K}_B = \begin{vmatrix} -3 & -3 & 5 \\ -3 & 0 & 5 \\ -3 & -3 & 5 \end{vmatrix}, \boldsymbol{K}_{SB} = \begin{vmatrix} -3 & -3 & -3 \\ -3 & 0 & 5 \\ -3 & 5 & 5 \end{vmatrix} \\ &\boldsymbol{K}_S = \begin{vmatrix} -3 & -3 & -3 \\ -3 & 0 & -3 \\ 5 & 5 & 5 \end{vmatrix}, \boldsymbol{K}_{SW} = \begin{vmatrix} -3 & -3 & -3 \\ 5 & 0 & -3 \\ 5 & 5 & -3 \end{vmatrix} \\ &\boldsymbol{K}_W = \begin{vmatrix} 5 & -3 & -3 \\ 5 & 0 & -3 \\ 5 & -3 & -3 \end{vmatrix}, \boldsymbol{K}_{NW} = \begin{vmatrix} 5 & 5 & -3 \\ 5 & 0 & -3 \\ -3 & -3 & -3 \end{vmatrix} \end{aligned} \tag{3-45}$$

最终选取 8 次卷积结果的最大值作为图像的边缘输出。

（5）小结

在边缘检测中，常见的一阶微分边缘算子包括 Roberts 算子、Prewitt 算子、Sobel 算子和 Kirsch 算子等。这些算子的核心思路是利用图像在边缘处的阶跃性，即梯度在边缘处取得极大值的特性进行边缘检测。

3.4.10 二阶微分边缘算子

学过微积分我们都知道，边缘即是图像的一阶导数局部最大值的地方，即该点的二阶导数为零。二阶微分边缘检测算子（图 3-23）就是利用图像在边缘处的阶跃性导致图像二阶微分在边缘处出现零值这一特性进行边缘检测的。

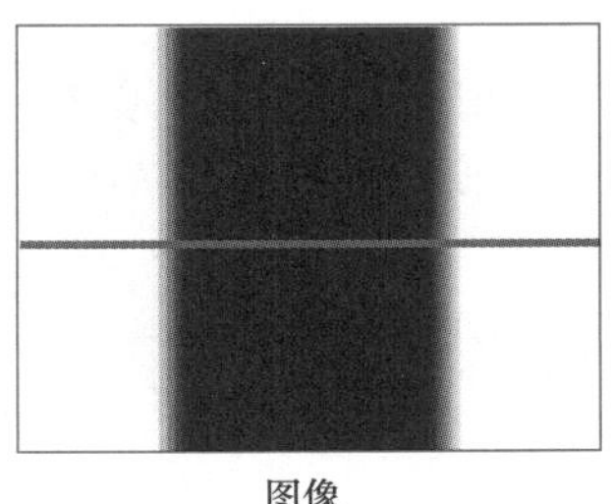

图像

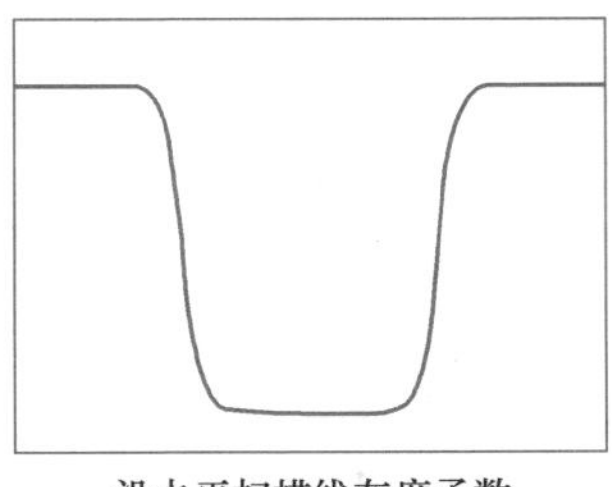

沿水平扫描线灰度函数

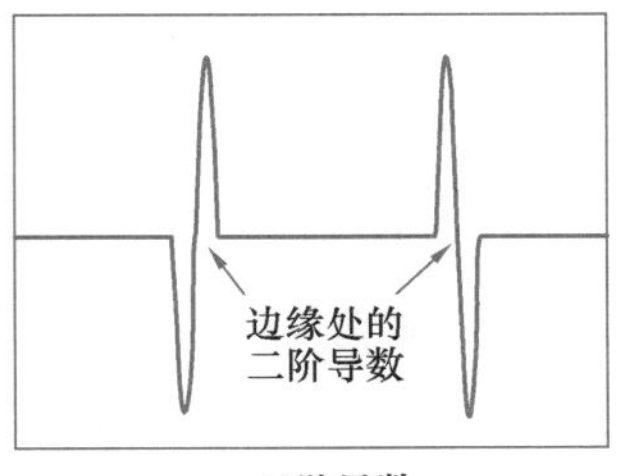

二阶导数

图 3-23　二阶微分边缘

对于图像的二阶微分可以用拉普拉斯算子来表示：

$$\nabla^2 \boldsymbol{I} = \frac{\partial^2 \boldsymbol{I}}{\partial x^2} + \frac{\partial^2 \boldsymbol{I}}{\partial y^2} \tag{3-46}$$

我们在像素点（i，j）的 3×3 的邻域内，可以有如下的近似：

$$\begin{aligned} \frac{\partial^2 \boldsymbol{I}}{\partial x^2} &= \boldsymbol{I}(i,j+1) - 2\boldsymbol{I}(i,j) + \boldsymbol{I}(i,j-1) \\ \frac{\partial^2 \boldsymbol{I}}{\partial y^2} &= \boldsymbol{I}(i+1,j) - 2\boldsymbol{I}(i,j) + \boldsymbol{I}(i-1,j) \\ \nabla^2 \boldsymbol{I} &= -4\boldsymbol{I}(i,j) + \boldsymbol{I}(i,j+1) + \boldsymbol{I}(i,j-1) - \boldsymbol{I}(i+1,j) + \boldsymbol{I}(i-1,j) \end{aligned} \tag{3-47}$$

对应的二阶微分卷积核为：

$$\boldsymbol{m} = \begin{vmatrix} 0 & 1 & 0 \\ 1 & 4 & 1 \\ 0 & 1 & 0 \end{vmatrix} \tag{3-48}$$

（1）Laplace 算子

Laplace（拉普拉斯）算子是最简单的各向同性微分算子，一个二维图像函数的拉普拉斯变换是各向同性的二阶导数，式（3-49）为 Laplace 算子的表达式：

$$\nabla^2 f(x,y) = \frac{\partial^2 f(x,y)}{\partial x^2} + \frac{\partial^2 f(x,y)}{\partial y^2} \tag{3-49}$$

把这个表达式代入卷积模板的表达式中进行一系列推导，我们就能得到 Laplace 模板为：

$$\begin{vmatrix} 0 & 1 & 0 \\ 1 & -4 & 1 \\ 0 & 1 & 0 \end{vmatrix}$$

还有一种常用的卷积模板为：

$$\begin{vmatrix} -1 & -1 & -1 \\ -1 & 8 & -1 \\ -1 & -1 & -1 \end{vmatrix}$$

有时我们为了在邻域中心位置取到更大的权值，还使用如下卷积模板：

$$\begin{vmatrix} 1 & 4 & 1 \\ 4 & -20 & 4 \\ 1 & 4 & 1 \end{vmatrix}$$

实际中我们使用 Laplace 模板的方法如下：

1）通过比较图像中心像素的灰度值和周围其他像素的灰度值，如果中心像素的灰度更高，则提升中心像素的灰度；如果中心像素的灰度更低，则降低中心像素的灰度，最终实现图像的锐化；

2）在实现算法时，Laplace 算子计算邻域中心像素的四方向或八方向的梯度，将梯度相加以确定中心像素的灰度和邻域内其他像素灰度之间的关系；

3）最后通过梯度运算的结果对像素灰度进行调整。

Laplace 算子是一种高通滤波器，是图像灰度函数在两个垂直方向的二阶偏导数之和。在离散数字图像的情况下，直接用图像灰度级的二阶差分代替连续情形下的二阶偏导数，其对噪声很敏感，在提取边缘时往往会出现伪边缘响应，演示效果如图 3-24 所示。

原始图像　　　　0.05阈值下的边缘检测效果

图 3-24　Laplace 算子边缘检测

（2）LOG 算子

1980 年，Marr 和 Hildreth 提出将 Laplace 算子与高斯低通滤波相结合，提出了 LOG（Laplace and Guassian）算子，又称为马尔（Marr）算子。

LOG 算子是一种常用的边缘检测算子，它首先使用高斯滤波器平滑图像以去除噪声，然后使用 Laplace 算子检测图像边缘。这种方法不仅能够减少噪声，还能够使边缘更加平滑和连续。为了避免检测到不必要的边缘，应该选择一阈值以上的一阶导数零交叉点作为边缘点。目前，LOG 算子已成为最佳的用于检测阶跃边缘的二阶导数过零点的算子。

LOG 算子的卷积模板通常采用 5×5 的矩阵，如：

$$\begin{vmatrix} 0 & 0 & -1 & 0 & 0 \\ 0 & -1 & -2 & -1 & 0 \\ -1 & -2 & 16 & -2 & -1 \\ 0 & -1 & -2 & -1 & 0 \\ 0 & 0 & -1 & 0 & 0 \end{vmatrix} \text{和} \begin{vmatrix} -2 & -4 & -4 & -4 & -2 \\ -4 & 0 & 8 & 0 & -4 \\ -4 & 8 & 24 & 8 & -4 \\ -4 & 0 & 8 & 0 & -4 \\ -2 & -4 & -4 & -4 & -2 \end{vmatrix}$$

实际中我们使用 LOG 模板的方法如下：

1）遍历图像（除去边缘、防止越界），对每个像素做 Gauss-Laplacian 模板卷积运算；

2）复制到目标图像，结束。

（3）Canny 算子

1986 年，John F. Canny 开发了一种基于图像梯度计算的边缘检测算法，即 Canny 边缘检测算法。此外，Canny 本人也为计算机视觉领域的图像边缘提取作出了很多贡献。时至今日，Canny 算法仍然是图像边缘检测的经典算法之一。

Canny 根据以前的边缘检测算子及其应用归纳了如下三条准则：

1）信噪比准则：避免真实的边缘丢失，避免把非边缘点错判为边缘点。

2）定位精度准则：得到的边缘要尽量与真实边缘接近。

3）单一边缘响应准则：单一边缘需要具有独一无二的响应，要避免出现多个响应，并应最大限度地抑制虚假响应。

Canny 首次明确地提出了以上三条准则，并完全解决了这个问题。更为重要的是，Canny 给出了它们的数学表达式（以一维为例），这使得问题转化为一个泛函优化问题。

经典的 Canny 边缘检测算法通常从高斯模糊开始，到基于双阈值实现边缘连接结束。然而，在实际工程应用中，由于输入图像通常为彩色图像，最终的边缘连接后的图像需要进行二值化输出显示。因此，完整的 Canny 边缘检测算法实现步骤如下：

1）彩色图像转换为灰度图像；

2）使用 5×5 高斯滤波器对图像进行高斯模糊，如下所示；

$$\boldsymbol{B}=\frac{1}{159}\begin{bmatrix}2 & 4 & 5 & 4 & 2\\ 4 & 9 & 12 & 9 & 4\\ 5 & 12 & 15 & 12 & 5\\ 4 & 9 & 12 & 9 & 4\\ 2 & 4 & 5 & 4 & 2\end{bmatrix}$$

3）对平滑后的图像使用 Sobel 算子在水平与竖直方向上计算一阶导数，得到图像梯度（$\boldsymbol{G}_x$和 $\boldsymbol{G}_y$），根据梯度计算图像边缘幅值与角度；

4）根据角度对幅值进行非极大值抑制（边缘细化）：将其梯度方向近似为以下值中的一个（0，45，90，135，180，225，270，315）（即上下左右和 45°方向）；对每一个像素点，如果该点是正/负梯度方向上的局部最大值，则保留该点，否则抑制该点（归零）。

3.5 图像插值方法

常用的图像插值方法有三种，即最近邻插值法、双线性插值法和双三次插值法。

考虑一个针对某些参数值（如颜色或位置之类的属性或性质）进行采样的函数。所谓插值就是对这样的函数在其没有采样或测量的参数值处进行函数值估计的过程。一幅图像可以看成一个二维函数 $I(x, y)$ 的采样，它给出每个空间位置 (x, y) 处的颜色值。通常情况下，图像采样的位置参数 x 和 y 取整数。给定 $I(x, y)$ 在整数网格点 (x, y) 处的函数值，使用插值的方法计算 $I(x, y)$ 在网格点之间并且有可能是非整数值的点 (x, y) 处的函数值。

3.5.1 最近邻插值法

最近邻插值法又称零阶插值法，是最简单的插值法，如图 3-25 所示。最近邻插值法先计算（x_0，y_0）与其邻近的 4 个整数坐标点的距离，然后将最近的整数坐标点的灰度值作为其灰度值。当（x_0，y_0）附近各相邻像素之间的灰度变化较小时，最近邻插值法是一种简单快速的插值法。但当（x_0，y_0）附近各相邻像素之间的灰度差异很大时，最近邻插值法就会产生较大的误差，甚至可能影响图像质量，出现锯齿效应。

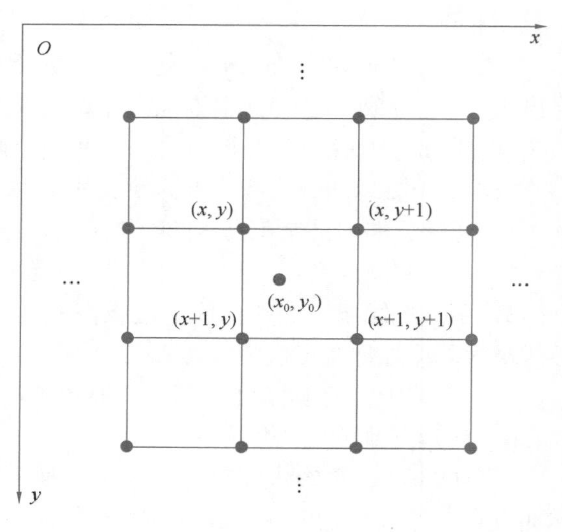

图 3-25 最近邻插值法

3.5.2 双线性插值法

一阶插值法又称双线性插值法，是对最近邻插值法的一种改进。该方法采用线性内插，先沿着一个方向插值，再沿着另一个方向插值。根据点（x_0，y_0）的 4 个相邻点的灰度值计算灰度值 $f(x_0, y_0)$，如图 3-26 所示。

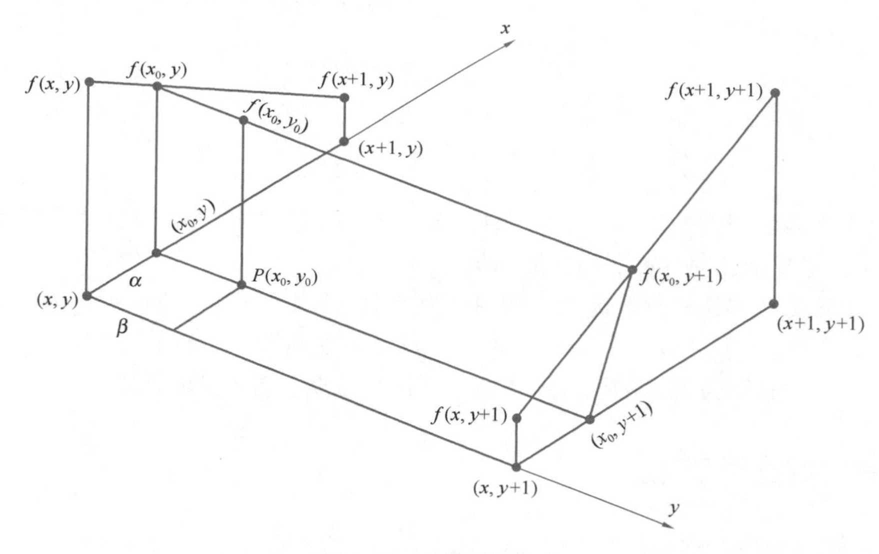

图 3-26 双线性插值法

双线性插值运算包含 3 次一维线性插值运算，具体计算过程如下：

（1）计算 α 和 β，其实就是 x_0 和 y_0 的小数部分，即：

$$\alpha = x_0 - x$$
$$\beta = y_0 - y \tag{3-50}$$

（2）根据 $f(x, y)$、$f(x+1, y)$ 线性插值求 $f(x_0, y)$，即：

$$f(x_0, y) = f(x, y) + \alpha[f(x+1, y) - f(x, y)] \tag{3-51}$$

(3) 根据 $f(x, y+1)$、$f(x+1, y+1)$ 线性插值求 $f(x_0, y+1)$，即：

$$f(x_0,y+1)=f(x,y+1)+\alpha[f(x+1,y+1)-f(x,y+1)] \tag{3-52}$$

(4) 根据 $f(x_0, y)$、$f(x_0, y+1)$ 线性插值求 $f(x_0, y_0)$，即：

$$f(x_0,y_0)=f(x_0,y)+\beta[f(x_0,y+1)-f(x_0,y)] \tag{3-53}$$

上述过程是先沿 x 方向进行插值处理，再沿 y 方向进行插值处理。其实，也可以先沿 y 方向、后沿 x 方向进行插值处理。两种方式的插值结果相同。

3.5.3 双三次插值法

双三次插值法是一种更为复杂的插值方法，能够弥补其他两种插值方法的不足，并且在处理图像边缘轮廓方面比双线性插值法更为优秀。但是，双三次插值法的计算量较大，需要同时考虑（x_0，y_0）点的直接相邻点以及周围16个相邻点的灰度值对其的影响。

根据双三次插值，（x_0，y_0）点的插值公式为：

$$f(x_0,y_0)=\boldsymbol{ABC} \tag{3-54}$$

其中，矩阵 $\boldsymbol{A}$、$\boldsymbol{B}$、$\boldsymbol{C}$ 表示为：

$$\boldsymbol{A}=[s(1+\alpha), s(\alpha), s(1-\alpha), s(2-\alpha)]$$

$$\boldsymbol{B}=\begin{bmatrix} f(x-1,y-1) & f(x-1,y) & f(x-1,y+1) & f(x-1,y+2) \\ f(x,y-1) & f(x,y) & f(x,y+1) & f(x,y+2) \\ f(x+1,y-1) & f(x+1,y) & f(x+1,y+1) & f(x+1,y+2) \\ f(x+2,y-1) & f(x+2,y) & f(x+2,y+1) & f(x+2,y+2) \end{bmatrix}$$

$$\boldsymbol{C}=[s(1+\beta), s(\beta), s(1-\beta), s(2-\beta)]^{\mathrm{T}} \tag{3-55}$$

$s(x)$ 为插值权重核，表示为：

$$s(x)=\begin{cases} 1-2|x|^2+|x|^3 & |x|<1 \\ 4-8|x|+5|x|^2-|x|^3 & 1\leqslant|x|<2 \\ 0 & |x|\geqslant 2 \end{cases} \tag{3-56}$$

3.5.4 三种插值法优缺点分析

(1) 最近邻插值法

优点：计算量很小，算法也简单，因此运算速度较快。

缺点：仅使用离待测采样点最近的像素的灰度值作为该采样点的灰度值，而没考虑其他相邻像素点的影响，因而重新采样后灰度值有明显的不连续性，图像质量损失较大，精度不够，严重失真，会产生明显的马赛克和锯齿现象。

(2) 双线性插值法

优点：效果要好于最近邻插值，但缩放后图像质量高，基本克服了最近邻插值法灰度值不连续的缺点，因为它考虑了待测采样点周围四个直接邻点对该采样点的相关性影响。

缺点：相较于最近邻插值法计算量稍大一些，算法复杂些，程序运行时间也稍长些；此方法仅考虑待测样点周围四个直接邻点灰度值的影响，而未考虑到各邻点间灰度值变化率的影响，因此具有低通滤波器的性质，从而导致缩放后图像的高频分量受到损失，图像边缘在一定程度上变得较为模糊；用此方法缩放后的输出图像与输入图像相比，仍然存在由于插值函数设计考虑不周而产生的图像质量受损与计算精度不高的问题。

（3）双三次插值法

优点：双三次插值法不仅考虑到周围四个直接相邻像素点灰度值的影响，还考虑到它们灰度值变化率的影响。因此，克服了前两种方法的不足之处，能够产生比双线性插值法更为平滑的边缘，计算精度很高，处理后的图像质量损失少，效果佳。

缺点：计算量大，算法复杂，运行速度较慢。

3.6 本章小结

本章深入探讨了数字图像处理的核心概念与方法，包括数字图像表示方法、图像滤波、频域变换、边缘检测、图像插值等内容。

首先，介绍了图像数字化表示方式。图像的数字化数据形式是采用离散化和量化的方法将图像的空间、颜色等属性转化为计算机可以处理的数字数据，以便计算机进行处理和存储。接着，介绍了图像滤波的方法，图像滤波的目的是消除或抑制图像中的噪声，从而实现图像增强。频域处理在数字图像处理中扮演着至关重要的角色，如离散傅里叶变换、离散余弦变换等，通过将图像从空间域转换到频域，以便更好地理解和处理图像。图像边缘是指图像中亮度、颜色或纹理等属性发生显著变化的区域，通常表示物体之间的分界线或者物体表面的特征，本章详尽介绍了常见的边缘检测算子。最后，介绍了最近邻插值、双线性插值和双三次插值三种图像插值方法的基本原理和优缺点。

复习思考题

1. 信号处理中，模拟信号数字化的过程包括哪些步骤？
2. 在计算机中，图像的基本单位是什么？其定义是怎样的？
3. 图像数字化过程中，采样是指什么？采样间隔与图像分辨率的关系是怎样的？
4. 采样定理的具体内容是什么？
5. 量化的定义是什么？采用不同的量化级数对图像质量有怎样的影响？
6. 常用的数字图像按照颜色和灰度的多少可以分为哪几种基本类型？
7. 灰度图像矩阵元素的取值范围是什么？
8. 常见的图像噪声有哪些？
9. 最常见和最基本的图像滤波方法有哪些？
10. 图像进行高斯滤波后的平滑程度与高斯滤波的标准差有什么关系？
11. 常用的一阶微分边缘算子有哪些？常用的二阶微分边缘算子有哪些？
12. 常用的图像插值方法有哪些？

4 图像特征检测与图像匹配

知识图谱

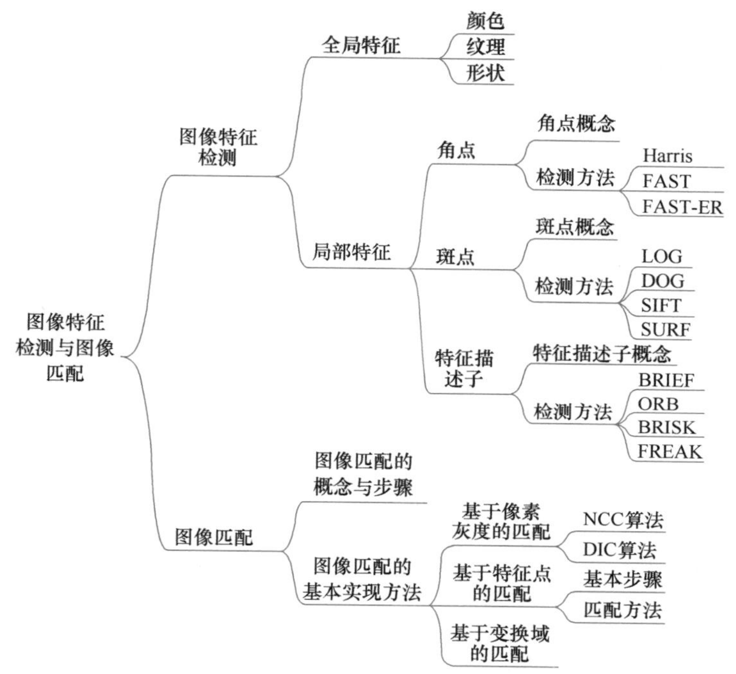

本章要点

知识点 1. 图像特征检测。

知识点 2. 图像匹配。

学习目标

（1）掌握常见的图像全局和局部几何特征。

（2）掌握常见的图像特征描述子。

（3）了解常见的图像匹配方法和适用场景。

4.1 概述

在图像领域的许多应用中，人们总是希望从分割出的区域中分辨出地物类别，例如分辨农田、森林、湖泊、沙滩等；或是希望从分割出的区域中识别出某种物体（目标），例如在河流中识别舰船；在飞机跑道上识别飞机等。进行地物分类和物体识别的第一步就是物体特征的提取和检测，然后才能根据检测和提取的图像特征对图像中可能的物体进行识别。

图像特征是区分图像内部特点的基本属性。根据生成方式不同，图像特征可分为自然特征和人工特征两类。人工特征是为便于处理和分析而人为确定的，如图像直方图、频谱和统计特征（均值、方差、标准差、熵）。自然特征则是图像固有的，包括边缘、角点、纹理、形状和颜色。这些特征有助于识别和分析图像内容，为图像处理任务提供了基础。

全局特征是指图像的整体属性，常见的全局特征包括颜局特征、纹理特征和形状特征，比如强度直方图等。由于全局特征是像素级的低层可视特征，因此，其具有良好的不变性、计算简单、表示直观等特点，但特征维数高、计算量大是其弱点。此外，全局特征描述不适用于图像混叠和有遮挡的情况。局部特征则是从图像局部区域中抽取的特征，包括边缘、角点、曲线和特别属性的区域等。

局部特征点是图像特征的局部表达，它只能反映图像上具有的局部特殊性，所以它只适合于对图像进行匹配、检索等应用，对于图像理解则不太适合。因为，后者更关心一些全局特征，如颜色分布、纹理特征、主要物体的形状等。全局特征容易受环境的干扰，光照、旋转、噪声等不利因素都会影响全局特征。相比而言，局部特征点往往对应着图像中的一些线条交叉，在明暗变化的结构中受到的干扰也少。

斑点与角点是两类常见的局部特征点。斑点通常是指与周围有颜色和灰度差别的区域，如草原上的一棵树或一栋房子。斑点是一个区域，所以它比角点的抗噪能力强、稳定性好；而角点则是图像中一边物体的拐角或者线条之间的交叉部分。图 4-1 描述的是两种常见的特征点。

(a)

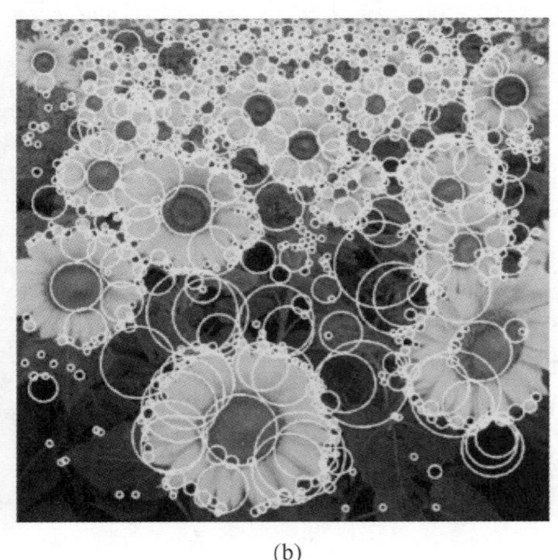

(b)

图 4-1 两种常见的特征点

（a）角点（Corners）；（b）Blobs 斑点

除斑点与角点外，本章还会介绍一个图像局部特征——特征描述子。特征描述子（Feature Descriptors）指的是检测图像的局部特征（如边缘、角点、轮廓等），然后根据匹配目标的需要进行特征的组合、变换，以形成易于匹配、稳定性好的特征向量。

特征匹配是指通过分别提取两个或多个图像的特征（点、线、面等特征），对特征进行参数描述，然后运用所描述的参数来进行匹配的一种算法，图 4-2 为典型的特征匹配案例。特征就是有意义的图像区域，该区域具有独特性或易于识别性。角点与高密度区域是

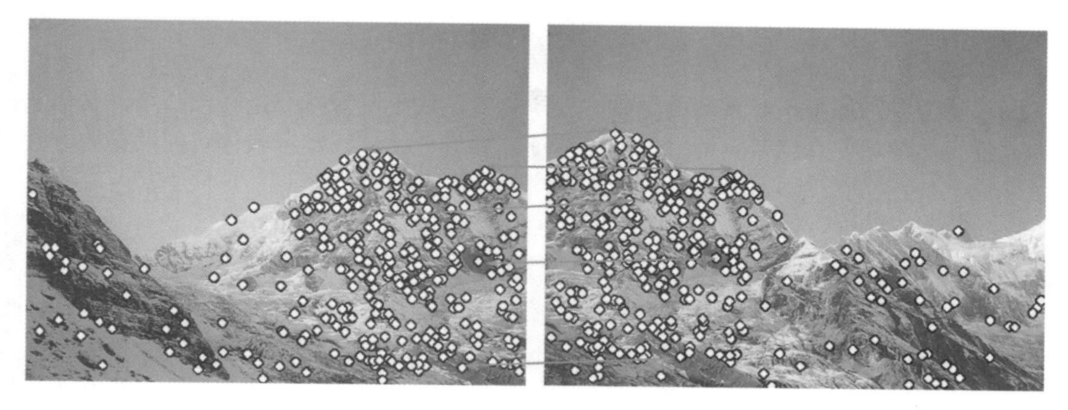

图 4-2 特征点匹配

很好的特征；边缘可以将图像分为两个区域，因此也可以看作是很好的特征；斑点（与周围有很大区别的图像区域）也是有意义的特征。基于特征的匹配方法涉及的图像通常包含多种特征，如颜色特征、纹理特征、形状特征和空间位置特征等。相较于仅利用图像灰度信息进行匹配，基于图像特征的匹配方法具有明显优势。特征点数量远少于像素点，从而大幅降低了匹配过程的计算复杂度。此外，特征点的匹配度量对位置变化敏感，因此可以提高匹配精度。特征点的提取过程还能减少噪声的影响，对灰度变化、图像形变以及遮挡等情况都有较好的适应性。因此，基于图像特征的匹配在实际应用中越发广泛。特征匹配的基本流程包括以下几步：首先，对图像进行预处理，提取高级特征；然后，建立两幅图像之间特征的匹配对应关系；最后，根据相似性原则对两幅图像中的特征点进行匹配。这一流程能够有效地将图像中丰富的信息转化为有用的特征，为后续的图像分析和处理任务提供有力支持。

图像配准的方法大致分为三类：第一类是基于灰度和模板的方法，这类方法直接采用相关运算等方式计算相关值来寻求最佳匹配位置，方法简单但较为死板，一般效果不会太好；第二类是基于特征的匹配方法，如 SIFT、SURF 特征或者向量特征等，适应性较强；第三类是基于域变换的方法，采用相位相关（傅里叶—梅林变换）或者沃尔什变换、小波变换等方法，在新的域下进行配准。

4.2 全局图像特征

图像特征有很多种，包括颜色特征、形状特征以及纹理特征等。至于什么是好的特征则要视具体任务而定，一般来说能够较好地解决问题的特征就是好的特征。

对于图像特征，一般是使用一个特征向量来表示。特征向量的维度根据特征的不同可以从一维到成千上万维。例如，使用图像所有像素灰度值的均值作为图像特征，就是一个维的特征向量。将图像所有像素的灰度值连接为一个特征向量表示图像，则特征向量的维度为图像中所包含的像素的个数。

对于图像分类来说，准确的灰度或颜色值并不重要，准确的特征位置也不重要，但图像中的边缘和纹理相对重要。这是由于具体的灰度或颜色值以及特征位置容易受到光照、视角等因素的影响而发生变化，而边缘和纹理等信息与灰度和颜色相比受光照以及视角等因素的影响较小。

图像特征是图像分析和理解的基础，获取有效的底层图像特征是图像高级语义信息提取的关键。本节主要介绍常见的底层图像特征，如颜色、纹理和形状等特征的提取方法。

4.2.1 颜色特征

颜色特征是一种全局性的图像特征，它综合考虑了图像中所有像素的颜色信息，用以描述物体的表面性质。常用的描述方法有颜色直方图和颜色矩。

（1）颜色直方图

颜色直方图是广泛应用于图像检索和图像识别等领域的常见图像特征。它反映了不同颜色在整个图像中的分布情况，但不考虑这些颜色在图像中的具体空间位置。通过统计每个颜色在图像中出现的频率，颜色直方图可以提供关于图像色彩分布的重要信息，从而在图像处理任务中起到重要作用。颜色直方图可以基于不同的颜色空间来获得。灰度图像的颜色直方图也称为灰度直方图，如图 4-3 所示。

(a)

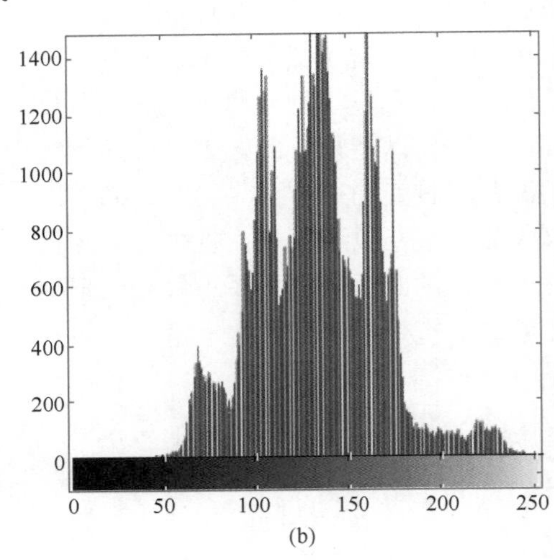

(b)

图 4-3 灰度直方图

（a）灰度图像；（b）灰度图像的灰度直方图

计算颜色直方图需要将颜色空间划分成若干个小的颜色区间，这个过程称为颜色量化。对于灰度直方图也需要进行量化，不过一般都是将一个灰度值作为一个区间，灰度共有 256 级，所以对应的灰度直方图包含 256 个区间，然后，计算颜色落在每个小区间内的像素的数量可以得到灰度直方图。颜色量化有许多方法，常用的做法是将颜色空间的各个分量（维度）均匀地进行划分。例如，在 RGB 颜色空间中，将 R、G 和 B 分量分别量化为 256 个区间，则可以得到一个 256×256×256 维的彩色直方图。这样的划分使得直方图的维度过高，会导致直方图中有很多区间是没有值的。例如，一幅分辨率为 1000×1000 的图像只包含 100 万个像素，而将每个颜色分量划分为 256 份得到的直方图包含超过 1600 万个区间，因此可以把每个颜色分量划分为较少的份数。例如，每个分量分为 4 份，则可以得到一个 64 维的直方图，也可以对三个颜色分量分别计算一个直方图，然后连接起来作为最后的颜色直方图。例如，将R、G和B分量分别量化为256个区间，将每个颜色分量的直方图进一步连接得到的直方图的维度为256×3。

颜色直方图是图像的统计信息，其优点是计算简单，并且对于旋转、平移等操作具有不变性。其缺点是没有考虑各种颜色的空间位置。例如，两幅完全不同的图像可以具有相同的颜色直方图，导致颜色直方图的判别力较差。针对这个问题，可以将图像分为多个小块，计算每个小块的直方图，然后连接在一起，就等于同时考虑了颜色的统计信息以及空间分布。

（2）颜色矩

另一种简单而有效的颜色特征是由 Stricker 和 Orengo 提出的颜色矩（Color Moments）。颜色矩的数学基础在于图像中任何颜色分布都可以使用其矩来表示。由于颜色分布信息主要集中在低阶矩中，因此一般只使用颜色的一阶矩（均值 Mean）、二阶矩（方差 Variance）和三阶矩（斜度 Skewness）来表达图像的颜色分布。与颜色直方图相比，颜色矩的另一个好处在于不需要对颜色空间进行向量比，所得到的特征向量的维度较低。

颜色的一阶矩、二阶矩和三阶矩的计算公式为：

$$u_j = \frac{1}{N}\sum_{j=1}^{N} p_{i,j} \tag{4-1}$$

$$\sigma_i = \left[\frac{1}{N}\sum_{j=1}^{N}(p_{i,j} - u_i)^2\right]^{\frac{1}{2}} \tag{4-2}$$

$$s_i = \left[\frac{1}{N}\sum_{j=1}^{N}(p_{i,j} - u_i)^3\right]^{\frac{1}{3}} \tag{4-3}$$

式中，$p_{i,j}$ 为图像中第 j 个像素的第 i 个分量；N 为图像中像素的个数。对于一幅 RGB 彩色图像，其每个分量可以计算得到三个颜色矩，可以将各个分量对应的颜色矩特征连接为一个九维的特征向量来表示该图的颜色特征。

4.2.2 纹理特征

图像纹理是经过量化的图像特征，用于描述图像或其中小块区域的空间颜色和光强分布。纹理特征的提取可以分为基于结构和基于统计数据的方法。其中，基于结构的纹理特征提取方法涉及对所要检测的纹理进行建模，并在图像中寻找重复的模式。

（1）LBP 特征

LBP（Local Binary Patterns）方法是计算机视觉中用于图像特征分类的方法。LBP 方法在1994年首先由 T. Ojala、M. Pietikäinen 和 D. Harwood 提出，用于纹理特征提取。后来 LBP 方法与 HOG 特征分类器联合使用，改善了一些数据集上的检测效果。

对 LBP 特征向量进行提取的步骤如下：首先，将检测窗口划分为16×16的小区域（cell），对于每个 cell 中的一个像素，将其环形邻域内的8个点进行顺时针或逆时针的比较，如果中心像素值比该邻点大，则将邻点赋值为1，否则赋值为0，这样每个点都会获得一个8位二进制数（通常转换为十进制数）；然后，计算每个 cell 的直方图，即每个数字（假定是十进制数）出现的频率（也就是对关于每一个像素点是否比邻域内点大的二进制序列进行统计），并对该直方图进行归一化处理；最后，将得到的每个 cell 的统计直方图进行连接就得到了整幅图的 LBP 纹理特征，接着便可利用 SVM 或者其他机器学习算法进行分类了。

（2）灰度共生矩阵

灰度共生矩阵是一种纹理特征提取方法。首先，针对一幅图像定义一个方向（Orientation）以及以像素为单位的步长（Step）。随后，构建一个大小为 $N \times N$ 的灰度共生矩阵 $\boldsymbol{T}$。在这个矩阵中，定义 $M(i,j)$ 为灰度级为 i 和 j 的像素同时出现在一个点以及沿着所定义的方向跨越步长的点上的频率。在这里，N 代表灰度级的划分数目。因为共生矩阵的定义涉及方向和步长的组合，而影响频率的一个重要因素是对矩阵有贡献的像素数量，这个数量相对于总像素数较少，并且随着步长的增加而减少，这导致所得到的共生矩阵通常是稀疏的。因此，常常将灰度级划分 N 减少到 8 级。例如，在水平方向上计算左右方向像素的共生矩阵，将得到对称共生矩阵。类似地，如果只考虑当前像素单方向（左或右）上的像素，那么将得到非对称共生矩阵。这种方法通过捕捉像素间的关系，能够有效地提取图像的纹理特征，用于图像分析和识别。

4.2.3 形状特征

形状特征用来描述图像中所包含物体的形状。形状特征更接近于目标的语义特征，包含一定的语义信息，忽略了图像中不相关的背景或不重要的目标。通常来讲，形状特征有以下两种表示方法：

（1）轮廓特征，即目标的外边界。通过检测边缘提取物体的轮廓，然后计算轮廓所具有的特征。常用的轮廓特征包括链码、多边形近似、傅里叶描述子、偏心率以及边界长度等。

（2）区域特征，即针对整个物体区域提取特征，其是对物体区域中所有像素集合的描述。常用的区域特征包括区域面积、几何不变矩、正交矩以及角半径变换等。

形状特征的表达是以对图像中的目标或区域的分割为基础的，而图像分割本身就是一个非常困难的问题。此外，用于表示图像中物体的形状特征必须满足对变换、旋转和缩放的不变性，这也给形状相似性的计算带来了一定难度。

4.3 角点检测

4.3.1 角点介绍

在现实世界中，角点对应于物体的拐角，如道路的十字路口、丁字路口等。下面有一幅不同视角的图像，通过找出对应的角点进行匹配。

如图 4-4 所示，放大图像的两处角点区域，我们可以直观地概括角点具有的特征：

（1）轮廓之间的交点；

（2）对于同一场景，即使视角发生变化，角点具有的特征也是稳定不变的；

（3）该点附近区域的像素点无论在梯度方向上还是在梯度幅值上都有较大变化。

从图像分析的角度，角点有以下两种定义：

A和B是平面，在图像中很多地方存在；
C和D是边界，可在图像中大致找到位置；
E和F是角点，可以快速定位到。

图 4-4　平面、边界、角点示意图

（1）角点可以是两个边缘的交点；

（2）角点是邻域内具有两个主方向的特征点。

第一种角点定义需要对图像边缘进行编码，这在很大程度上依赖于图像的分割与边缘提取。这个过程相当复杂，需要大量的计算资源。而且，一旦待检测的目标局部发生变化，很可能导致整个操作失败。在早期，Rosenfeld 和 Freeman 等学者提出了一些方法来解决这个问题，而后期的研究则涌现出 CSS 等更多方法。

另一方面，基于图像灰度的方法则通过计算点的曲率和梯度来检测角点，避免了第一类方法存在的缺陷。这类方法主要包括 Moravec 算子、Forstner 算子、Harris 算子和 SUSAN 算子等。

总体而言，角点检测算法的基本思想是在图像上使用一个固定窗口进行任意方向的滑动，然后比较滑动前后窗口中像素的灰度变化程度。如果在任意方向上的滑动中都有较大的灰度变化，那么我们可以推断该窗口中存在一个角点。

本章主要介绍的角点检测方法包括 Harris 角点检测、FAST 角点检测、FAST-ER 角点检测等。

4.3.2　Harris 角点检测

人眼通常在一个局部的小区域或小窗口内进行角点的识别。当这个特定的窗口在图像中不同的方向上移动时，窗口内图像的灰度保持不变，那么该窗口内不会有角点存在；但如果窗口在某一个方向移动时，窗口内图像的灰度发生了显著的变化，而在其他方向上则没有变化，那么窗口内的图像可能代表一条直线段；而如果在各个方向上移动这个特定的小窗口，窗口内区域的灰度均发生了明显的变化，那么就可以判定在窗口内发现了角点，就像图 4-5 中所描述的那样。

角点检测最原始的想法就是取某个像素的一个邻域窗口，当这个窗口在各个方向上进行小范围移动时，观察窗口内平均像素灰度值的变化，即 $E(u,v)$。从图 4-5 可知，我们可以将一幅图像大致分为三个区域，这三个区域内平均像素灰度值的变化是不一样的。

Harris 角点检测算法的原理是通过计算图像中每个像素点的响应函数来判断其是否为角点。假设图像为 $I(x, y)$，将窗口 $w(x, y)$ 在 x 方向上位移 u，在 y 方向上位移 v，

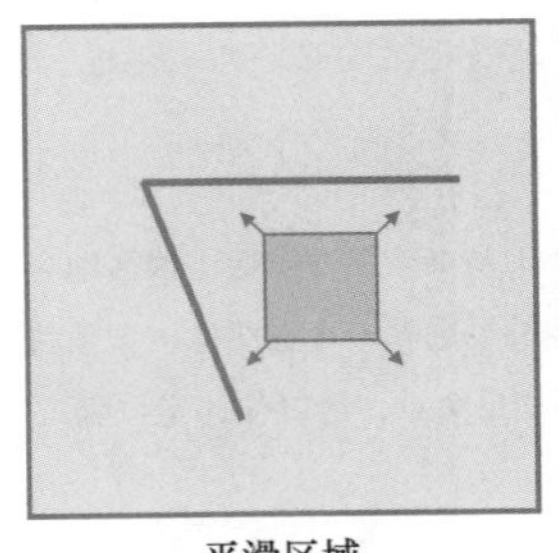

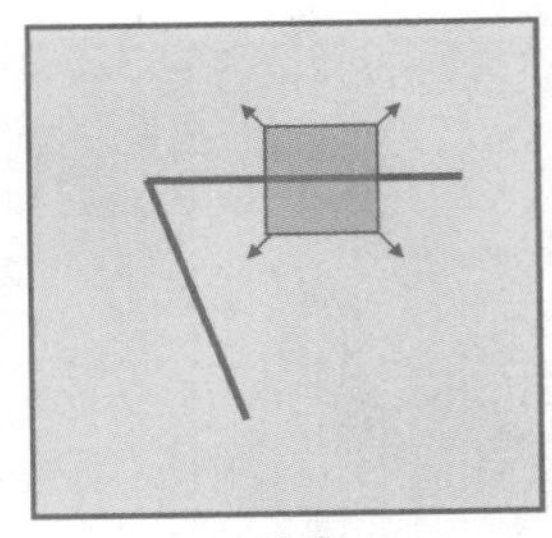

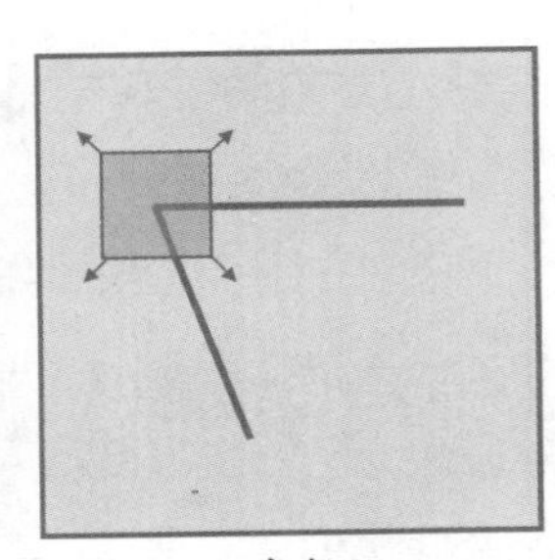

图 4-5 角点识别

计算窗口内部的像素灰度值变化：

$$\begin{aligned} E(u,v) &= \sum_{x,y} w(x,y)\,[I(x,y)-I(x+u,y+v)]^2 \\ &= \sum_{x,y} w(x,y)\,[I(x,y)-uI_x-vI_y-I(x,y)+O(x,y)]^2 \\ &= \sum_{x,y} w(x,y)[u^2 I_x^2+2uvI_xI_y+v^2 I_y^2] \\ &= \sum_{x,y} w(x,y)[u,v]\begin{bmatrix} I_x^2 & I_xI_y \\ I_xI_y & I_y^2 \end{bmatrix}\begin{bmatrix} u \\ v \end{bmatrix} \\ &= [u,v]\sum_{x,y} w(x,y)\begin{bmatrix} I_x^2 & I_xI_y \\ I_xI_y & I_y^2 \end{bmatrix}\begin{bmatrix} u \\ v \end{bmatrix} \\ &= [u,v]\boldsymbol{M}\begin{bmatrix} u \\ v \end{bmatrix} \end{aligned} \tag{4-4}$$

其中，$\boldsymbol{M}=\sum_{x,y} w(x,y)\begin{bmatrix} I_x^2 & I_xI_y \\ I_xI_y & I_y^2 \end{bmatrix}$。

定义角点响应函数 R，用于角点判别：

$$\begin{aligned} R &= \det\boldsymbol{M}-k\,(\mathrm{tracce}\boldsymbol{M})^2 \\ \det\boldsymbol{M} &= \lambda_1\lambda_2 \\ \mathrm{tracce}\boldsymbol{M} &= \lambda_1+\lambda_2 \end{aligned} \tag{4-5}$$

图 4-6 Harris 角点检测示例

其中，λ_1、λ_2 是 $\boldsymbol{M}$ 的特征值。对于每个窗口，都计算其对应的角点响应函数 R；然后对该函数进行阈值处理，如果 $R>$threshold，表示该窗口对应一个角点特征。

综上，实际使用 Harris 角点检测算法共需要五步（效果如图 4-6 所示）：

(1) 计算图像 $I(x, y)$ 在 x 和 y 两个方向的梯度 I_x、I_y；

(2) 计算图像两个方向梯度的乘积；

(3) 使用高斯函数对 I_x^2、I_y^2、I_{xy} 进行高

斯加权（取 $\sigma=1$），生成矩阵 $\boldsymbol{M}$；

（4）计算每个像素的 Harris 响应值 R，并将小于某一阈值 t 的 R 置为零；

（5）在 3×3 或 5×5 的邻域内进行非最大值抑制，局部最大值点即为图像中的角点。

Harris 角点检测示例的主程序如下：

```
close all;clear
I=imread('GZA Bridge_RGB.jpg');
img=I(51:358,251:558,1:3);
I = rgb2gray(img);
[posX,posY]=harris(I);
figure;imshow(I);
hold on; plot(posX, posY,'g*');
```

子程序如下：

```
function[posX,posY]=harris(I)
%Harris 角点检测
%I:输入图像
%posX:角点 X 坐标
%posY:角点 Y 坐标
I=double(I);
[m,n]=size(I);
hx=[-1,0,1;-1,0,1;-1,0,1];
Ix=imfilter(I,hx,'replicate','same');%X 方向差分图像
Iy=imfilter(I,hx','replicate','same');%Y 方向差分图像
Ix2=Ix.^2;
Iy2=Iy.^2;
Ixy=Ix.*Iy;
h=fspecial('gaussian',3,2);
Ix2=imfilter(Ix2,h,'replicate','same');%高斯滤波
Iy2=imfilter(Iy2,h,'replicate','same');
Ixy=imfilter(Ixy,h,'replicate','same');
R=zeros(m,n);
k=0.06;          %建议值(0.04-0.06)
fori=1:m
    for j=1:n
        R(i,j)=(Ix2(i,j)*Iy2(i,j)-Ixy(i,j)*Ixy(i,j))-k*((Ix2(i,j)+Iy2(i,j))^2);%角点响应值
end
end
T=0.1*max(R(:));% 阈值,可控制返回的角点个数
result=zeros(m,n);
%非极大值抑制(3*3 窗口中大于阈值 T 的局部极大值点被认为是角点)
fori=2:m-1
    for j=2:n-1
```

4-1 程序运行演示视频

```
            tmp=R(i-1:i+1,j-1:j+1);
            tmp(2,2)=0;
            if(R(i,j)>T&&R(i,j)>max(tmp(:)))
                result(i,j)=1;
            end
        end
    end
    [posY,posX]=find(result);
end
```

Harris 角点检测示例的主程序和子程序运行演示视频见二维码 4-1。

4.3.3 FAST 角点检测

Edward Rosten 和 Tom Drummond 于 2006 年在论文《Machine Learning for High-speed Corner Detection》中提出了 FAST 特征点（图 4-7），并在 2010 年稍作修改后发表了《Features from Accelerated Segment Test》，简称 FAST。Rosten 等人将 FAST 角点定义为：若某像素点与其周围邻域内足够多的像素点处于不同的区域，则该像素点可能为角点。也就是某些属性与众不同，考虑灰度图像，即若该点的灰度值比其周围邻域内足够多的像素点的灰度值大或者小，则该点可能为角点。注意：FAST 只是一种特征点检测算法，并不涉及特征点的特征描述。

图 4-7　FAST 特征点示意图

FAST 角点的算法步骤如下：

（1）如图 4-7 所示，一个以像素 p 为中心，半径为 3 的圆上，有 16 个像素点（p_1，p_2，…，p_{16}）。

（2）定义一个阈值。计算 p_1、p_9 与中心 p 的像素差，若它们的绝对值都小于阈值，则 p 点不可能是特征点，直接 pass 掉；否则，当作候选点，有待进一步考察。

（3）若 p 是候选点，则计算 p_1、p_9、p_5、p_{13} 与中心 p 的像素差，若它们的绝对值有至少 3 个超过阈值，则当作候选点，再进行下一步考察；否则，直接 pass 掉。

（4）若 p 是候选点，则计算 p_1 到 p_{16} 这 16 个点与中心 p 的像素差，若它们有至少 9 个超过阈值，则是特征点；否则，直接 pass 掉。

（5）对图像进行非极大值抑制：计算特征点处的 FAST 得分值（即 score 值，也即 s 值），以特征点 p 为中心的一个邻域（如 3×3 或 5×5）内若有多个特征点，则判断每个特征点的 s 值（16 个点与中心差值的绝对值总和），若特征点 p 是邻域所有特征点中响应值最大的，则保留；否则抑制。若邻域内只有一个特征点（角点），则保留。得分计算公式如下（公式中用 V 表示得分，t 表示阈值）：

$$v=\max\begin{cases}\Sigma(pixel\quad values-p) & \text{if}(value-p)>t\\ \Sigma(p-pixel\quad values) & \text{if}(value-p)<t\end{cases}\tag{4-6}$$

FAST 角点检测示例的主程序如下，程序运行演示视频见二维码 4-2，效果如图 4-8 所示：

图 4-8 FAST 角点检测示例

4-2 程序运行演示视频

```
close all;clear
I=imread('GZA Bridge_RGB.jpg');
I=I(51:358,251:558,1:3);
img = rgb2gray(I);
[m n]=size(img);
score=zeros(m,n);
t=50;%阈值
fori=4:m-3
    for j=4:n-3
      p=img(i,j);
      %步骤 1,得到以 p 为中心的 16 个邻域点
      pn=[img(i-3,j), img(i-3,j+1), img(i-2,j+2), img(i-1,j+3), img(i,j+3), ...
        img(i+1,j+3), img(i+2,j+2), img(i+3,j+1), img(i+3,j), img(i+3,j-1), ...
        img(i+2,j-2), img(i+1,j-3), img(i,j-3), img(i-1,j-3), img(i-2,j-2), img(i-3,j-1)];
      %步骤 2
      if abs(pn(1)-p)<t && abs(pn(9)-p)<t
        continue;
      end
      %步骤 3
      p1_5_9_13=[abs(pn(1)-p)>t abs(pn(5)-p)>t abs(pn(9)-p)>t abs(pn(13)-p)>t];
      if sum(p1_5_9_13)>=3
        ind=find(abs(pn-p)>t);
        %步骤 4
        if length(ind)>=9
          score(i,j) = sum(abs(pn-p));
        end
```

```
            end
        end
    end
    %步骤 5,非极大抑制,并且画出特征点
    fori=4:m-3
      for j=4:n-3
        if score(i,j)~=0
          if max(max(score(i-2:i+2,j-2:j+2)))==score(i,j)
            [img(i-3,j), img(i-3,j+1), img(i-2,j+2), img(i-1,j+3), img(i,j+3),...
              img(i+1,j+3), img(i+2,j+2), img(i+3,j+1), img(i+3,j), ...
              img(i+3,j-1), img(i+2,j-2), img(i+1,j-3), img(i,j-3), ...
              img(i-1,j-3), img(i-2,j-2), img(i-3,j-1)]= deal(255*ones(1,16);
              end
            end
        end
    end
    figure;
    imshow(img);
```

4.3.4 FAST-ER 角点检测

FAST-ER 是 FAST 算法原作者在 2010 年提出的，它在原来的算法里提高了特征点检测的重复度，重复意味着在第一张图片内检测的点也可以在第二张图片上的相应位置被检测出来，重复度可以由如下公式定义：

$$R=\frac{N_{\text{repeated}}}{N_{\text{useful}}} \tag{4-7}$$

其中，N_{repeated} 指第一张图片内的检测点有多少能在第二张被检测到，而 N_{useful} 定义为有用的特征点数。这里计算的是一组图像序列总的重复度，所以 N_{repeated} 和 N_{useful} 是图像序列中所有图像对的和。

由于一些形变较大因素造成的形变很难通过简单且固定的模板将所有的角点检测出来，而原来的 FAST 算法其决策树的结构是固定的三层树，并不能最优地实现角点区分（实现最优的重复率）。FAST-ER 就是针对这样的问题而提出的，其主要是通过模拟退火算法（也有通过最速下降法的）优化原先决策树的结构，从而提高重复率。

（1）引入角点检测的不变性

原先一个像素点及其附近的点送往决策树进行比较时只需要比较两个位置的点，如果这个点被检测出是角点，在其区域发生一定旋转、变形或强度反转（白变黑，黑变白）之后重新判定，很有可能被认为是非角点。

在这种情况下，为了使角点检测具有旋转、反射、强度倒转等不变性，最简单的办法就是将所有变化后的结果都计算出来，即根据不同的变换建立不同决策树，只要有一棵决策树能检测出角点，即是角点。但这种方法计算量太大，为了减少计算复杂率，每次决策树被评估时只需要应用16种变换：四个旋转方向变化（各相差90°），并结合反射（左右对称及上下对称）同强度倒转，共16个变换操作。如果一个点能被16种变换中任一种的决策树视为角点，那么这个点就是角点。由此一来我们建立了16棵对应不同变换的决策树。

（2）决策树的结构优化

对于FAST算法来说，原来的三层决策树太过简单，不能达到最好的重复度，而重复度是关于决策树结构的非凸函数，这涉及非凸函数的优化问题。FAST-ER就是针对这样的问题而提出的，其主要是通过模拟退火来优化决策树结构，从而提高重复率。

4.3.5 小结

本小节主要介绍了常见的角点检测方法，包括Harris角点、FAST角点和FAST-ER角点等。这些角点检测算法最核心的思想是使用一个固定窗口在图像上进行任意方向的滑动，比较滑动前与滑动后两种情况下窗口中的像素灰度变化程度。如果任意方向的滑动都有较大的灰度变化，那么可以认为该窗口中存在角点。

4.4 斑点检测

4.4.1 斑点介绍

斑点通常是指与周围有颜色和灰度差别的区域。在实际地图中，往往存在大量这样的斑点，如一棵树是一个斑点、一块草地是一个斑点、一栋房子也可以是一个斑点。由于斑点代表的是一个区域，相比单纯的角点，它的稳定性要好、抗噪声能力要强，所以它在图像配准上扮演了很重要的角色。有时图像中的斑点也是我们关心的区域，比如在医学与生物学领域，人们需要从X光照片或细胞显微照片中提取一些具有特殊意义的斑点的位置或数量。

图4-9中建筑的洞口和蝴蝶的斑纹均为各自图像中的斑点。

图4-9 图像斑点示例

在视觉领域斑点检测的主要思路是检测出图像中比它周围像素灰度值大或比它周围像素灰度值小的区域。一般采用两种方法来实现这一目标：

（1）基于求导的微分方法，这类方法称为微分检测器。

（2）基于局部极值的分水岭算法。

4.4.2 LOG 斑点检测

利用高斯拉普拉斯（Laplace of Gaussian，LOG）算子检测图像斑点是一种十分常用的方法。对于二维高斯函数：

$$G(x,y,\sigma)=\frac{1}{2\pi\sigma^2}\exp\left(-\frac{x^2+y^2}{2\sigma^2}\right) \tag{4-8}$$

它的 Laplace 变换为：

$$\nabla^2 g=\frac{\partial^2 g}{\partial x^2}+\frac{\partial^2 g}{\partial y^2} \tag{4-9}$$

规范化的 LOG 算子为：

$$\nabla^2_{\text{norm}}=\sigma^2\,\nabla^2 g=\sigma^2\left(\frac{\partial^2 g}{\partial x^2}+\frac{\partial^2 g}{\partial y^2}\right)=-\frac{1}{2\pi\sigma^2}\left(1-\frac{x^2+y^2}{\sigma^2}\right)\cdot\exp\left(-\frac{x^2+y^2}{2\sigma^2}\right) \tag{4-10}$$

规范化的 LOG 算子在二维图像上显示是一个圆对称函数，如图 4-10 所示。我们可以用这个算子来检测图像中的斑点，并且可以通过改变 σ 的值检测不同尺寸的二维斑点。

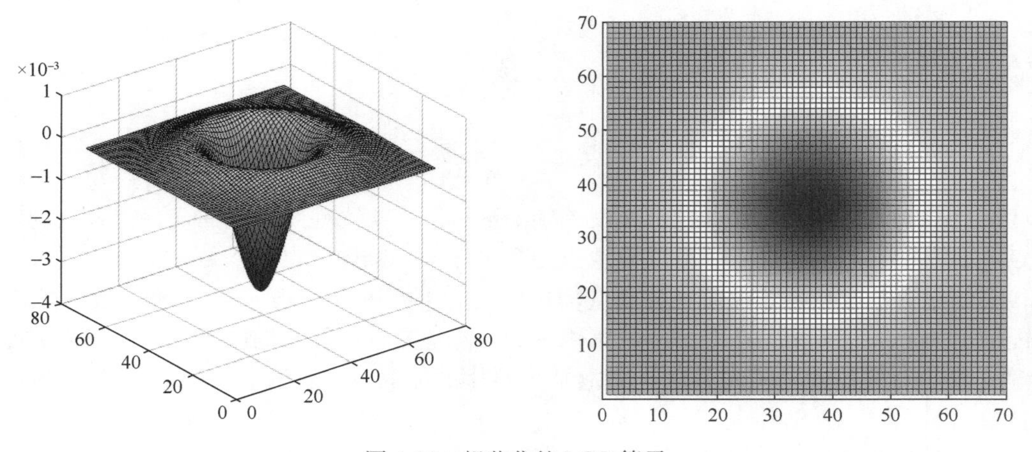

图 4-10 规范化的 LOG 算子

下面从更直观的角度解释为什么 LOG 算子可以检测图像中的斑点。

图像与某一个二维函数进行卷积运算实际就是求取图像与这一函数的相似性。同理，图像与 LOG 函数的卷积实际就是求取图像与 LOG 函数的相似性。当图像中的斑点尺寸与 LOG 函数的形状趋近一致时，图像的 Laplace 响应达到最大。

从概率的角度解释：假设图像是一个与位置有关的随机变量 X 的密度函数，而 LOG 为随机变量 Y 的密度函数，则随机变量 $X+Y$ 的密度分布函数即为两个函数的卷积形式。如果想让 $X+Y$ 取到最大值，则 X 与 Y 能保持步调一致最好，即 X 上升时，Y 也上升，X 最大时，Y 也最大。

那么 LOG 算子是怎么被构想出来的呢？

事实上我们知道，Laplace 算子可以用来检测图像中的局部极值点，但是对噪声敏感，所以在对图像进行 Laplace 卷积之前可以先用高斯低通滤波对图像进行卷积，目标是去除图像中的噪声点。这一过程可以描述为：

先对图像 $f(x,y)$ 用方差为 σ 的高斯核进行高斯滤波，去除图像中的噪声点。

$$L(x,y,\sigma)=f(x,y)\times G(x,y,\sigma) \tag{4-11}$$

然后对图像作 Laplace 变换：

$$\nabla^2=\frac{\partial^2 L}{\partial x^2}+\frac{\partial^2 L}{\partial y^2} \tag{4-12}$$

而实际上有下面的等式：

$$\nabla^2[G(x,y)\times f(x,y)]=\nabla^2[G(x,y)]\times f(x,y) \tag{4-13}$$

所以，我们可以先求高斯核的 Laplace 算子，再对图像进行卷积。

4.4.3 DOG 斑点检测

与 LOG 滤波核近似的高斯差分 DOG 滤波核，其定义为：

$$D(x,y,0)=[G(x,y,k\sigma)-G(x,y,\sigma)]\times I(x,y)=L(x,y,k\sigma)-L(x,y,\sigma) \tag{4-14}$$

其中，k 为两个相邻尺度间的比例因子。

如图 4-11 所示，DOG 可以看作 LOG 的一个近似，但是它比 LOG 的效率更高。

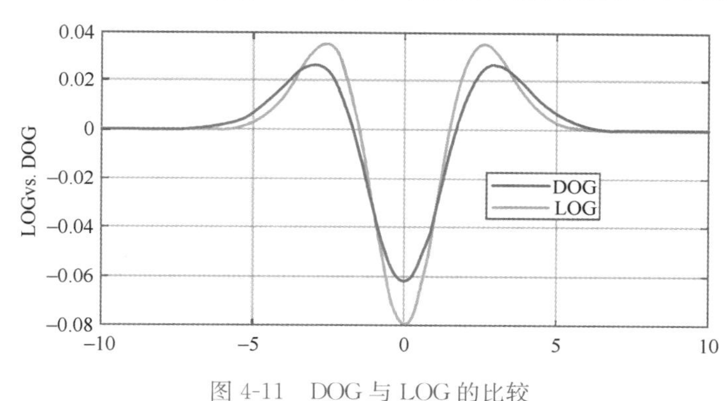

图 4-11 DOG 与 LOG 的比较

前面介绍的微分算子在近圆的斑点检测方面效果很好，但是这些检测算子被限定于只能检测圆形斑点，而不能估计斑点的方向，因为 LOG 算子都是中心对称的。如果我们定义一种二维高斯核的变形即它在 X 方向与 Y 方向上具有不同的方差，则这种算子可以用来检测带有方向的斑点。

$$G(x,y)=A\cdot\exp[-(ax^2+2bxy+cy^2)] \tag{4-15}$$

其中，$a=\frac{\cos^2\theta}{2\sigma_x^2}+\frac{\sin^2\theta}{2\sigma_y^2}, b=-\frac{\sin2\theta}{2\sigma_x^2}+\frac{\sin2\theta}{4\sigma_y^2}, c=\frac{\sin^2\theta}{2\sigma_x^2}+\frac{\cos^2\theta}{2\sigma_y^2}$，$A$ 是归一性因子。

4.4.4 SIFT 斑点检测

尺度不变特征变换（Scale-Invariant Feature Transform，SIFT）算法是计算机视觉领域用于检测和描述图像中局部特征的一种算法。该算法由 David Lowe 于 1999 年首次提出，并在 2004 年得到了进一步补充和完善。该算法在许多领域都得到了广泛的应用，包括目标识别、自动导航、图像拼接、三维建模、手势识别以及视频跟踪等。

SIFT 算法能够检测到图像中的局部特征，并且对于图像的尺度和旋转具有不变性。同时，这些特征对于亮度变化表现出强大的鲁棒性，能够在噪声和视角微小变化的情况下保持稳定。SIFT 特征还表现出良好的可区分性，易于被提取，即使在低概率的不匹配情况下也能够准确识别目标。因此，SIFT 算法的主要特点在于其鲁棒性和可区分性。

SIFT 算法包括四个主要步骤：

（1）尺度空间极值检测。这一阶段涵盖了全图像尺度和位置的搜索，通过高斯差分函数的运用，有效地检测出具有尺度不变性和旋转不变性的潜在特征点。

（2）特征点的定位。对于每个候选特征点，精细地被模型拟合，以确定特征点的位置和尺度。最终的特征点选择取决于它们的稳定性。

（3）方向角度的确定。根据图像的局部梯度方向，为每个特征点分配一个或多个方向角度。随后的所有操作都基于已确定的特征点角度、尺度和位置进行，从而使特征点具有这些属性的不变性。

（4）特征点的描述符。在选定的尺度空间内，通过对特征点周围图像区域分块，计算块内梯度直方图，生成具有独特性的描述子，最终形成一个 128 维的向量。

这些步骤共同构成了 SIFT 算法，使其能够高效地检测和描述图像中的局部特征，并且具有尺度、旋转、亮度和形状变化的不变性。

4.4.5 SURF 斑点检测

SURF（Speeded Up Robust Features）是一种鲁棒性强的局部特征检测算法。首次由 Herbert Bay 等人于 2006 年提出，并在 2008 年得到进一步完善。

SURF 算法从一定程度上受到了 SIFT 算法的启发，然而与其名字一致，SURF 不仅拥有高度重复性的检测器和区分度优异的描述符，还具备出色的鲁棒性以及更快的运算速度。正如 Bay 所指出的，SURF 的速度至少比 SIFT 快 3 倍，而且综合性能超越了 SIFT 算法。

SURF 算法之所以能够在效率方面表现出色，其中一部分原因在于它在保持准确性的前提下，对算法进行了适度的简化和近似。此外，算法还多次运用了积分图像（Integral Image）的概念，进一步提高了其性能。

SURF 算法包括下面几个阶段：

（1）特征点检测

1）基于 Hessian 矩阵的特征点检测

Hessian 矩阵是 SURF 算法的核心，构建 Hessian 矩阵的目的是生成图像稳定的边缘点（突变点），为下文的特征提取打好基础。每一个像素点都可以求出一个 Hessian 矩阵：

$$\boldsymbol{H}[f(x,y)]=\begin{bmatrix}\dfrac{\partial^2 f}{\partial x^2} & \dfrac{\partial^2 f}{\partial x\partial y}\\ \dfrac{\partial^2 f}{\partial x\partial y} & \dfrac{\partial^2 f}{\partial x^2}\end{bmatrix} \tag{4-16}$$

当 Hessian 矩阵的判别式取得局部极大值时，判定当前点是比周围邻域内其他点更亮或更暗的点，由此来定位关键点的位置，Hessian 矩阵的判别式为：

$$\det(\boldsymbol{H})=\frac{\partial^2 f}{\partial x^2}\frac{\partial^2 f}{\partial y^2}-\left(\frac{\partial^2 f}{\partial x\partial y}\right) \tag{4-17}$$

$$\det(\boldsymbol{M}) = \lambda_1\lambda_2 = AC - B^2 \tag{4-18}$$

在 SURF 算法中，图像像素 $l(x,y)$ 即为函数值 $f(x,y)$。但是由于特征点需要具备尺度无关性，所以在进行 Hessian 矩阵构造前，需要对其进行高斯滤波，选用二阶标准高斯函数作为滤波器。

2）尺度空间表示

为了获取不同尺度的斑点特征，常常需要构建图像的尺度空间金字塔。一种常见的方法是通过应用不同 σ 值的高斯函数对图像进行平滑滤波，然后对滤波后的图像进行重采样，以生成金字塔的更高一层图像。例如，SIFT 特征检测算法利用相邻两层金字塔图像的差值来得到 DOG（Difference of Gaussians）图像，然后在 DOG 图像上进行斑点和边缘检测。

与 SIFT 算法不同，由于采用了盒子滤波和积分图像的方法，在 SURF 算法中不需要直接构建图像金字塔，而是通过逐步增大盒子滤波模板的尺寸来实现间接构建。然后通过对不同尺寸的盒子滤波模板与积分图像进行卷积，得到 Hessian 矩阵行列式的响应图像。最后在这些响应图像上应用 3D 非最大值抑制，从中提取出各种不同尺度的斑点特征。

具体地说，使用一个 9×9 的模板对图像进行滤波，将这个结果作为初始的尺度空间层。随后的层将通过逐步增大滤波模板的尺寸，并将放大后的模板与图像进行滤波，来得到不同尺度的尺度空间图像。这种方法的优势在于随着滤波模板尺寸的增加，并不会使计算量显著增加，这要归功于盒子滤波和积分图像的应用。

与 SIFT 算法类似，SURF 算法也将尺度空间划分为多个组（Octaves），每个组代表在同一输入图像上逐步增大滤波模板的一系列响应图像。每个组又由多个固定的层组成，不同层之间的最小尺度变化量由盒子滤波器模板尺寸的 1/3 决定，这个变化量保证了高斯微分滤波器在微分方向上的正负斑点响应长度。随后的层的尺度会在此基础上增加至少 2 个像素，以确保至少一个中心像素在滤波中。通过这种方式，可以获得不断增大的模板尺寸序列，如 9×9、15×15、21×21、27×27 等。在这个过程中，黑色和白色区域的长度增加了偶数个像素，以保证中心像素的存在。

3）特征点定位

为了在图像及不同尺寸中定位兴趣点，采用 3×3×3 邻域非最大值抑制。具体的步骤基本与 SIFT 一致，而且 Hessian 矩阵行列式的最大值在尺度和图像空间被插值。

总体来说，如果理解了 SIFT 算法，再来看 SURF 算法会发现思路非常简单。尤其是局部最大值查找方面，基本一致。关键还是用积分图来简化卷积的思路，以及怎么用不同的模板来近似原来尺度空间中的高斯滤波器。

（2）特征点描述

1）方向角度的分配；

2）基于 Haar 小波的特征点描述符。

SURF 斑点检测示例的主程序如下，程序运行演示视频见二维码 4-3，效果如图 4-12 所示：

图 4-12　SURF 斑点检测示例

4-3 程序运行演示视频

```
clc, clear, close all
I=imread('GZA Bridge_RGB.jpg');
I=I(51:358,251:558,1:3);
I=rgb2gray(I);
points = detectSURFFeatures(I); % SURF Features
figure
imshow(I); hold on; plot(points.selectStrongest(30));
```

4.4.6 小结

本小节主要介绍了常见的斑点检测方法，包括 LOG 斑点检测、DOG 斑点检测、SIFT 斑点检测和 SURF 斑点检测。斑点检测的主要思路是检测出图像中比它周围像素灰度值大或比它周围像素灰度值小的区域，目前应用较多的斑点检测算法是 LOG 算法和 SIFT 算法。

4.5 特征描述子

4.5.1 特征描述子介绍

特征描述子（Feature Descriptors）是指首先检测图像中的局部特征（如边缘、角点、轮廓等），然后根据匹配目标的要求对这些特征进行组合变换，以产生稳定性强、易于匹配的特征向量。这样一来，图像匹配问题就被转化为特征匹配问题，进一步地，特征匹配问题又被转化为特征空间向量的聚类问题。

4.5.2 BRIEF 描述子

BRIEF（Binary Robust Independent Elementary Features）与传统的利用图像局部邻域的灰度直方图或梯度直方图提取特征的方式不同，BRIEF 是一种二进制编码的特征描述子，既降低了存储空间的需求，提升了特征描述子生成的速度，又减少了特征匹配时所需的时间。

需要注意的是，BRIEF 是一种特征描述符，它并不包含特征点提取的方法。因此，需要结合特定的特征点定位方法，如 FAST、SIFT、SURF 等，来获取图像中的特征点。在这种情境下，将采用 CenSurE 方法来提取关键点，相对于 SURF 特征点而言，CenSurE 在 BRIEF 算法中表现稍好一些。

BRIEF 算法的步骤如下所述：首先，对图像进行平滑处理，然后在每个特征点的周围选取一个区域（Patch）。在这个区域内，通过一种预定的方法选择出一组点对，数量为 n_d。对于每一对点（p，q），比较这两个点的亮度值。如果点 p 的亮度值大于点 q 的亮度值，则将对应于二进制串中的位置设为 1；如果点 p 的亮度值小于点 q 的亮度值，则将对应位置设为−1；如果相等，则设为 0。这样，对所有 n_d 个点对进行比较就可得到一个长度为 n_d 的二进制串。

在选择 n_d 值时，可以将其设定为 128、256 或 512 等不同的参数。这些参数在 OpenCV 中都有提供，而 OpenCV 默认的参数是 256。在这种参数设置下，非匹配点的汉明距离呈现出平均值为 128 位的高斯分布。一旦确定了维度，就可以使用汉明距离来匹配这些描述子。

4.5.3 ORB 特征提取算法

ORB 特征，从它的名字就可以看出它是对 FAST 特征点与 BRIEF 特征描述子的一种结合与改进，这个算法是由 Ethan Ruble、Vincent Rabaud、Kurt Konolige 以及 Gary R. Bradski 在 2011 年一篇名为《ORB：An Efficient Alternative to SIFT or SURF》的文章中提出的。就像文章题目所写一样，ORB 是除 SIFT 与 SURF 外一个很好的选择，而且它的效率很高，更重要的一点是它是免费的，SIFT 与 SURF 都是有专利的，如果在商业软件中使用，需要购买许可。

图 4-13 ORB 特征提取示例

ORB 特征提取算法是将 FAST 特征点的检测方法与 BRIEF 特征描述子结合起来，并在它们原来的基础上做了改进与优化。首先，该算法使用 FAST 特征点检测方法来识别潜在的特征点。随后，它采用 Harris 角点度量方法，从 FAST 特征点中筛选出 N 个具有最大 Harris 角点响应值的特征点。其中 Harris 角点的响应函数定义为：

$$R = \det M - a\,(\mathrm{trace} M)^2 \tag{4-19}$$

ORB 特征提取示例的主程序如下，程序运行演示视频见二维码 4-4，效果如图 4-13 所示：

```
clc, clear, close all
I=imread('GZA Bridge_RGB.jpg');
I=I(51:358,251:558,1:3);
I=rgb2gray(I);
points = detectORBFeatures(I);% SURF Features
figure
imshow(I); hold on; plot(points.selectStrongest(30));
```

4-4 程序运行演示视频

4.5.4 BRISK 特征提取算法

BRISK 算法是 2011 年 ICCV 上一篇名为《BRISK：Binary Robust Invariant Scalable Keypoints》的文章中提出来的一种特征提取算法，也是一种二进制的特征描述算子。它具有较好的旋转不变性、尺度不变性、鲁棒性等。在图像配准应用中，速度比较如下：SIFT< SURF< BRISK< FREAK< ORB，在对有较大模糊的图像配准时，BRISK 算法表现最为出色。

BRISK 算法分两步进行：第一步进行特征点检测；第二步进行特征点描述。

在特征点检测当中，主要分为建立尺度空间、特征点检测、非极大值抑制和亚像素差值这四个部分；而在特征点描述当中，主要分为高斯滤波、局部梯度计算、特征描述符和匹配方法这四个部分。

图 4-14 BRISK 特征提取示例

BRISK 特征提取示例的主程序如下，程序运行演示视频见二维码 4-5，效果如图 4-14 所示：

4-5 程序运行演示视频

```
clc, clear, close all
I=imread('GZA Bridge_RGB. jpg');
I=I(51:358,251:558,1:3);
I=rgb2gray(I);
points = detectBRISKFeatures(I);
figure
imshow(I); hold on; plot(points, 'ShowScale', false)
```

4.5.5 FREAK 特征提取算法

FREAK 算法是在 2012 年 CVPR 上一篇名为《FREAK：Fast Retina Keypoint》的文章中提出来的一种特征提取算法，也是一种二进制的特征描述算子。它与 BRISK 算法非常相似，主要就是在 BRISK 算法上的改进。FREAK 依然具有尺度不变性、旋转不变性和对噪声的鲁棒性等。

FREAK 的主要步骤包括：特征取样点方式定义、特征主方向检测、特征描述符生成。

4.5.6 小结

本小节主要介绍了常见的特征描述子算法，包括 BRIEF 描述子、ORB 特征提取算法、BRISK 特征提取算法和 FREAK 特征提取算法等。特征描述子算法的主要思路是检测出图像的局部特征（比如边缘、角点、轮廓等），然后根据匹配目标的需要进行特征的组合、变换，以形成易于匹配、稳定性好的特征向量。

4.6 图像匹配方法

图像匹配（Image Matching）是指在目标图像中搜索与给定模板图像相似图像的过程，需在同一场景的两幅或多幅图像之间寻找对应关系，广泛应用于目标识别、三维重构、运动跟踪等领域。

本节讨论的图像匹配是指一个模板图像与包含目标的图像之间通过一定的变换实现像素级的位置匹配的过程。作为模式识别和数字图像处理的一种基本手段，图像匹配在目标检测、目标跟踪等计算机视觉领域具有广泛的应用。

以 $I_1(x,y)$ 与 $I_2(x,y)$ 分别表示源图像与待匹配图像，则源图像与待匹配图像配准关系的数学表达式为：$I_2(x,y)=g\{I_1[f(x,y)]\}$ 。其中，f 代表二维几何空间变换函数，g 为一维灰度变换函数。从以上图像配准关系表达式可以看出，图像配准包括两方面含义：一方面是实现几何空间上的对应关系，这点可以在对函数 f 的求解上得以体现：另一方面是对应像素之间灰度上的一致性，这一点可以在对函数 g 的求解上得以体现。因此，图像配准的主要目的可以看作是寻找配准图像间空间与灰度的最佳变换关系。在考虑畸变的前提下，实现图像的最佳匹配。

图像匹配方法通过分析图像内容、特征、结构、关系、纹理和灰度等方面的对应关系、相似性以及一致性，来寻找与之相似的目标。

图像匹配包括以下流程：首先，在待匹配的图像上随机选取一个像素点，并以此为中心获得一个区域，也称为目标窗口。接下来，在参考图像上选择一个与目标窗口相同尺寸的区域，称为参考窗口。然后，通过一定的方式在参考图像上移动参考窗口，在每次移动之前对参考窗口内的图像与待匹配图像中的目标窗口内的图像进行匹配比对（图 4-15）。如果匹配成功，则停止移动，并开始对待匹配图像中的下一个像素点进行匹配检索。这一过程会循环遍历所有像素点，直到检索完整个待匹配图像。

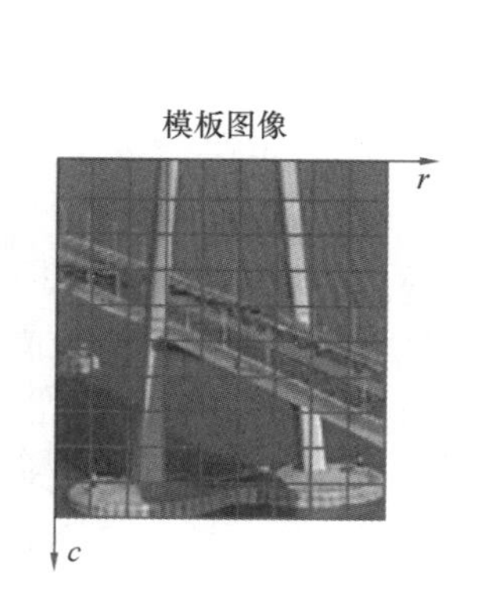

图 4-15　模板图像在目标图像中的移动过程

图像匹配算法通常由以下四个要素构成：特征空间、相似度度量、搜索空间和搜索策略。

(1) 特征空间：特征空间是一个集合，其中包含了在图像匹配过程中作为参照的特征。图像中存在多种显著特征可供选择，如矩不变量、灰度值、高曲率点、线交叉点等。选择合适的特征空间可以减小搜索范围，从而提高匹配的准确率和效率。在匹配算法中，可以使用全局特征、局部特征或两者的结合来优化图像匹配的精度。

(2) 相似度度量：相似度度量是利用代价函数或距离函数来评估待匹配图像与参考图像之间特征向量的相似性。常见的度量方法包括欧式空间距离、曼哈顿距离、闵可夫斯基距离以及余弦相似度等。

(3) 搜索空间：搜索空间是建立的待匹配图像与参考图像之间联系的所有可能变换的集合。搜索空间的范围受图像畸变类型和强度的影响，畸变类型可以是光流场法、全局变换或局部变换。

(4) 搜索策略：搜索策略是在搜索空间中以高效的方式寻找能使待匹配图像与参考图像相似度最大化的几何变换。搜索策略的种类相当丰富，常见的有穷举法、松弛算法、层次迭代搜索等。在制定搜索策略时，需要充分考虑搜索空间的复杂性，选择适合的高效搜索方法。

从待匹配的研究对象角度来看，图像匹配算法通常可以分为基于像素灰度的匹配、基于特征点的匹配和基于变换域的匹配三种类型。

4.6.1 基于像素灰度的匹配

基于像素灰度的匹配是一种最简单的图像匹配算法，它利用图像的灰度信息对两幅或多幅图像进行匹配。在这种方法中，通过利用图像灰度的统计信息来衡量图像之间的相似程度。

定义模板图像为 $T(x,y)$，待匹配的目标图像为 $I(x,y)$。沿目标图像中的所有点移动模板图像并在每个位置计算相似度 S。S 是相似度函数，该函数的参数包括模板中各点的灰度值 $T(x,y)$ 以及待匹配区域移到图像当前位置时区域中的灰度值 $f(x+u,y+v)$。根据这些已经得到的灰度值计算一个标量值用作相似性度量。采用这种方法，在变换空间中每个点都会得到一个相似性度量如下，即：

$$S(x,y)=S[(x,y),f(x+u,y+v);(u,v)\in I] \tag{4-20}$$

最简单的相似性度量方法之一是计算模板图像与待匹配目标图像之间差值的绝对值总和（Sum of Absolute Differences，SAD）或差值的平方和（Sum of Squared Differences，SSD）。在模板图像与待匹配目标图像完全一致的情况下，计算所得的相似性度量应为 0。差异越大，差值越大。在光照条件不变的情况下，这种相似性度量方法具有较高的准确性。然而，在光照发生变化的情况下，图像的灰度值不再相等，使用这种方法会产生偏差。

基于像素灰度的图像匹配算法具有实现简单、在灰度及几何畸变较小的情况下具有良好的估计精度和鲁棒性、较强的抗噪能力等优点。然而，它的适用范围相对有限，不能直接用于校正图像的非线性形变，而且在搜索最佳变换过程中通常需要较大的计算量。

图像互相关算法是一种经典的基于灰度的图像匹配算法。现有一个大小为 $m \times n$ 的模板图像 G 和大小为 $M \times N$ 的目标图像 I，模板中各点的灰度值为 $G(r,c)$，目标图像中各点的灰度值为 $I(x,y)$。现目标图像中有一同模板等大小的区域，且该区域相对于目标图像原点的位移为 (i,j)，则该区域与模板图像的灰度互相关函数为：

$$f_{cc}(i,j)=\frac{\sum_{(r,c)\in G} G(r,c)I(i+r,j+c)}{\sqrt{\sum_{(r,c)\in G} G^2(r,c)\sum_{(r,c)\in G} I^2(i+r,j+c)}},(i,j)\in I \tag{4-21}$$

当模板图像在目标图像上逐行逐列遍历后，在每一个位置上可获得一个相关性值，相关性峰值所在的位置即为匹配位置。在实际使用过程中，往往会设定一个相关性阈值，超出该阈值的峰值所在的位置将被视为匹配位置，若出现多个相关性峰值，则认为有多个匹配位置。

在实际使用中，由于光照的变化，纯粹只用相关性来进行灰度匹配并不能获得稳定的匹配效果。为了解决这个问题，人们在原有灰度相关性的基础上发展了归一化灰度互相关算法。假设 μ_g 表示模板 G 的均值，μ_I 表示目标 I 的均值，则定义相关系数为：

$$f_{NCC}(i,j)=\frac{\sum_{(r,c)\in G}[G(r,c)-\mu_g][I(i+r,j+c)-\mu_I(i,j)]}{\sqrt{\sum_{(r,c)\in G}[G(r,c)-\mu_g]^2\sum_{(r,c)\in G}[I(i+r,j+c)-\mu_I(i,j)]^2}},(i,j)\in I \tag{4-22}$$

其中，$\mu_I(i,j)=\frac{1}{mn}\sum_{(r,c)\in G} I(i+r,j+c)$。

以归一化互相关系数作为模板图像与目标图像之间的相似性度量，能够克服任何可线性光照的影响，从而达到较为良好的匹配效果。

NCC 模板匹配示例的 MATLAB 程序如下，程序运行演示视频见二维码 4-6，效果如图 4-16 所示：

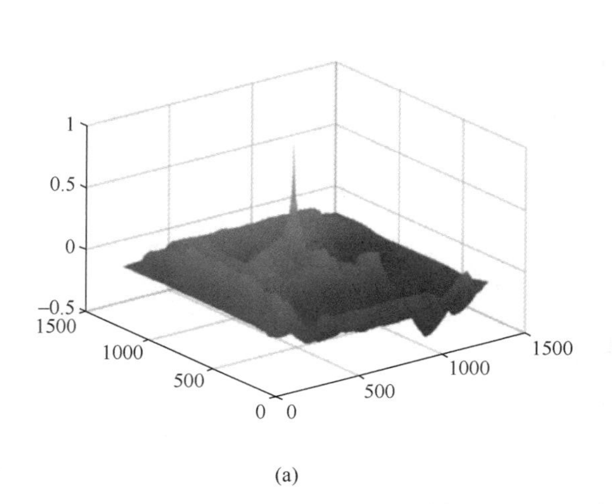

(a)

(b)

图 4-16　NCC 模板匹配结果

(a) 相关系数曲面图；(b) NCC 模板匹配结果

4-6 程序运行演示视频

```
clc; clear; close all
%---------------Read two grayscale images for use with "normxcorr2"
frame_1 = imread('GZA Bridge. png');        % import the 1st video frame
frame_1 = rgb2gray(frame_1);
%--------------- Select Template T from 1st video frame
T=imcrop(frame_1);
imshow(T)
imwrite(T, 'template. jpg')
close all
%--------------- Perform cross-correlation, and display the result as a surface.
c1 = normxcorr2(T, frame_1);
figure(1), surf(c1), shadingflat
%--------------- Find the peak in cross-correlation.
[ypeak1, xpeak1] = find(c1==max(c1(:)));
%--------------- Account for the padding that normxcorr2 adds.
yoffSet1 = ypeak1-size(T,1);
xoffSet1 = xpeak1-size(T,2);
%--------------- Display the matched area and position
figure(3)
imshow(frame_1);
imrect(gca, [xoffSet1+1, yoffSet1+1, size(T,2), size(T,1)]);
title('Template matching using NCC', 'FontName', 'Arial', 'fontsize', 17)
text(xoffSet1, yoffSet1-20, [' x=', num2str(xoffSet1), ',
y=', num2str(yoffSet1)], 'FontName', 'Arial', 'fontsize', 24, 'color', 'r')
```

灰度图像匹配算法的核心思想是在两幅图像中寻找相关性，借助统计学的相关思想来确定这些图像之间的对应关系。其中，最常用的方法就是采用相似性度量，例如相关函数、平方差、协方差等测度方式，以找到最大或最小的值。基于图像灰度信息的配准方法通常无需进行复杂的预处理，而是利用图像自身所蕴含的灰度统计信息来衡量图像间的相似程度。这类方法的主要特点在于实现简单，然而它们的应用范围有一定的限制，无法直接应用于矫正图像的非线性变形，同时在搜索最优变换的过程中常常需要耗费大量的计算资源。随着近几十年的发展，人们提出了许多基于灰度信息的图像配准方法，这些方法大致可以分为三个类别：互相关法、序贯相似性检测法以及交互信息法。前两种方法都属于模板匹配的范畴，后者是前者的优化升级版本。

在互相关法中，常见的相关准则包括：绝对误差和算法（Sum of Absolute Differences，SAD）、误差平方和算法（Sum of Squared Differences，SSD）、归一化积相关算法（Normalized Cross Correlation，NCC）以及它们对应的均值归零化算法（ZSAD、ZSSD、ZNCC），见表 4-1。实际上，SAD 算法与 SSD 算法在思想上几乎完全一致，NCC 算法是利用子图与模板图的灰度信息，通过归一化的相关性度量公式来计算二者之间的匹配程度。1972 年，Bamea 等人提出了序贯相似性检测算法（Sequential Similarity Detection Algorithm，SSDA），这是对传统相关方法的一种改进，显著提升了计算效率。该算法在两个方面进行了重要的改进：首先，简化了计算过程，它利用图像 T 和模板 f 之间的差值来表示变化。尽管与相关法的处理效果相近，但同时极大地提高了运算速度。其次，SSDA 算法采用了序列搜索策略，通过定义一系列窗函数和阈值，结合检测范围和模板大小，对图像进行处理。一旦相似性超过阈值，便进行次数累加，并在累加次数最多的窗口内进行匹配，不断迭代细化，最终得到所需的结果。

相似性度量函数的定义　　表 4-1

算法名称	简称	算法公式
绝对误差和算法（Sum of Absolute Differences）	SAD	$\sum_{(u,v)\in W} \lvert I_1(u,v)-I_2(x+u,y+v) \rvert$
均值归零化绝对误差和算法（Zero mean Sum of Absolute Differences）	ZSAD	$\sum_{(u,v)\in W} \lvert [I_1(u,v)-\overline{I}_1]-[I_2(x+u,y+v)-\overline{I}_2] \rvert$
误差平方和算法（Sum of Squared Differences）	SSD	$\sum_{(u,v)\in W} [I_1(u,v)-I_2(x+u,y+v)]^2$
均值归零化误差平方和算法（Zero mean Sum of Squared Differences）	ZSSD	$\sum_{(u,v)\in W} \{[I_1(u,v)-\overline{I}_1]-[I_2(x+u,y+v)-\overline{I}_2]\}^2$
归一化积相关算法（Normalised Cross Correlation）	NCC	$\dfrac{\sum_{(u,v)\in W} I_1(u,v)\cdot I_2(x+u,y+v)}{\sqrt{\sum_{(u,v)\in W} I_1^2(u,v)\cdot \sum_{(u,v)\in W} I_2^2(x+u,y+v)}}$
均值归零化归一化积相关算法（Zero mean Normalised Cross Correlation）	ZNCC	$\dfrac{\sum_{(u,v)\in W} [I_1(u,v)-\overline{I}_1]\cdot[I_2(x+u,y+v)-\overline{I}_2]}{\sqrt{\sum_{(u,v)\in W} [I_1(u,v)-\overline{I}_1]^2\cdot \sum_{(u,v)\in W} [I_2(x+u,y+v)-\overline{I}_2]^2}}$

注：I_1 代表模板图像，I_2 代表目标图像。

基于灰度信息的变形测量方法中，最具代表性的是数字图像相关（Digital Image Correlation，DIC）方法。这种方法通过利用相机捕捉物体在变形前后的数字散斑图像，然后在这些图像中匹配对应的子区域，从而获取被测物体表面各点的变形信息，包括位移与应变。DIC 方法借鉴了模板匹配的思想，但与传统模板匹配的不同之处在于 DIC 考虑了目标可能的形变情况，而不仅是平行移动。这使得 DIC 方法适用于目标发生旋转或大小变化的情况，相比之下，传统的模板匹配在这些情况下表现不佳。DIC 方法在互相关准则中引入了形函数的概念，该函数定义了被测面可能发生的形变（位移、应变）。因此，DIC 方法丰富了互相关法的理念，使其能够更好地适应复杂的变形测量。为了应对不同的变形情况，DIC 方法也发展出了多个分支，如随机散斑的制备和优化设计。总体而言，模板匹配更多地用于图像识别，而且仅适用于简单的平移变化。相比之下，DIC 方法的发展主要针对变形测量，能够根据变形的复杂程度灵活调整形函数的表达方式。实现高精度的变形测量需要解决关键问题，其中包括相关函数的选择、形函数的定义、初始值的估计以及亚像素级别的迭代。这些问题的解决方案对于 DIC 方法的成功应用至关重要。通过应用 DIC 方法可以在变形测量领域取得更精确的结果，而这也需要在不同情况下灵活应用相关函数、形函数等方法。接下来将对这些关键问题进行简要概述。

（1）相关函数

在进行相关计算之前，首先需要事先定义一个用于评价变形前后图像子区相似程度的函数，这就是所谓的相关函数（Correlation Criteria）。这个相关函数是一个关于待求变形参数的函数，它在数字图像相关方法中扮演着关键角色。这种方法的核心思想是，在变形前的图像子区中寻找一个与之相关函数达到极值的目标图像子区，以获取准确的变形参数估计。相关函数的数学表达方式有多种，不同的表达方式会影响计算速度和计算精度。目前常用的相关函数主要分为两类：互相关（Cross Correlation，CC）函数和最小平方距离（Sum-Squared Difference，SSD）函数。不同相关函数的抗干扰能力和精度不同，零均值归一化最小平方距离（Zero-Mean Normalized Sum of Squared Difference，ZNSSD）相关函数和参数化最小平方距离（Parametric Sum of Squared Difference，PSSD）相关函数是两种最值得推荐的相关函数。

$$C_{\mathrm{ZNSSD}}(\boldsymbol{p})=\sum_{\xi}\left\{\frac{[f(\boldsymbol{x}+w(\boldsymbol{\xi};\boldsymbol{p}))-f_{\mathrm{m}}]}{\Delta f}-\frac{[g(\boldsymbol{x}+w(\boldsymbol{\xi};\boldsymbol{p}))-g_{\mathrm{m}}]}{\Delta g}\right\}^{2} \tag{4-23}$$

其中，$f(\boldsymbol{x})$ 与 $g(\boldsymbol{x})$ 分别表示参考图和变形图；$\boldsymbol{x}=(x,y,1)^{\mathrm{T}}$ 表示位置的灰度；$\boldsymbol{\xi}=[\Delta x,\Delta y,1]^{\mathrm{T}}$ 是像素点在各子区的局部坐标；$w(\boldsymbol{\xi};\boldsymbol{p})$ 表示形函数；$\boldsymbol{p}$ 为待求的变形参考数矢量。f_{m} 表示参考图像子区的平均灰度值，可表示为 $\frac{1}{N}\sum_{\xi}f[\boldsymbol{x}+w(\boldsymbol{\xi};\boldsymbol{p})]$；$g_{\mathrm{m}}$ 表示变形图像子区的平均灰度值，可表示为 $\frac{1}{N}\sum_{\xi}g[\boldsymbol{x}+w(\boldsymbol{\xi};\boldsymbol{p})]$；$\Delta f$ 表示参考图像子区灰度值均值化后的标准差，可表示为 $\sqrt{\sum_{\xi}\{f[\boldsymbol{x}+w(\boldsymbol{\xi};\boldsymbol{p})]-f_{\mathrm{m}}\}^{2}}$；$\Delta g$ 表示变形图像子区灰度值均值化后的标准差，可表示为 $\sqrt{\sum_{\xi}\{g[\boldsymbol{x}+w(\boldsymbol{\xi};\boldsymbol{p})]-g_{\mathrm{m}}\}^{2}}$。

ZNSSD 相关系数实际上与通常使用的零均值归一化互相关（Zero-Mean Normalized Cross-Correlation，ZNCC）准则存在关系：

$$C_{\mathrm{ZNCC}}(\boldsymbol{p})=1-0.5\cdot C_{\mathrm{ZNSSD}}(\boldsymbol{p}) \tag{4-24}$$

$$C_{\mathrm{ZNCC}}(\boldsymbol{p})=\frac{\{f[\boldsymbol{x}+w(\boldsymbol{\xi};\boldsymbol{p})]-f_{\mathrm{m}}\}\cdot\{g[\boldsymbol{x}+w(\boldsymbol{\xi};\boldsymbol{p})]-g_{\mathrm{m}}\}}{\Delta f\cdot\Delta g} \tag{4-25}$$

（2）形函数

由于变形后的图像子区不仅其中心位置会发生变化，其形状也可能改变。因此，变形前后图像子区中对应点的坐标（x，y）和（x'，y'）可通过所谓的“形函数”和待定参数矢量 $\boldsymbol{p}$ 联系：

$$x'=x+\xi(x,y,\vec{\boldsymbol{p}}),\ y'=y+\eta(x,y,\vec{\boldsymbol{p}}) \tag{4-26}$$

如果目标图像子区相对于参考图像子区只有平移，则可用零阶形函数来描述：

$$\begin{aligned}\xi_0(x,y,\vec{\boldsymbol{p}})&=\boldsymbol{u}\\ \eta_0(x,y,\vec{\boldsymbol{p}})&=\boldsymbol{v}\end{aligned} \tag{4-27}$$

上式给出的零阶形函数不允许变形后的图像子区出现刚体转动、剪切或伸缩变形。考虑到桥梁这一类大型结构的局部变形很小，尤其是在远距离图像测量时，一般选用零阶形函数就足够，也就是认为目标只发生刚体平移，这种情况下对于相关系数 C_{ZNSSD} 表达式中的形函数可以表示为：

$$w(\xi;\boldsymbol{p})=\begin{bmatrix}1&0&u\\0&1&v\\0&0&1\end{bmatrix}\begin{pmatrix}\Delta x\\\Delta y\\1\end{pmatrix} \tag{4-28}$$

其中，$p=(u,v)^T$ 是目标子区预计算的位移向量；u、v 分别表示水平和竖向的位移。

但在多数情况下，零阶形函数不能精确描述变形后的目标图像子区的形状变化。因此，一阶形函数（允许变形后的图像子区出现刚体转动、剪切、伸缩变形或其组合）更为常用：

$$\begin{aligned}\xi_1(x,\ y,\ \vec{\boldsymbol{p}})&=u+u_x\Delta x+u_y\Delta y\\\eta(x,\ y,\ \vec{\boldsymbol{p}})&=v+v_x\Delta x+v_y\Delta y\end{aligned} \tag{4-29}$$

(3) 初值估计

相关函数是未知的变形参数矢量的非线性方程，目前广泛使用的迭代方法其收敛范围只有几个像素，只有较准确的初值估计才能使之迅速收敛，从而获得准确可靠的位移计算结果。通常目标图像子区相对参考图像子区的变形不大，因此可以通过简单的整像素位移搜索方法得到准确的位移初值估计。难点在于某些情况下变形后图像相对于参考图像可能有较大的刚体转动或出现大变形，此时整像素位移相关搜索时已没有全场唯一的尖锐相关峰，相关搜索失效。

(4) 亚像素迭代优化

在确定了相关函数后，通常会使用非线性优化算法来寻找相关函数的极值点，从而获得亚像素级别的精度。目前常用的算法包括由 Bruck 等人提出的牛顿—拉普森（Newton-Raphson，NR）算法，也被称为正向算法，以及计算机视觉领域提出的反向组合高斯牛顿（Inverse Compositional Gauss-Newton，IC-GN）算法，也被称为反向算法。反向算法最初由卡耐基梅隆大学的 Baker 和 Matthews 提出，旨在消除 Lucas－Kanade 算法中的冗余计算，特别是 Hessian 矩阵的重复计算。这些算法的引入极大地提高了数字图像配准的准确性和稳定性，使得图像匹配过程更为精确和高效。

4.6.2 基于特征点的匹配

特征点匹配最大的优点是能够将对整个图像进行的各种分析转化为对图像特征点的分析，从而大大减小了图像处理过程的运算量，对灰度变化、图像变形以及遮挡等都有较好的适应能力。特征点匹配方法一般分为三个过程：特征点提取、特征点描述子计算和特征点匹配，如图 4-17 所示。

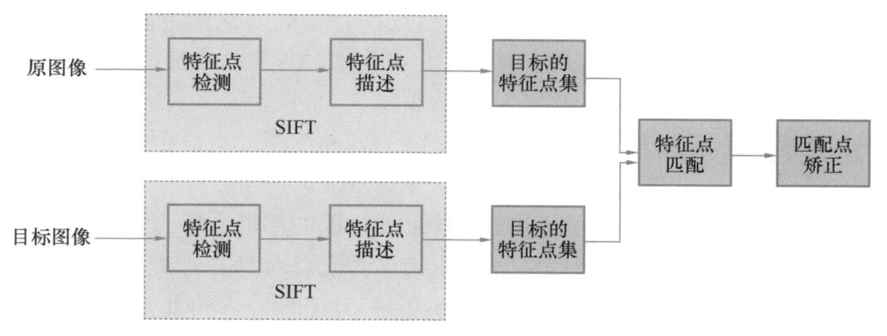

图 4-17 特征匹配流程

（1）特征点提取

特征点提取是指在图像中寻找特征点，并获得特征点的坐标、尺度和方向等信息的过程。因为相机拍摄距离远近、拍摄角度和光照等的变化，会导致同一目标图像的同一特征点在不同图像中有较大差别，不利于后续特征点匹配。因此，图像特征点应具有以下性质：①可重复性（Repeatability），即相同特征点可在不同图像中被精确找到；②可区别性（Distinctiveness），即对不同特征点的描述要不同；③高效性（Efficiency），即特征点的提取效率应该高；④局部性（Locality），即特征点应为图像中的局部区域，以应对相机拍摄角度的变化。

（2）特征点描述子计算

特征点描述子是指对特征点邻域信息进行定量化数据描述后得到的特征向量，它应该能充分地反映特征点邻域图像的形状和纹理信息。一种良好的特征点描述子应该具备以下性质：①可区别性（Distinctiveness），即不同特征点描述子之间的相似度应该较低；②鲁棒性（Robustness），即相同特征点的描述子能够在图像仿射变换、光照条件变化等干扰下仍具有较高的相似度；③高效性（Efficiency），即特征点描述子应具有较高的构建速度和相似度计算速度。对于每个检测到的特征点，求解出一个描述子，描述子通常是向量的形式。

（3）特征点匹配

特征点匹配是从两组特征子集中根据相应的特征点描述子找出距离最近的特征点对的过程。根据描述子的类型，在实际应用中可以选择不同的距离度量函数。对于基于浮点型描述子的特征，一般采用欧氏距离进行特征相似性度量；而对于基于二值描述子的特征，一般采用汉明距离进行相似性度量。

目前被广泛使用的特征点匹配方法主要有以下几种：

（1）暴力匹配（Brute-Force Matcher）：这种方法将待匹配特征集中的特征点逐一与查询特征集中的点进行距离比较，从中找出最近的匹配点。虽然速度较慢，但由于采用了穷举法，精度相对较高。暴力匹配适用于描述子简短、待匹配对象较少的情况。

（2）K 最近邻（K-Nearest Neighbors，KNN）匹配：在匹配过程中，选择 K 个与特征点最相似的点。如果这 K 个点之间的差异足够大，就选择其中最相似的点作为匹配点。通常选择 $K=2$，也就是最近邻匹配。每个匹配返回两个最近邻匹配，如果第一匹配和第二匹配的距离比率足够大（距离远大于阈值），则认为这是一个正确的匹配。这里的比率阈值通常为 2 左右，不满足阈值的最近邻匹配被剔除。

（3）快速最近邻搜索包（Fast Library for Approximate Nearest Neighbors，FLANN）匹配：这种机制根据数据本身的特点选择合适的算法来处理数据集。相较于其他最近邻搜索方法，FLANN 的速度快大约 10 倍。FLANN 的单应性匹配特点是，即使两幅图像中存在投影畸变，它们仍然能够相互匹配。

这些不同的特征点匹配方法为图像匹配提供了多种选择，可以根据具体的应用场景和需求来选择合适的方法，以实现高效且准确的图像匹配。

由于图像存在局部特性，在一定程度上限制了特征的性能，使得匹配结果中包含许多错误匹配，因此，对匹配结果进行提纯以过滤错误匹配点对是非常有必要的。常见的错误匹配分为两种：一种是假阳性匹配（False-positive Matches），将非对应特征点检测为匹配，这类错误匹配可以通过算法进行消除；第二种是假阴性匹配（False-negative Matches)，未将匹配的特征点检测出来，这类匹配结果无法处理，因为匹配算法拒绝。为了消除 False-positive matches 采用如下两种方式：① 交叉匹配滤波（Cross-match Filter）：在 OpenCV 中 BFMatcher class 已经支持交叉验证；② 随机采样一致性算法（Random Sample Consensus，RANSAC）提纯法。RANSAC 算法的核心思想为：选取 4 个匹配点对估算两幅图像的变换关系 H；在剩余的特征点对中统计满足变换关系 H 的点对数量并将其称为内点；重复上述两步，具有最多内点的变换关系 H 可被认为是最终的模型；根据最终的模型过滤错误匹配点对。

图 4-18 提纯前的匹配结果

图 4-19 RANSAC 提纯后的匹配结果

图 4-18 和图 4-19 的 MATLAB 程序如下，程序运行演示视频见二维码 4-7：

4-7 程序运行演示视频

```
clc;clear;close all
%% Step 1: Read Images
sceneImage = imread('GZA Bridge_RGB.jpg');
sceneImage = rgb2gray(sceneImage);
boxImage = imcrop(sceneImage);
figure; imshow(sceneImage); title('Image of a Cluttered Scene');

%% Step 2: Detect Feature Points
boxPoints = detectSURFFeatures(boxImage);
scenePoints = detectSURFFeatures(sceneImage);
% Visualize the strongest feature points found in the reference image.
```

```
figure; imshow(boxImage); title('100 Strongest Feature Points from Box Image');
hold on; plot(selectStrongest(boxPoints, 100));
% Visualize the strongest feature points found in the target image.
figure; imshow(sceneImage); title('300 Strongest Feature Points from Scene Image');
hold on; plot(selectStrongest(scenePoints, 300));

%% Step 3: Extract Feature Descriptors
% Extract feature descriptors at the interest points in both images.
[boxFeatures, boxPoints] = extractFeatures(boxImage, boxPoints);
[sceneFeatures, scenePoints] = extractFeatures(sceneImage, scenePoints);

%% Step 4: Find Putative Point Matches
% Match the features using their descriptors.
boxPairs = matchFeatures(boxFeatures, sceneFeatures);

% Display putatively matched features.
matchedBoxPoints = boxPoints(boxPairs(:, 1), :);
matchedScenePoints = scenePoints(boxPairs(:, 2), :);
figure;
showMatchedFeatures(boxImage, sceneImage, matchedBoxPoints,...
    matchedScenePoints, 'montage');
title('Putatively Matched Points (Including Outliers)');

%% Step 5: Locate the Object in the Scene Using Putative Matches
% "estimateGeometricTransform" calculates the transformation relating the matched points, while eliminating outliers. This transformation allows us to localize the object in the scene.
[tform, inlierBoxPoints, inlierScenePoints] =...
    estimateGeometricTransform(matchedBoxPoints, matchedScenePoints, 'affine');
% Display the matching point pairs with the outliers removed
figure;
showMatchedFeatures(boxImage, sceneImage, inlierBoxPoints,...
    inlierScenePoints, 'montage');
title('Matched Points (Inliers Only)');

% Get the bounding polygon of the reference image.
boxPolygon = [1, 1;...                                % top-left
        size(boxImage, 2), 1;...                      % top-right
        size(boxImage, 2), size(boxImage, 1);...      % bottom-right
        1, size(boxImage, 1);...                      % bottom-left
        1, 1];                                        % top-left again to close the polygon
```

```
% Transform the polygon into the coordinate system of the target image. The transformed polygon
indicates the location of the object in the scene.
newBoxPolygon = transformPointsForward(tform, boxPolygon);
% Display the detected object.
figure;
imshow(sceneImage);
hold on;
line(newBoxPolygon(:, 1), newBoxPolygon(:, 2), 'Color', 'y');
title('Detected Box');
```

4.6.3 基于变换域的匹配

基于变换域信息的图像配准方法包括傅里叶变换、小波变换以及 Warsh 变换等。其中，傅里叶变换图像配准方法在实际应用中具有显著优势。这种方法的优点主要有以下几个方面：①反映多种变换：在傅里叶变换频域中能够准确反映图像的平移、旋转、仿射等多种变换关系，这使得该方法在捕捉图像变形信息方面非常有效。②鲁棒性强：傅里叶变换域方法对抗噪声具有较好的鲁棒性。在频域中进行操作能够减少噪声的影响，使得配准结果更加稳定可靠。③快速算法：傅里叶变换的快速算法已经得到广泛应用，且易于硬件实现。这使得该方法不仅精确，而且计算速度也较快，适用于实时性要求较高的场景。

然而，傅里叶变换方法也存在一定的局限性：①属性限制：傅里叶变换方法只适用于配准具有线性正相关的灰度属性的图像，对于其他属性关系较复杂的图像，其效果可能会受限。②严格变换要求：图像之间必须严格满足定义好的变换关系，否则该方法的配准效果可能会受到影响。

基于傅里叶变换的相位相关方法通过分析相位关系来反映图像的偏移量，相较于灰度变化在频域中对幅值的影响较小，相位相关法具有较高的稳定性。这使得相位相关法在图像配准中能够更加准确地捕捉变形信息，为图像配准提供了一种有效手段。

1975 年，相位相关（Phase Correlation）的概念被应用到图像配准领域，很好地解决了仅存在平移的图像之间的配准。相位相关方法的主要依据是傅里叶的平移性质。考虑两幅图像 f_1 和 f_1 存在 (d_x, d_y) 的平移，即：

$$f_2(x, y) = f_1(x - d_x, y - d_y) \tag{4-30}$$

对其进行傅里叶变换，反映到频域上具有以下形式：

$$F_2(w_x, w_y) = F_1(w_x, w_y)e^{-j2\pi(w_x d_x + w_y d_x)} \tag{4-31}$$

上式说明，两幅具有平移量的图像变换到频域中有相同的幅值，但有一个相位差，而这个相位差与图像间的平移量 (d_x, d_y) 有直接关系。根据平移定理，可知以上相位差等于两幅图像的互功率谱的相位，即：

$$\frac{F_1(w_x, w_y)F_2^*(w_x, W_y)}{|F_1(w_x, w_y)F_2^*(w_x, w_y)|} = e^{j2\pi(w_x d_x + w_y d_y)} \tag{4-32}$$

式中，“*”表示复共轭，公式的右边部分为一个虚指数，对其进行傅里叶逆变换会得到一个冲击函数，其只有在峰值点也就是平移量（d_x, d_y）处不为零，这个位置就是所需求的匹配位置。

4.7 本章小结

本章深入探讨了图像特征检测与匹配的重要性、实现方法和应用方向。图像特征可以分为全局特征和局部特征两大类。全局特征用于描述整体属性，包括颜色、纹理、形状等，而局部特征通常来自于图像中的局部区域，如角点、斑点等；本章详细介绍了上述图像特征的提取方法。图像特征描述子是对图像中局部特征（如边缘、角点、轮廓等）进行数学化表达的特征向量，用于后续的图像处理任务（如匹配、识别等）。本章介绍了BRIEF、ORB、BRISK 和 FREAK 四类特征描述子，讨论了它们的适用场景。图像匹配是指在目标图像中寻找与给定模板图像相似的区域的过程，建立同一场景中的两幅或多幅图像之间的对应关系，它在目标识别、三维重构和运动跟踪等领域都有广泛的应用。从匹配对象的角度来看，本章详尽介绍了基于灰度分布、基于特征点和基于变换域的三类匹配方法的基本原理和适用场景。

复习思考题

1. 角点是什么？斑点是什么？
2. 灰度直方图的横坐标表示什么？取值范围是多少？
3. 灰度直方图中灰度值越大，则表明图像亮度如何？
4. 灰度直方图中灰度覆盖范围越大，则表明图像对比度如何？
5. 常用的角点检测算法有哪些？
6. 斑点检测中 DOG 算法与 LOG 算法哪个检测效率更高？
7. 简述 SIFT 特征检测算法的步骤。
8. 简述 SURF 斑点检测算法的步骤。
9. 常用的图像匹配算法有哪些？

第 2 篇

高级应用方法

5 基于计算机视觉的位移测量原理

知识图谱

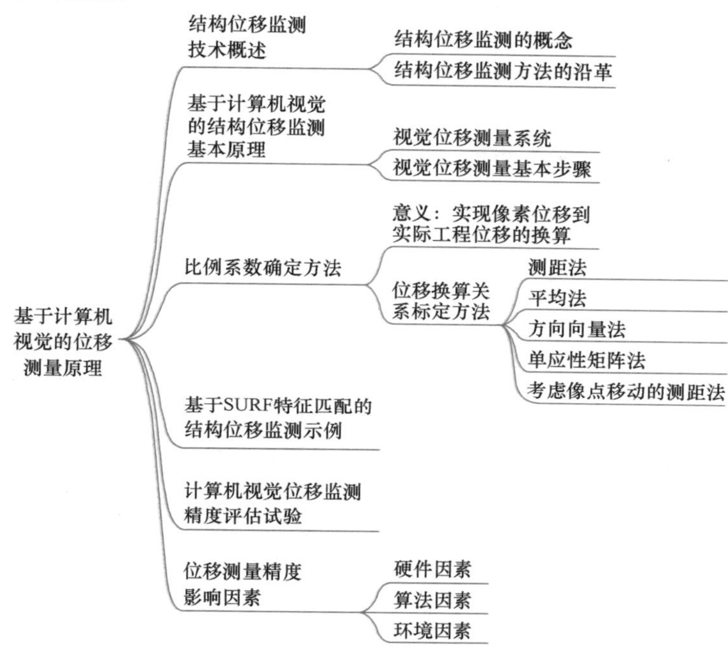

本章要点

知识点1. 计算机视觉位移测量系统。

知识点2. 计算机视觉位移测量步骤与算法。

知识点3. 比例因子转换。

知识点4. 计算机视觉位移测量精度影响因素。

学习目标

（1）掌握基于计算机视觉的位移测量原理和流程。

（2）掌握从图像像素到真实物理尺寸的转化方法。

（3）了解位移测量精度的影响因素，能根据测试需求制定合理的测试方案。

5.1 结构位移监测技术概述

位移作为结构性能评估和健康状况评价的一项重要指标，可以在很大程度上反映结构的静动力特性。以桥梁为例，桥梁的变形主要涉及主梁竖直方向的挠曲变形、桥墩竖直方向的沉降变形以及斜拉桥、悬索桥中拉索的振动变形等。

如果桥梁变形过大，会导致驾驶员和行人在桥面上感到不安全和不舒适，同时也会影响桥梁结构的安全性。因此，对桥梁进行变形监测是非常重要的。

现有的位移测量方法主要分为接触式和非接触式两种。传统的结构位移接触式测量通常需要将有线或无线传感器连接到被测结构或构件上，常用的传感器包括位移计、连通管、加速度计等。其中，位移计需要固定的安装支点；连通管易受低温影响；加速度计属于间接测量，累积误差较大。对于轻型结构而言，接触式传感器还会给结构带来附加的荷载，从而导致测量误差。此外，从长期应用的角度来看，有线传感器需要铺设大量电缆供电，而无线传感器则需要定期更换电池，这些安装和维护的困难均在大型基础设施的应用上受到了一定程度的限制。全站仪是一种典型的非接触式测量设备，一般难以实现高频连续自动测量，不适用于结构动态位移监测。激光测振仪提供高分辨率的传感能力，且无需接触测量结构，对结构没有附加荷载。然而，这些测量设备相对较贵且需要进行连续测量，耗费的采集时间相当长。GPS 测量受电磁干扰大，精度和采样率较低。微波干涉雷达设备费用高，容易受到外界水汽变化和结构周围物体反射的影响。常用的结构位移监测设施设备如图 5-1 所示。

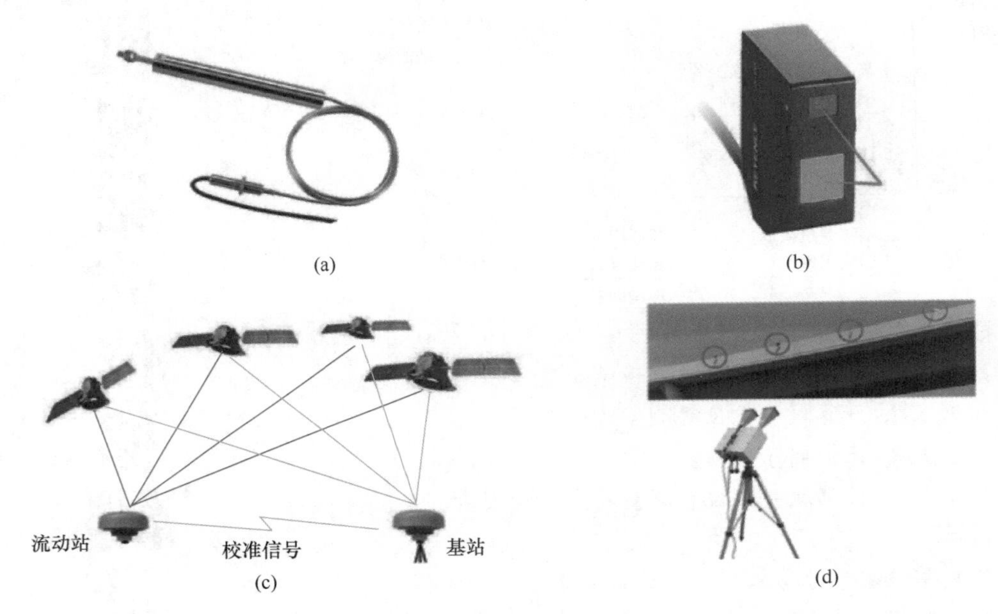

图 5-1 常用的结构位移监测设施设备

（a）位移计；（b）激光位移传感器；（c）GPS；（d）微波干涉雷达

非接触式光学测量方法中，基于计算机视觉的结构位移测量技术是一种新型方法。该技术通过图像传感器采集图像，利用计算机进行特征提取，实现对图像变形参数的识别和判断，具有无损、非接触、全场测量、操作简单、测量精度高、便于实现自动化等优点。目前，动态位移测量技术是一项非常有生命力、有活力的测量技术，基于图像处理技术已经在科研领域取得了很多成果，研究应用前景非常广阔。基于计算机视觉的传感器相比于传统接触式传感器和其他非接触式传感器（即相机）具有以下显著的优点：

（1）非接触式。与接触式传感器相比，基于计算机视觉的非接触式测量不需要近距离接触结构，相机可以放置在适合测量的远距离区域，无需在结构上安装传感器，也不需要在附近设置固定的安装点，从而大大节省测量的时间和成本。此外，与接触式传感器只能测量一维位移不同，单台相机可以同时测量结构的二维位移。对于桥梁检测，非接触式测量不需要进行交通控制。

（2）精度较高。与不需要固定参考点的非接触式 GPS 相比，基于计算机视觉的传感器更为精确。GPS 的测量误差通常在 5～10mm 范围内，比基于图像的测量方法大一个数量级。

（3）测量距离远。相较于允许的激光功率有限，非接触式激光测振仪必须放置得非常接近测量目标，并使用合适的长焦镜头；而相机可以放置在几十甚至几百米之外，仍能达到令人满意的测量精度。

（4）相较于传统的位移传感器，单台相机可以同时跟踪多个点的结构位移，更重要的是，其在拍摄结构振动的视频后可以随意改变测量点，这为获得更好的测量结果提供了独特的灵活性。

近十年间，得益于视觉传感硬件与计算机视觉算法的快速发展，基于计算机视觉的结构位移监测技术也在快速成长，作为成熟的技术方法与产品逐渐应用于工程实践。

5.2 基于计算机视觉的结构位移监测基本原理

如图 5-2 所示，视觉位移测量系统的基本组成包括：相机、镜头、计算与分析终端等。相机与镜头组成了测量位移信号的基本传感元件，拍摄视野内的光以小孔成像的形式通过镜头汇聚并投射于相机的感光元件上，感光元件通过将光学信号转换为电信号后在计算与分析终端进行存储和处理。

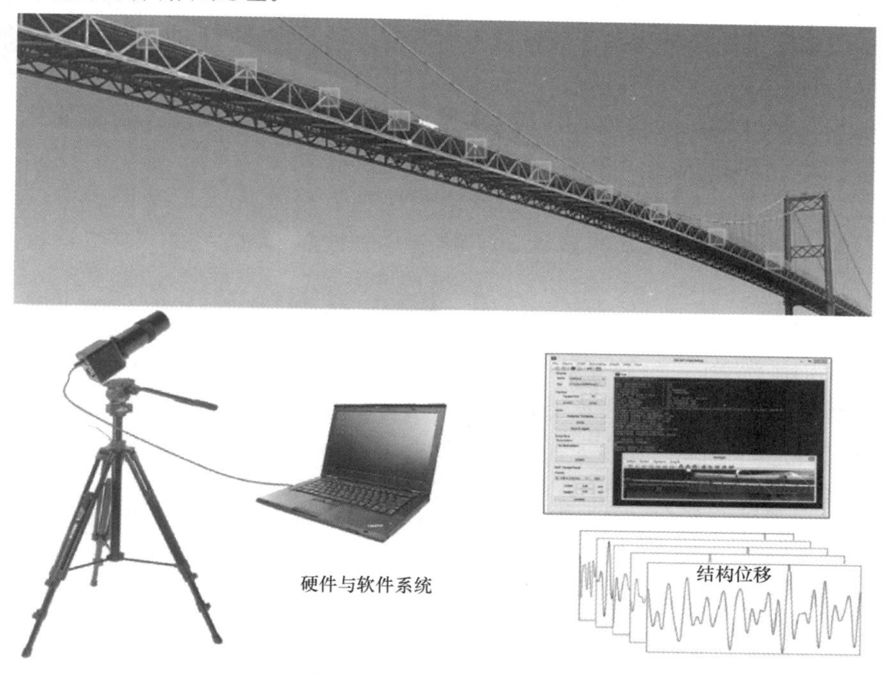

图 5-2 基于计算机视觉的结构位移监测技术示意图

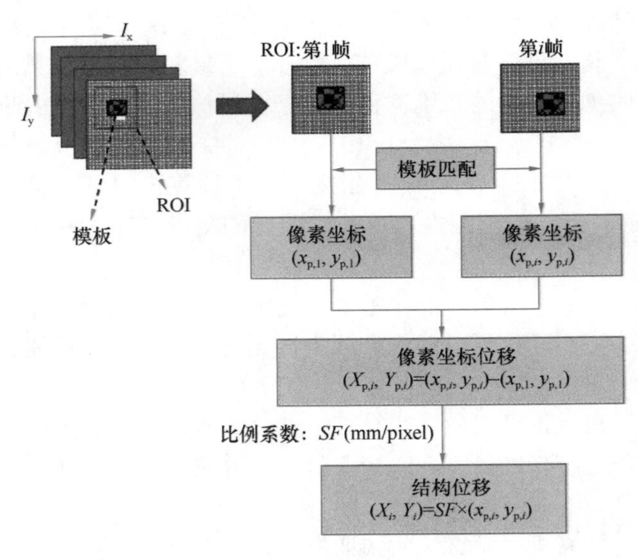

图 5-3　基于计算机视觉位移监测的基本流程

如图 5-3 所示，基于计算机视觉的位移测量方法一般有以下四个步骤：

（1）相机标定：相机标定一般需要估计相机的内参数、畸变系数和外参数。内参数和畸变系数受镜头影响，具体方法已在 2.4 节中讲解。外参数由相机的位置和方向决定，其中相机拍摄角度一般也通过 2.4 节中的标定方法确定，而随相机摆放位置发生变化也会带来“像素尺度—物理尺度”比例因子的变化，其标定方法将在 5.3 节详细展开。

（2）特征检测/目标识别：运用计算机视觉方法进行位移测量时，一般需要选取用于特征提取的区域或识别的标记点/标志物，从而可以通过重识别这些特征或跟踪这些标记达到获取结构动态位移变化的目的。图像特征检测的主要方法已在第 4 章中讲解，除此之外也有一些方法中应用黑白靶标或高亮 LED 等作为标志物附于待测点表面，通过传统的图像处理算法（如二值化分割、形态学操作等）进行检测和定位。

（3）特征匹配/目标跟踪：对于检测到的特征或识别到的标记，通过逐帧图像进行特征或标记的再次识别和定位，得到各帧图像拍摄时测点的新位置，从而得到其在图像中的运动情况。图像匹配一般分为基于灰度分布的匹配、基于特征点的匹配和基于变换域的匹配，这部分内容已在 4.6 节中讲解。

（4）结构位移计算：通过前述步骤得到的是被测结构在图像中的位移变化，即像素位移。之后要根据相机标定计算得到的内参数矩阵、外参数矩阵或单应性矩阵，以及计算得到的比例因子，将被测结构在图像中的位移转换成现实三维世界中的实际物理位移。为了避免帧间计算误差的累计，一般选择后续帧直接与第一帧比较得到该时刻的位移。

需要指出的是，为保证位移测量的精度，可对视频图片进行预处理。为了忽略畸变的影响，可以在拍摄视频时将目标放置在图像中间位置，或者采用工业相机。相机的畸变参数是相机内部参数的一部分，在本书第 2 章已作详细介绍。此外，还可以使用一些图像优化算法，如去模糊、去噪、去雾等，以使目标更加清晰。目前，有很多成熟的算法可供选择，相关方法在第 3 章中已作介绍。

基于如图 5-3 中计算机视觉位移监测的基本流程，图 5-4 给出了计算机视觉位移监测软件模块示意图。

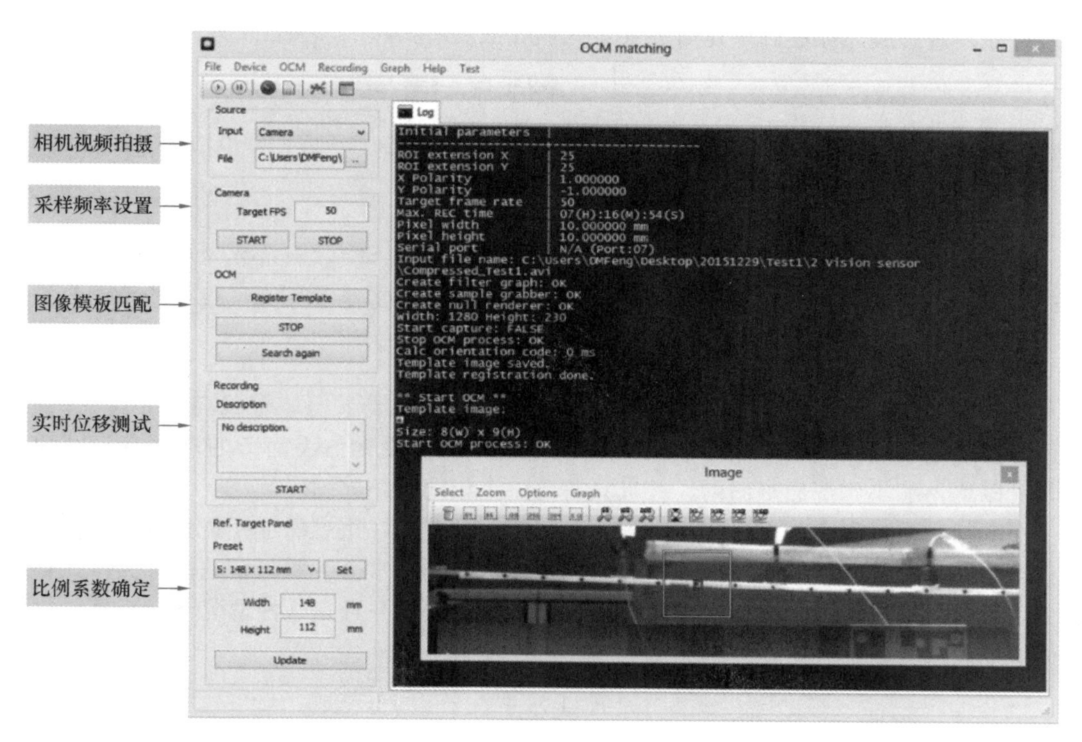

图 5-4 计算机视觉位移监测软件模块示意图

5.3 比例系数确定方法

如图 5-3 所示，通过比例系数将图像提取到的像素或亚像素位移换算成具有实际意义的工程位移，或者是将像素或亚像素坐标换算成物理坐标，实现尺度层面的标定。目前，广泛采用的位移换算关系标定方法可以分为以下四种：测距法、平均法、方向向量法以及单应性矩阵法。本节对此展开详细介绍。

5.3.1 测距法

测距法即是指通过测量物点到光心的距离推算放大系数的方法。

图 5-5 中，物点记为 $M(x, y, z)$；理想像点记为 $M'(x, y, z)$；传感器平面上的像点记为 $M''(x, y, z)$；CO 连线表示光轴；f 表示焦距，也就是镜头的焦距参数，常见的有 35mm、50mm、75mm、200mm；u 表示物距；v 表示理想像距；r 为透镜半径；f_p 为透镜中心到传感器平面之间的距离，即真实的像距，所谓的调焦就是调整该参数。

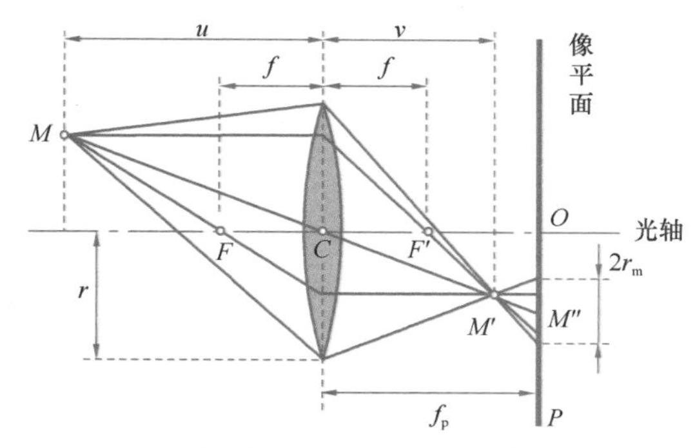

图 5-5 凸透镜成像原理图

首先，透镜成像存在以下几何关系：

$$\frac{1}{u}+\frac{1}{v}=\frac{1}{f} \tag{5-1}$$

一般地，物距会远大于焦距，即 $v \gg f$，所以，$u \approx f$。

$$\frac{X}{u}=\frac{x}{f} \tag{5-2}$$

通过相机成像原理可以确定比例系数（Scaling Factor，SF），该系数为真实坐标与像素坐标之间的比例因子，用于将图像中的目标坐标变化反映为真实桥梁振动位移的转换关系：

$$SF=\frac{ul}{f} \tag{5-3}$$

式中，l 为像元尺寸，也就是成像靶面上一个像素的实际尺寸，如像元尺寸为 5.5μm。上述方法适用于相机光轴垂直于物体表面的情况，即假设物体表面上的点具有相同的景深，可以均匀缩小到图像平面内，并且只需要一个相同的缩放因子。

在实际测量过程中，由于相机与物体之间的距离较远，很难保证相机光轴与物体表面垂直。此外，在室外测量时，为了追踪目标，相机光轴通常会被倾斜，这被称为斜光轴测量。以竖向位移测量为例，通常需要考虑相机的仰角 α，并且在这种情况下，转换系数可以近似地表示为以下公式：

$$SF=\frac{ul}{f\cos^2\alpha} \tag{5-4}$$

以上所述方法严格来说都属于简化的位移转换方法，这样会引入误差，例如相机角度测量误差、物距测量误差以及可变焦镜头的焦距误差。对于采用平均法利用面内已知尺寸的方法，测量人员用鼠标定位已知尺寸端点时可能会产生至少±2 个像素的误差。为了解决这个问题，一般采用多次标定取平均值的方法来降低随机误差水平。如果使用严谨的提取算法代替人工勾选，定位误差可以减少至±1/10 个像素。通过已知尺寸的参考物求解放大系数和基于物距和相机角度求解放大系数是两种常见的方法。然而，这些方法的求解误差会随着相机倾角的增大而增加，随着镜头焦距的增大而减小。

5.3.2 平均法

另外一种方法是通过目标物表面上的已知物理尺寸与其对应的像素尺寸的比值确定，可通过靶标面积或具体内部尺寸等计算，公式如下：

$$SF=\frac{d_{\text{实际}}}{d_{\text{像素}}} \tag{5-5}$$

式中，$d_{\text{实际}}$ 表示靶标的实际尺寸；$d_{\text{像素}}$ 表示靶标在图像中的像素尺寸。相关试验表明，采用已知尺寸参考物求得的放大系数误差在相机角度小于 9°时在可接受的范围。

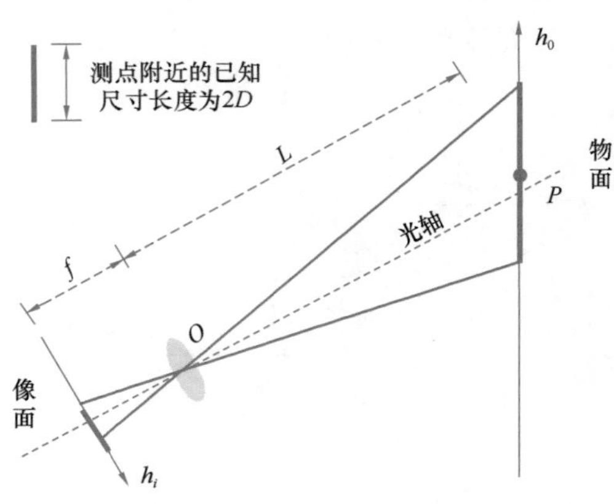

图 5-6 平均法示意图

对此方法的理论可靠性，本书进行了理论推导：

如图 5-6 所示，L 为相机光心 O 到被测

点 P 的距离，假设测点的物长和像长分别为 h_0 和 h_i，单位均是 mm，有：

$$h_i = \frac{f\cos\alpha}{L-f}h_0\frac{1}{1+(h_0/L)\sin\alpha} \tag{5-6}$$

$$dh_i = \frac{f\cos\alpha}{L-f}\left(1-\frac{2h_0}{L}\sin\alpha\right)Lh_0 \tag{5-7}$$

由此可知，目标点的理论等效物像比准确值为：

$$SF \approx \frac{f\cos\alpha}{L-f}\left(1-\frac{2h_0}{L}\sin\alpha\right) \tag{5-8}$$

假定已知尺寸的物体实际长度为 $2D$，假定已知尺寸的两端点物长分别为 $q+D$、$q-D$，则对应的像长分别为：

$$\begin{aligned} h_{i,\mathrm{q+D}} &= \frac{f\cos\alpha}{L-f}(q+D)\left[1-\frac{q+D}{L}\sin\alpha+\left(\frac{q+D}{L}\sin\alpha\right)^2-\cdots\right] \\ h_{i,\mathrm{q-D}} &= \frac{f\cos\alpha}{L-f}(q-D)\left[1-\frac{q-D}{L}\sin\alpha+\left(\frac{q-D}{L}\sin\alpha\right)^2-\cdots\right] \end{aligned} \tag{5-9}$$

那么平均法的思想即是认为标尺中点位置处的像物比（像长与物长的比值）为：

$$\frac{h_{i,\mathrm{q+D}}-h_{i,\mathrm{q-D}}}{2D} \approx \frac{f\cos\alpha}{L-f}\left(1-\frac{2q}{L}\sin\alpha\right) \tag{5-10}$$

由此可见，当 $h_0 = q$ 时，也就是测点为已知尺寸的中点时，基于平均法的尺度标定结果与理论值一致。由以上分析不难看出，平均法在斜光轴的实际应用一般有以下两个局限性或者要求，可以作为工程应用的指导：

（1）尺寸方向和待测点位移方向一致，如桥梁挠度测量需要选用竖桥向的构件。

（2）已知尺寸越靠近测点，平均法越准确，以图 5-6 为例，如果测点越靠近已知尺寸的中点，平均法越可靠。如果已有的构件不能满足要求，需要人为地在待测目标附近竖立标尺。

5.3.3 方向向量法

方向向量法的提出是基于待测位移方向与图像水平或竖直方向不一致的情况，而这种情况下相机的倾斜角度一般是无法测量的，因此前提是已知物距和相机角度。

方向向量法的数学基础是坐标系的旋转变换关系。如图 5-7 所示，直角坐标系旋转角度 θ 后，新旧坐标变换公式为：

$$\begin{aligned} x' &= x\cos\theta + y\sin\theta \\ y' &= y\cos\theta - x\sin\theta \end{aligned} \tag{5-11}$$

所以二维坐标系旋转变换矩阵为：

$$\boldsymbol{B} = \begin{bmatrix} \cos\theta & \sin\theta \\ \cos\theta & -\sin\theta \end{bmatrix} \tag{5-12}$$

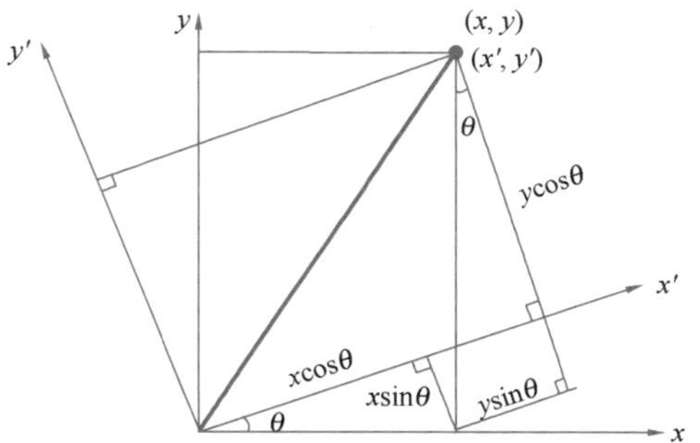

图 5-7 旋转矩阵推导示意图

其具体实施过程如图 5-8 所示。

X、Y 分别代表的是图像水平位移 u 和竖向位移 v 的方向。4 个白色点状目标布置在

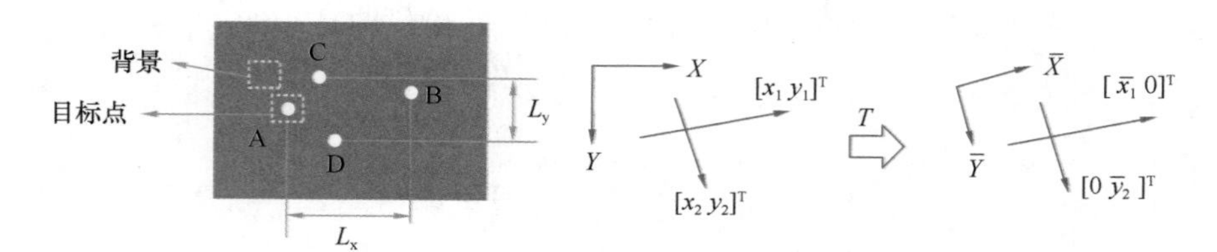

图 5-8 方向向量法示意图

黑色背景靶面上，白点中心可以通过圆点定位算法得到。$\overrightarrow{AB}=[x_1,y_1]^T$ 向量定义的是待测水平位移 d_x 的方向，$\overrightarrow{CD}=[x_2,y_2]^T$，$\overrightarrow{CD}$ 定义的是待测竖向位移 d_y 的方向。以 $\overrightarrow{AB}$ 方向的位移测量为例：图像位移变换至 d_x 方向后的结果为 $u\cos\theta+v\sin\theta$，其中 $\cos\theta=\frac{x_1}{\sqrt{x_1^2+y_1^2}}$，$\sin\theta=\frac{y_1}{\sqrt{x_1^2+y_1^2}}$。接下来对其进行单位换算，$\overrightarrow{AB}$ 之间的实际距离是 L_x，则基于平均法其尺度 $SF_x=\frac{L_x}{\sqrt{x_1^2+y_1^2}}$。由此得到：

$$d_x=SF_x(u\cos\theta+v\sin\theta) \tag{5-13}$$

同理，

$$d_y=SF_y(u\cos\beta+v\sin\beta) \tag{5-14}$$

其中，$\cos\beta=\frac{x_2}{\sqrt{x_2^2+y_2^2}}$，$\sin\beta=\frac{y_2}{\sqrt{x_2^2+y_2^2}}$。

$$[d_x \quad d_y]^T=\begin{bmatrix}SF_x & 0\\ 0 & SF_y\end{bmatrix}\begin{bmatrix}T_x\\ T_y\end{bmatrix}[x \quad y]^T \tag{5-15}$$

其中，$\boldsymbol{T}_x=[\cos\theta,\sin\theta]$ 和 $\boldsymbol{T}_y=[\cos\beta,\sin\beta]$ 就是通过设置的靶标计算的位移换算的方向向量。

从推导过程不难发现，该方法也存在一定的局限性：

（1）需要人为设置靶标，这与非接触式测量的初衷有所冲突，且对成像质量要求较高，不适用于远距离测量。

（2）由于其缩放系数的求解依然是基于平均法的思路，没有考虑相机光轴不垂直于目标靶的影响。

因此，该方法的主要贡献在于对待测位移方向的换算；然而，对于基于相机倾角对斜光轴位移换算关系的校准，则没有实质性帮助，只适用于正面测量或光轴倾斜较小的情况。

5.3.4 单应性矩阵法

对于平面内的二维变形测量，如果相机姿态不明确，就需要借助更多的尺度信息建立被测面与像平面之间的映射关系，即单应性矩阵 $\boldsymbol{H}$。例如，在被测面设置已知尺寸的标定板，一般情况下将世界坐标系原点定位于标定板左上角的第一个特征点，x、y 轴方向分别为标定板水平和竖直方向，则 z_w 都等于零。那么，根据 $\boldsymbol{H}$ 就可以得到该平面内各点的面内变形，如图 5-9 所示。

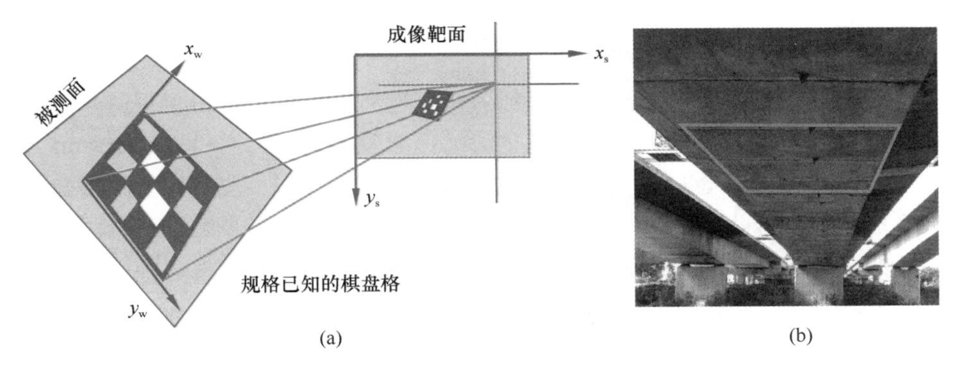

(a) (b)

图 5-9 单应性矩阵计算原理示意图

(a) 基于棋盘格标定板进行标定；(b) 基于共面已知点坐标

基于不考虑畸变的相机成像模型，在标定板上的点（x_w，y_w，z_w）和它的像点（x_s，y_s）之间建立一个单应性映射关系，可以表示为：

$$s\begin{bmatrix}x_s\\y_s\\1\end{bmatrix}=[\boldsymbol{H}]\begin{bmatrix}x_w\\y_w\\1\end{bmatrix},\boldsymbol{H}=\begin{bmatrix}h_{11}&h_{12}&h_{13}\\h_{21}&h_{22}&h_{23}\\h_{31}&h_{32}&1\end{bmatrix}\tag{5-16}$$

其中，$\boldsymbol{H}$ 为单应性矩阵，s 为一未知比例系数。下面进行单应性矩阵求解，将上式写成等式形式，则有：

$$\begin{cases}x_s=\dfrac{h_{11}x_w+h_{12}y_w+h_{13}}{h_{31}x_w+h_{32}y_w+1}\\[2ex]y_s=\dfrac{h_{21}x_w+h_{22}y_w+h_{23}}{h_{31}x_w+h_{32}y_w+1}\end{cases}\tag{5-17}$$

将式（5-17）进行整理可以得到关于 $\boldsymbol{H}'=[h_{11}\quad h_{12}\quad h_{13}\quad h_{21}\quad h_{22}\quad h_{23}\quad h_{31}\quad h_{32}]^{\mathrm{T}}$ 的矩阵运算等式：

$$\begin{bmatrix}x_w&y_w&1&0&0&0&-x_sx_w&-x_sy_w\\0&0&0&x_w&y_w&1&-y_sx_w&-y_sy_w\end{bmatrix}\boldsymbol{H}'=\begin{bmatrix}x_s\\y_s\end{bmatrix}\tag{5-18}$$

由上可知，多个对应点的方程叠加起来可以写成非齐次方程组形式：$\boldsymbol{AX}=\boldsymbol{C}$，利用最小二乘法求解该方程组：$\boldsymbol{X}=(\boldsymbol{A}^{\mathrm{T}}\boldsymbol{A})^{-1}\boldsymbol{A}^{\mathrm{T}}\boldsymbol{C}$。为了求解单应性矩阵 $\boldsymbol{H}$，至少需要 4 对已知的空间点和像点，通过 8 个方程求解 8 个未知数。一种常用的实现方式是在被测面内放置预先设计好的已知规格的黑白棋盘格，将世界坐标系建立在棋盘格左上角，由于棋盘格间距已知，因此可以确定棋盘格角点的世界坐标。通过角点监测获得相应的图像坐标，通过坐标做差即可得到测点的真实位移。值得注意的是，单应性矩阵方法解决了相机姿态不明朗的问题，不需要测量物距和相机各个方向的倾斜角便可得到全场面内各点的换算关系。此外，这种方法得到的是理论真实解。

5.3.5 考虑像点移动的测距法

当测距法应用于结构变形测量时，遇到的情况更为复杂。相机的倾斜角度被认为对获得真实物理位移有较大的影响，尤其是在竖向位移测量中需要关注相机的俯仰角。一般认为，当角度小于5°时可以忽略。目前，最常用的方法是采用角度余弦值对直接计算得到的换算关系进行近似修正。

如图5-10所示，在测量挠度时，假设测点从P点运动到P'处，建立斜光轴位移三角关系模型。假设相机仰角为α，采用测距法建立工程位移d_y与图像位移v之间的换算关系：

$$d_y = PP' \approx PB$$
$$= \frac{L_0 l_{ps}}{\sqrt{[(x_s - c_x)^2 + (y_s - c_y)^2]l_{ps}^2 + f^2}\cos\alpha} \tag{5-19}$$

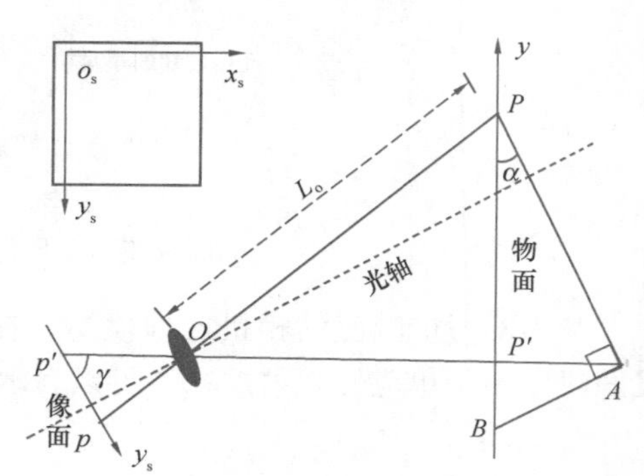

图5-10 考虑像点移动的测距法示意图

其中，(x_s, y_s)为测点的初始像素坐标；(c_x, c_y)近似为图像中心；v表示像素位移；L_0表示测点到相机光心的距离；l_{ps}为CCD靶面的像元尺寸。其中，L_0和α均为待测量值。

光轴与正轴测量最主要的不同之处在于全场的物像比不统一，且测点运动后的成像位置会导致物像比发生变化。然而，现有的测距法采用的是近似计算（式），这种近似方式会随着相机倾角的增大带来换算误差的增加。因此，本节提出了一种考虑像点位置变化的位移换算公式。仍旧以图5-10为例，测点远离光心，即测点从P点运动到P'，建立斜光轴位移三角关系模型。如果不考虑相机夹角，则测量得到的实际位移结果为：

$$d_y = PA = \frac{L_0 l_{ps}}{\sqrt{[(x_s - c_x)^2 + (y_s - c_y)^2]l_{ps}^2 + f^2}} v \tag{5-20}$$

我们知道，PA与真实的位移长度PP'之间存在关系：

$$PP' = \left| \frac{\sin\gamma}{\sin(\alpha + \gamma)} \right| PA \tag{5-21}$$

其中，$\tan\gamma \approx \frac{f}{l_{ps}\sqrt{(x'_s - y'_s)^2 + (y_s - y_c)^2}}$，$(x'_s, y'_s)$是测点的实时像素坐标，所以$\gamma$是具有实时变化性的，也就是考虑了像点移动对放大系数造成的影响。不难看出，相机仰角越大，PP'与PA的相对差距也就越大。由此，本文提出新的基于测距的位移换算公式为：

$$d_y = PP' = \left| \frac{\sin\gamma}{\sin(\alpha + \gamma)} \right| \frac{L_0 l_{ps}}{\sqrt{[(x_s - c_x)^2 + (y_s - c_y)^2]l_{ps}^2 + f^2}} v \tag{5-22}$$

其中(c_x, c_y)是相机主点，为了简化实施步骤，可以近似用图像中心点的像素坐标代替。

5.4 基于 SURF 特征匹配的结构位移监测示例

图像匹配方法的分类已在 4.6 节进行了基本的介绍，这一节将选取一种基于特征匹配的结构位移测量方法，结合 MATLAB 代码示例，逐步进行讲解和分析。

图 5-11 为采用 SURF 特征的结构位移视觉测量方法流程图。依据此流程编写代码时，首先要读取视频，获取视频帧数、尺寸、帧率等，并生成各帧的时间戳。由于图像模糊、光线变化等原因，基于特征的图像匹配方法中各帧图像特征点的提取存在不确定性，所以通常不设置对具体某一特征点进行匹配和跟踪，而是选择检测一个区域内所有的特征点，对成功配对的特征点坐标进行平均，此坐标平均值的变化即被视为该点/区域位移的变化。

图 5-11 基于 SURF 特征的结构位移视觉测量方法流程图

在结构位移测量中，我们通常选取目标测点附近的区域进行检测和跟踪，在首帧中设置选取首帧图像测点周围合适的区域作为后续帧匹配的模板区域，通过逐帧对其附近区域进行特征检测并与首帧特征点匹配，计算目标区域特征点的平均位移变化。通过任意两点间已知的物理尺寸与计算得到的像素长度，计算比例换算系数，最终应用于像素位移—物理位移换算。所述步骤均在以下 MATLAB 代码中体现。需要说明的是，代码以第一帧视频结构的位置为参考零点，后续帧的位移均为与第一帧位置作差得到的相对值。

MATLAB 示例：基于 SURF 特征的结构位移时程测量程序如下，程序运行演示视频见二维码 5-1：

5-1 程序运行演示视频

```
clc; clear; close all
ti
%--------读取视频--------%
path='F:\Test_1. avi';
obj = VideoReader(path);                    % 读取视频
N = obj. NumberOfFrames;                     % 获取视频总帧数
h = obj. Height;                             % 获取视频画幅高度(单位:pixel)
w = obj. Width;                              % 获取视频画幅宽度(单位:pixel)
Fs = obj. FrameRate;                         % 获取视频帧率
dt=1/Fs;
t=0:dt:(N-1) * dt;                           % 生成时间序列

%--------在首帧图像测点周围选取合适区域作为后续帧匹配的模板区域--------%
frame1=rgb2gray(read(obj, 1));               % 将 RGB 图像转为灰度图像
[T, rect]=imcrop(frame1);                    % 在第一帧中定义模板 T,和位置信息 rect[左上
角点横坐标 (xmin), 左上角点纵坐标(ymin), col(xWidth), row(yHeight)]
```

```
[mt,nt]=size(T);
close all

%--------尺度标定(此处使用平均法)--------%
imshow(frame1)
[x, y]=ginput(2);                              % 选择两点并获取其在图像中的像素坐标
I_known=norm(x(2)-x(1),y(2)-y(1));% 计算两点间像素距离
D_known= input('输入已知物理尺寸(单位:mm)');% 输入已知的两点间物理尺寸
SF=D_known/I_known;% 计算比例因子,单位:mm/pixel

%--------定义后续帧中感兴趣区域(ROI)边界--------%
%为了提高检测效率,后续处理时只选取首帧选定区域附近区域作为后续帧检测的ROI
px=round(w/20);
py=round(h/20);
x_min=round(rect(1)-px);
x_max=round(rect(1)+rect(3)+px);
y_min=round(rect(2)-py);
y_max=round(rect(2)+rect(4)+py);

%--------利用SURF方法检测ROI中的特征--------%
Disp_P=zeros(N,2);                                    % 初始化像素坐标
Disp_S=zeros(N,2);                                    % 初始化物理坐标
Points_1 = detectSURFFeatures(T);                     % 检测第1帧ROI特征
[Feature_1, Points_1] = extractFeatures(T, Points_1); % 提取第1帧ROI特征

for i = 1:N
    frame_i=rgb2gray(read(obj, i));                   % 将RGB图像转为灰度图像
    ROI_framei=frame_i(y_min:y_max, x_min:x_max, :);  % 选取ROI
    Points_i = detectSURFFeatures(ROI_framei);        % 检测第i帧ROI特征
    [Feature_i, Points_i] = extractFeatures(ROI_framei, Points_i);% 提取第i帧ROI特征
    indexPairs = matchFeatures(Feature_1, Feature_i); % 将第i帧ROI与模板T进行匹配
    [m,n]=size(indexPairs);
    Coordinate_1=zeros(m,2);                          % 初始化匹配特征点坐标列表
    Coordinate_i=zeros(m,2);
    for j = 1:m
        Coordinate_1(j,:)=Points_1.Location(indexPairs(j,1));%第1帧匹配特征点坐标列表
        Coordinate_i(j,:)=Points_i.Location(indexPairs(j,2));%第i帧匹配特征点的坐标列表
    end
Disp_P(i,:)=mean(Coordinate_1)-mean(Coordinate_i);       % 计算第i帧特征点相对于
                                                         第1帧特征点的平均位移
Disp_S(i,:)=Disp_P(i,:) * SF;                            % 转换为物理位移
```

```
end
toc
save Displacement. mat Disp_S

%--------绘制位移时程曲线--------%
figure(1)
subplot(2,1,1)
plot(t,Disp_S(:,1),'b')
xlabel('Time (s)', 'FontName', 'Arial', 'fontsize', 12)
ylabel('Displacement(mm)', 'FontName', 'Arial', 'fontsize', 12)
title('Displacement in X direction', 'FontName', 'Arial', 'fontsize', 12)
subplot(2,1,2)
plot(t,Disp_S(:,2),'r')
xlabel('Time (s)', 'FontName', 'Arial', 'fontsize', 12)
ylabel('Displacement(mm)', 'FontName', 'Arial', 'fontsize', 12)
title('Displacement in Y direction', 'FontName', 'Arial', 'fontsize', 12)
set(gcf,'Position', [200 200 1000 600])
```

5.5 计算机视觉位移监测精度评估试验

如图 5-12 所示，相机测量系统架设在学校体育馆训练场内；目标通过单向电动位移滑台控制，位移台系统由 DM542 步进驱动器、步进伺服电机液晶控制器和直流开关电源三部分组成，通过编程可实现控制目标竖向位移；目标点是预先打印好的圆环非编码标志点。本试验主要进行了不同测距和不同相机俯仰角下的位移测量结果对比。

(a)

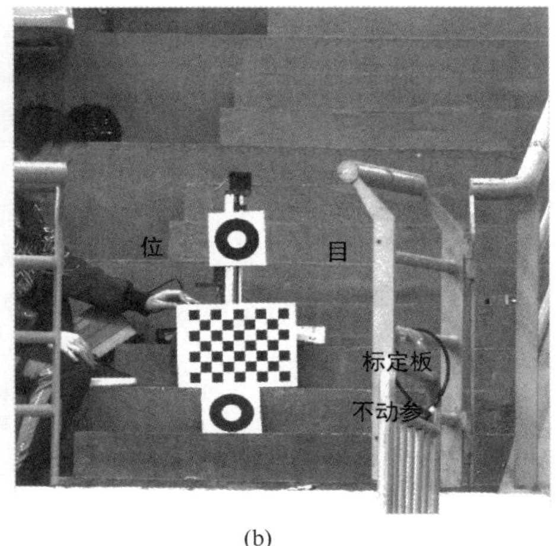

(b)

图 5-12　精度评估试验

(a) 测量系统布置；(b) 采集到的目标

测量结果如图 5-13、图 5-14 所示，误差分析结果见表 5-1 和表 5-2。

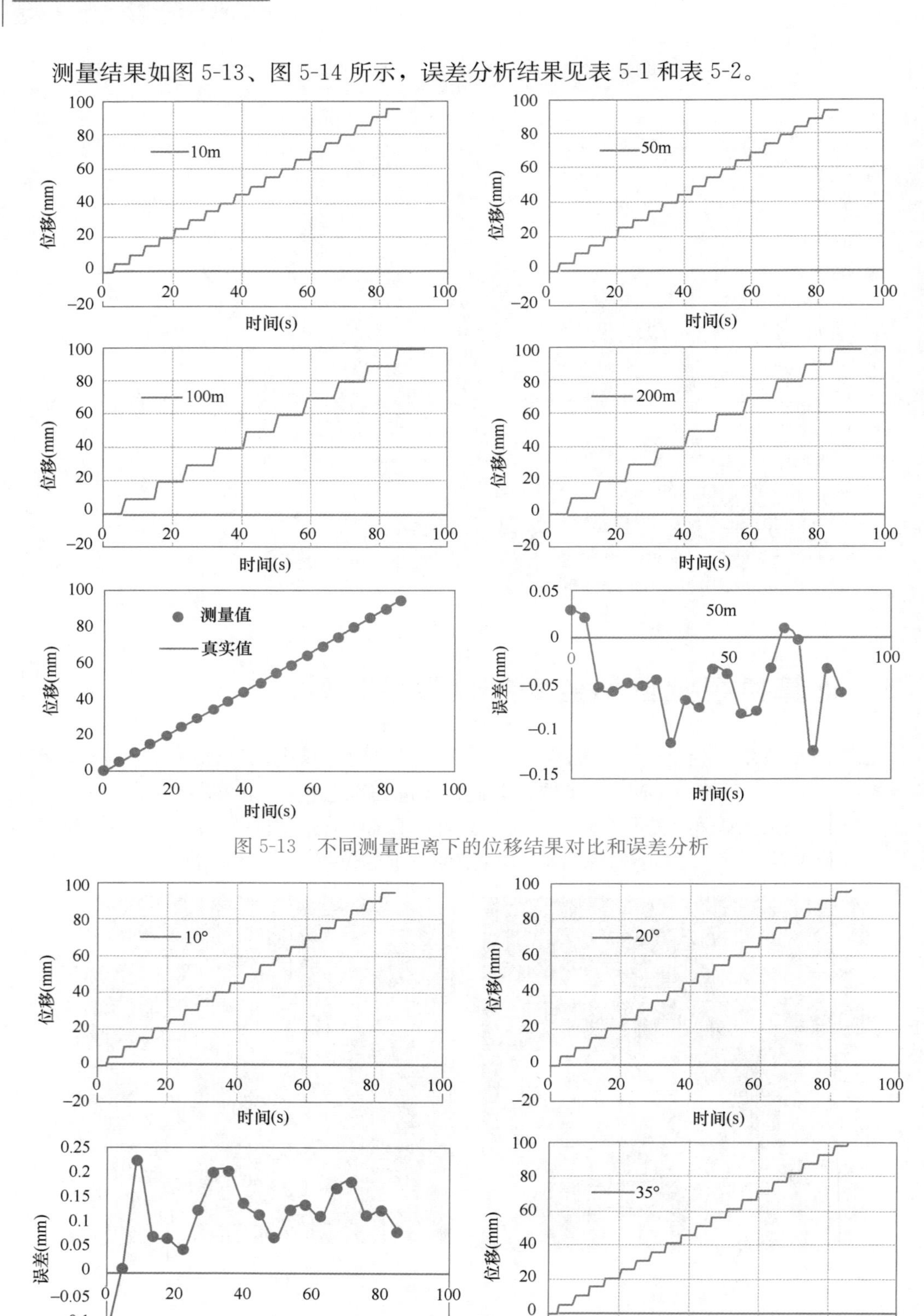

图 5-13 不同测量距离下的位移结果对比和误差分析

图 5-14 不同俯仰角下的位移结果对比和误差分析

不同测距下的误差分析结果　　表 5-1

测距（m）	平均误差（mm）	标准差（mm）
10	0.0143	0.0028
50	−0.0469	0.0390
100	−0.1225	0.1758
200	−0.1927	0.3517

测距 50m 下的不同相机俯仰角的位移测量误差分析结果　　表 5-2

仰角（°）	平均误差	误差标准值
10	0.0155	0.0024
20	0.0781	0.0043
35	0.1105	0.0768

5.6 位移测量精度影响因素

使用基于计算机视觉的结构位移测量方法时会受到各种因素的影响，从而导致测量误差。因此，找出误差来源并采取针对性措施对于减小测量误差至关重要。本节将从硬件、算法和环境三个方面进行分析，并介绍相应的解决方案。

5.6.1 硬件因素

图像采集装置是由相机和镜头等组成的，而由系统硬件导致的误差主要是由此引起的。如果相机和镜头不能正常采集图像，会导致测量结果的误差增加，主要有以下表现：

（1）电子噪声导致的图像噪点。在图像采集过程中，相机将光信号转换为电信号，模拟到数字的转换和编码，这个过程会产生电子噪声，导致图像中出现噪点。如果通过提高传感器增益来提高传感器的灵敏度，则会增加噪点的数量。各种现场噪声也会对图像质量产生影响，降低位移测量的准确性。因此，在位移测量中需要注意减少电子噪声和其他噪声的干扰，以提高测量结果的精度。

（2）相机受热引发的图像变形。相机电子元件在工作过程中会产生热量，从而使相机传感器受到热效应的影响，导致图像畸变，进而产生系统误差。在长期的位移监测中，现场气温也会对测量误差造成影响，这种影响不仅具有日常波动模式，还存在累积趋势。采用小波分析技术可以在一定程度上分离温度对测量结果的影响。

（3）镜头畸变导致的图像畸变。物体在三维世界中的形状经过镜头的投影转换到相机和图像坐标系中时可能会引起畸变误差，虽然可以通过相机标定来减小畸变效应，但并不能完全消除。此外，当相机的倾角过大时，使用尺度因子法可能会引入较大的误差，需要特别注意。

5.6.2 算法因素

图像处理算法因素主要是指在采用目标追踪算法进行图像处理过程中发生的误差，主要包括：

（1）亚像素估计。由于追踪引起的像素级位移估计会导致测量误差，通过采取亚像素估计可以减少误差，但是不能消除。亚像素估计方法如前所述，这里不再赘述。

（2）非刚体变形。被测结构或区域在测量过程中会发生非刚体变形，导致追踪目标在边界处的误差。

（3）图像子集处理。图像子集作为图像中被追踪目标的代表，其选取对后续追踪和测量影响较大。

5.6.3 环境因素

根据工程测试经验，基于计算机视觉的结构位移监测系统在室外条件下工作时，一般都会在不同程度上受到环境因素的影响，导致测量误差。其中，主要包括风和地面振动造成的相机抖动、雾气造成的视线遮挡及由于空气温度场不均匀导致的光线不均匀折射等。

（1）相机自身抖动导致的画面晃动。一般基于计算机视觉的位移测量方法都是基于相机静止的假设，所以相机视角观察到的结构振动可认为是结构的真实振动，这在实验室环境下是成立的。然而在室外条件下，相机将不可避免地受到风和地面振动等的影响，所以在实际测量中一般会在相机视野内同时寻求一静止物体，为消除相机自身抖动对图像质量的影响，可以采用将被测物体的位移减去静止物体的位移的方法。但这种方法只适用于相机运动平面与结构振动平面平行的情况，如果相机发生面外运动，则效果不佳。另一种方法是测量相机的加速度，并使用带通滤波器消除相机自身的抖动。但是，这种方法只有当相机振动的频率带宽与结构振动带宽相近时才有效。目前，也有利用深度学习等手段消除相机抖动的方法，并基于此方法使用无人机搭载相机进行大型结构位移测量。

（2）相机自身抖动导致的图像模糊。相机振动或者物体运动过快会引发图像模糊，从而导致测量误差。在机器人视觉感知等方面，研究人员提出了不同的解决图片模糊化问题的处理手段，其中不乏基于深度学习的方法，但其多是用于实现目标的识别而非精确的测量。由于工程测量对精度等的要求较高，因图像模糊带来的被测目标拉长、特征点丢失等问题较难解决，结合结构固有的振动频率、形状特性进行该方面的研究或许是很好的解决办法，Wang SG 等人利用运动模糊图像的几何矩与运动之间的关系来表示图像中的运动模糊信息，并根据运动模糊线索估计振动参数，基于一幅运动模糊图像和一幅未模糊图像或连续两帧模糊图像来计算低频振动的参数以及高频振动的振幅和方向。该方面具有实用性的研究还相对少见。

（3）雾气遮挡。雾气在测量过程中会对被测目标造成局部遮挡，导致部分特征点或标记物检测不到。通过设置人工光源来提高被测目标的区分度，可以在一定程度上减小雾气带来的误差影响。对于雾气遮挡问题，目前还没有很好的解决办法。

（4）不均匀空气温度场影响。在相机与测量目标之间的空气可能因为局部温度变化产生不均匀空气温度场，造成光线的不均匀折射，进而导致图像质量下降和场景扭曲，影响测量。因此，在长期监测过程中热浪影响不可忽视，有研究学者提出采用热浪滤波的方法降低误差，但目前为止这方面的研究较少。

5.7 本章小结

位移是评估结构性能和健康状态的关键指标。结构变形包括竖直挠曲、沉降以及倾斜等，如果超过一定程度，将对结构的安全性产生不利影响。因此，对结构的位移和变形进行准确的监测和评估对于保障结构的安全运行至关重要。本章深入探讨了基于计算机视觉的位移测量原理和主要流程（相机标定、特征检测/目标识别、特征匹配/目标跟踪、结构位移计算）。将图像像素转换为实际物理单位的位移是相机测量中的重要步骤，本章详细介绍了四种不同比例系数求解方法和适用范围。

最后，本章从硬件、算法和环境三个方面探讨了位移测量精度的影响因素，为制定应用方案提供了参考。

复习思考题

1. 基于图像处理技术的桥梁动态位移测量技术相比于传统接触式传感器和其他非接触式传感器具有哪些显著优点?
2. 视觉位移测量系统的基本组成包括哪些?
3. 基于计算机视觉的位移测量方法一般有哪四个步骤?
4. 目前广泛采用的位移换算关系标定方法有哪些?
5. 计算机视觉技术用于位移测量，它的精度受哪些因素影响?
6. 计算机视觉技术用于位移测量，它的精度受环境因素影响较显著，请举例说明。
7. 影响基于计算机视觉的位移测量精度的环境因素有很多，请举例说明。

6

深度学习与图形处理

知识图谱

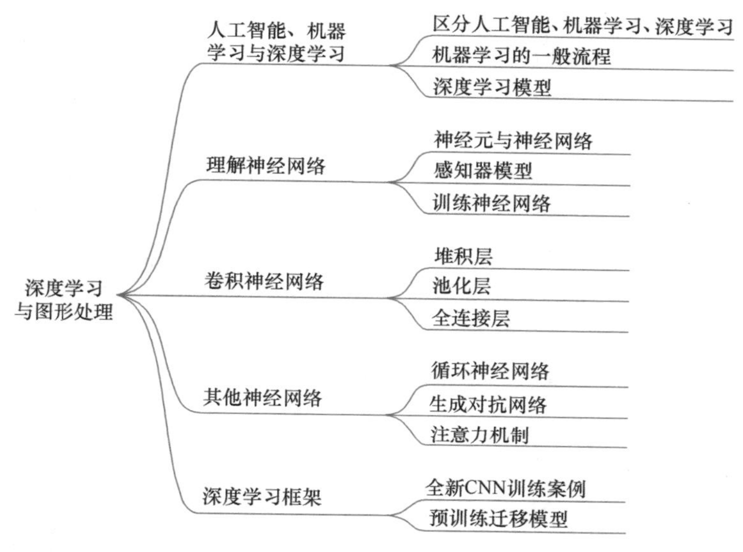

本章要点

知识点 1. 深度学习和神经网络的概念。

知识点 2. 各种神经网络的构建。

知识点 3. 深度学习的应用。

学习目标

（1）了解深度学习的基本概念、常见的模型结构以及实现方法。

（2）掌握感知器、卷积神经网络的基本原理。

（3）掌握在 MATLAB 中深度学习模型的建立和训练步骤。

深度学习是基于人工神经网络的机器学习和人工智能的一个子集，通过人工神经网络来模拟人脑的工作方式，从而实现对大量数据的学习、分析、预测。深度学习的核心思想是通过多层的神经网络进行学习和训练，从而能够从输入数据中学习到更复杂的特征和模式。深度学习能自动高效地捕捉大数据的特征，从而减少人工特征工程的需求，但也通常被认为是黑箱系统，算法结构复杂，可解释性弱。深度学习在图像分类、自然语言处理和语音识别等任务中已经取得了突破性的成果，成为人工智能领域的重要研究方向和技术手段。

深度学习是基于人工神经网络发展起来的，因此我们对深度学习的历史梳理需要从神经网络开始。神经网络的源头可以追溯到 1943 年，当时 Walter Pitts 和 Warren McCulloch 创建了一个基于人脑神经网络的计算机模型，使用了一种称为“阈值逻辑”的算法和数学组合来模拟思维过程，可以看作是神经网络模型的雏形。第一个人工神经网络算法是 Rosenblatt 在 1957 年发表的感知器（Perceptron），可以自行进行二元分类，这也激发了浅层神经网络研究的革命，影响持续多年。

卷积神经网络的最初概念是由 Kunihiko Fukushima 提出的，他在 1979 年开发了一种名为 Neocognitron 的人工神经网络。Neocognitron 的设计灵感来自于人类视觉系统的层级处理方式，其采用了分层和多层次的设计，使得计算机能够“学会”识别视觉模式；在训练过程中使用了反复激活强化策略，通过不断调整网络连接的权重来提高对特定特征的敏感性。1986 年，Geoffrey Hinton 和 David Rumelhart 等科学家首次提出了反向传播（Backpropagation）算法，用于训练多层神经网络。通过计算网络预测输出与实际输出之间的误差，并将误差沿着网络反向传播，从而更新网络中的权重，以逐步优化网络的性能和准确度，使得网络能够学习复杂的特征和模式。Yann LeCun 在 1989 年提出了 LeNet 卷积神经网络，并使用反向传播算法进行训练，用于自动识别手写支票图像中的数字。自此之后，反向传播算法成为训练神经网络的核心方法。

深度学习的另一大推动力是硬件和计算力的发展，它们促使深度学习算法可以更高效地运行和训练，在实际应用中更加可行和有效。由于深度学习任务通常涉及大量的矩阵运算和浮点数计算，传统的中央处理器（CPU）在执行这些任务时效率较低。NVIDIA 公司在 1999 年推出图形处理单元（GPU），GPU 具有大量的并行处理单元和专门用于高性能计算的架构，它大大加速了深度学习算法的训练速度，使得在大规模数据集上进行复杂模型的训练成为可能。

深度学习的大浪潮一般认为始于 2012 年的 Alexnet，基于卷积神经网络和强大的图形处理计算性能，在图像分类任务中取得突破性的结果，也将科学研究的重点从传统机器学习转移到深度神经网络。如图 6-1 所示，传统机器学习与深度学习最大的区别在于特征提取的方式，传统方法依赖人工选择图像中检测对象的特征（如颜色、边缘、纹理等），以及微调许多特征参数。深度学习则采用“端到端学习”的概念，给定一组数据集和辅助的注释，通过神经网络自动提取对象最突出的特征。

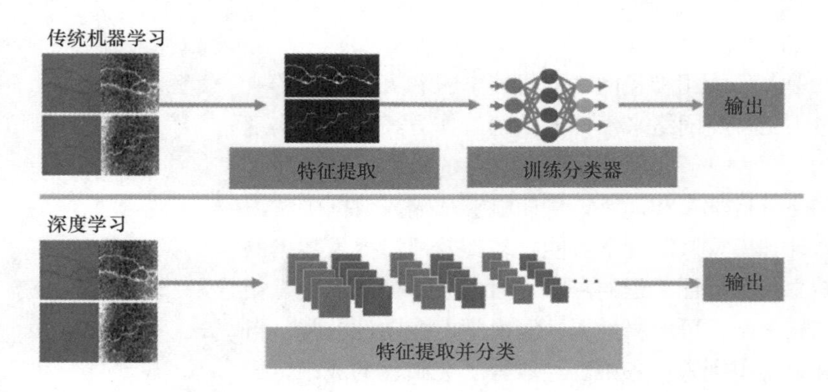

图 6-1 传统机器学习与深度学习的对比

6.1 人工智能、机器学习与深度学习

人工智能（Artificial Intelligence，AI）、机器学习（Machine Iearning，ML）和深度学习（Deep Iearning，DL）是三个相关但不同的概念。人工智能是最宽泛的，利用计算机或机器执行通常需要人类智能的任务。机器学习属于人工智能的算法，从数据中学习规律，进行预测或决策。深度学习是机器学习算法中最热门的一个分支，它使用多层神经网络从数据中提取更高层次的特征来实现无人工干扰下的决策。简而言之，三者之间的关系可以表示为：人工智能＞机器学习＞深度学习，如图 6-2 所示。

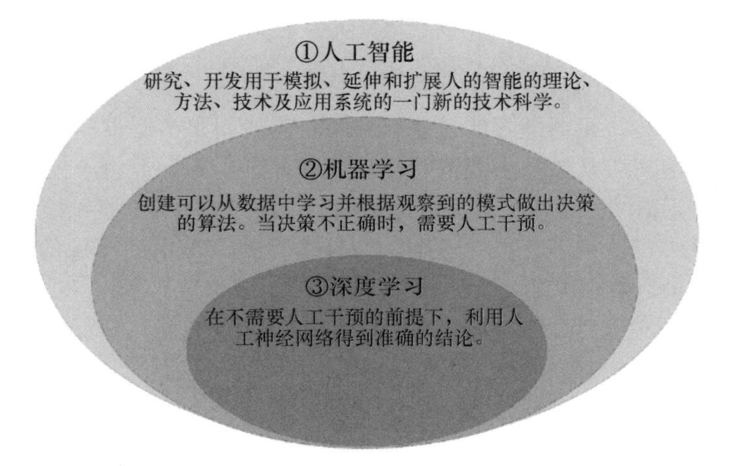

图 6-2 人工智能、机器学习和深度学习的关系

人工智能是研究、开发用于模拟、延伸和扩展人的智能的理论、方法、技术及应用系统的一门新的技术科学。人工智能是计算机科学的一个分支，人工智能技术是通过了解智能的实质，并生产出一种新的能以人类智能相似的方式做出反应的智能机器，该领域的研究包括机器人、语言识别、图像识别、自然语言处理和专家系统等。我们通常根据智能程度将人工智能划分为狭义人工智能（Artificial Narrow Intelligence，ANI）和通用人工智能（Artificial General Intelligence，AGI）。ANI 仅能胜任一项特定任务，如下棋的 AlphaGo、自然语言处理工具 ChatGPT。其与强人工智能 AGI 形成对比，AGI 是一种具有广泛和通用智能的人工智能，具备人类情感、智慧和创造等所有能力，然而复制人类的智慧、情感和在未知情况下的反应能力是一项极其复杂的任务，目前 AGI 还只能出现在科幻电影中。

机器学习是人工智能的一个子集，也是人工智能的核心，它是使计算机具有智能的根本途径，通过识别数据中的模式进行决策和预测。机器学习包括数据集、模型、算法等必要元素。数据集是训练机器学习程序、找到数据模式和相关性的基础，根据任务不同，数据集可以是图像、文本、数字等，它们将用于训练、验证和测试模型。算法是在数据上执行模式识别、生成模型的计算方法，模型是算法在数据上学习的输出结果。例如对于一个简单的曲线拟合任务，模型本质上是输入数据到输出数据的映射函数，其中包含未知的权重参数；算法则是通过优化过程找到模型预测误差最小化对应的权重系数。机器学习任务的一般流程如图 6-3 所示：首先，收集与任务相关的数据，并对数据进行清洗、处理和转

换，以便于后续的分析和建模；其次，根据任务的需求选择合适的机器学习模型，使用训练数据对模型进行训练，评估训练后模型的性能和泛化能力，并对模型进行调优，如调整模型的超参数、改进特征工程等；最后，将训练好的模型部署到生产环境中，用于预测和评估。机器学习性能的影响参数很多，包括数据质量、模型选择、特征选择等。数据量越大、质量越高、多样性越丰富，模型通常会更加精确和可靠，但过多的数据也会增加计算资源消耗、降低计算效率。

图 6-3 机器学习任务的一般流程

深度学习是机器学习的一个重要分支，是最近兴起的、重要的且具有变革性和颠覆性的技术。深度学习与传统机器学习的显著差异是，它使用了多层神经网络来分析数据中复杂的模式。深度学习直接从数据中提取特征，无需人工干预，但由于模型的复杂性，往往依赖强大的计算资源，如 GPU，训练模型的时间也更久。深度学习技术在计算机视觉、自然语言处理领域中都取得了突破性进展，如自动驾驶汽车借助图像的障碍检测和决策、服务行业兴起的智能客服答疑解惑。

目前，深度学习模型有很多种，常见的有卷积神经网络（CNN）和循环神经网络（RNN）和生成对抗网络（GAN），如图 6-4 所示。CNN 目前是计算机视觉领域主流的网络形式，可用于图像分类、目标检测、图像分割等任务。

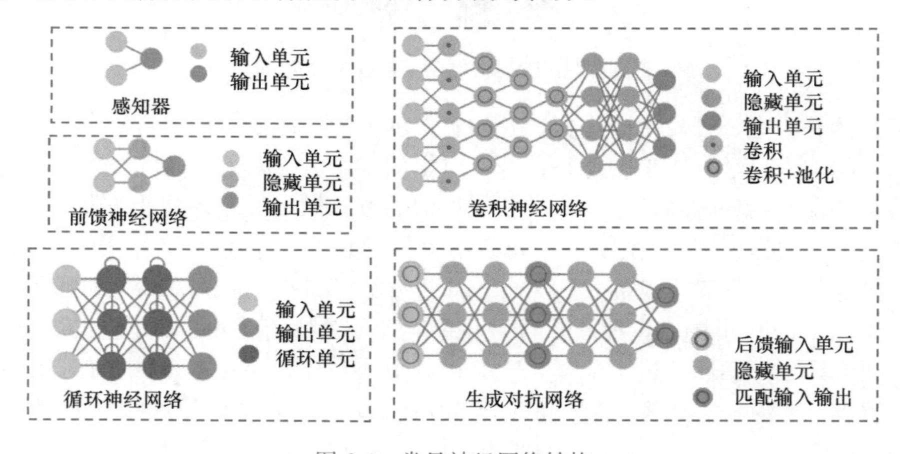

图 6-4 常见神经网络结构

为了更好地理解深度学习网络，本章 6.2 节从最简单的感知器模型出发，介绍了理解神经网络的基本原理和优化方法；6.3 节介绍了卷积神经网络的原理；6.4 节简要介绍了常见的其他几类网络模型；6.5 节演示了深度学习的实现方式。

6.2 理解神经网络

神经网络是一种受到人脑神经网络启发的机器学习技术，旨在模拟人脑神经网络的信息处理和学习能力。人脑中的神经网络是一个高度复杂的生物神经系统，而神经元模型是对人脑中神经元工作原理进行简化的数学模型。大脑的基本计算单元是神经元，神经元通过突触相互连接，形成复杂的神经网络。图 6-5 展示了生物上神经元的结构形式，每个神经元从树突接收输入信号，然后经过细胞体处理后，在轴突上产生输出信号，轴突最终会分支并通过突触连接到其他神经元的树突上。人类神经系统中约有 860 亿个神经元，它们相互之间形成了庞大的网络，共同协调和执行各种复杂的认知和生理过程。

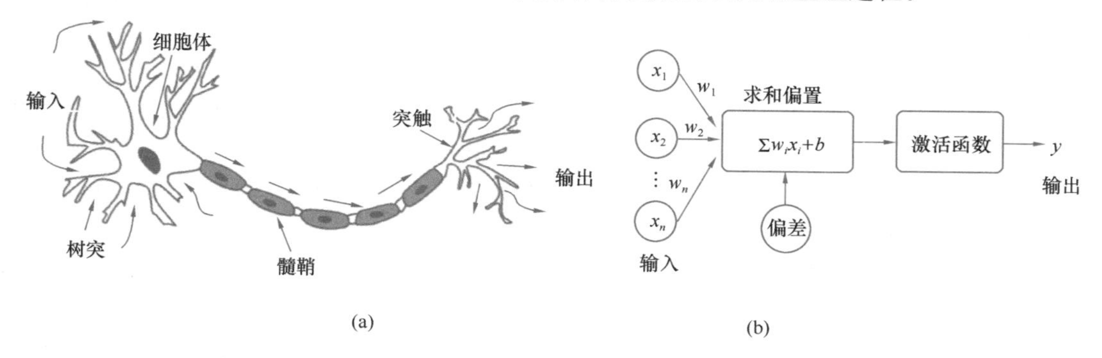

图 6-5　大脑神经元和简化的神经元数学模型
(a) 大脑神经元；(b) 神经元模型

神经元模型是对人脑中神经元工作原理的简化数学模型。在神经元模型中，神经元类似于树突，接收来自其他神经元的输入信号。通过加权求和及激活函数的计算，神经元产生输出信号，类似于神经元的轴突传递信息。神经元可看作是一个计算与存储单元，它对输入信号进行计算、结果暂存，并传递到下一层神经元，以进行更复杂的处理。

感知器是一种最简单的神经网络模型，由 Frank Rosenblatt 于 1958 年提出。感知器由一个单一的神经元组成，具有多个输入和一个输出。感知器的主要功能是根据输入信号进行二元分类，将输入数据分为两个类别。随着神经网络的发展，人们提出了多层感知器结构，通过引入隐藏层，使网络能够学习更复杂的特征和模式，从而实现更广泛的机器学习任务。本节将主要介绍感知器的基本原理和训练方法。

6.2.1　感知器模型

感知器模型是一种简单的线性分类器，只能处理线性可分的数据集。多层感知器是一种更加复杂的神经网络模型，它引入了隐藏层和非线性激活函数，使其能够处理更复杂的非线性任务。

(1) 感知器

感知器（Perceptron）即单层神经网络，是最早提出的神经网络。早期的感知器是一种线性分类模型，而且只针对二分类问题，如图 6-5（b）所示，包含输入 $\boldsymbol{x}$、输出 y。输入 $\boldsymbol{x}$ 是一个 N 维向量，包含多个元素 $\{x_1, x_2, \cdots, x_n\}$；输出值 y 通常是二进制的，用于将数据分为两类，如预测电子邮件是否为垃圾邮件的任务中，$y=1$ 表示是垃圾邮件，$y=0$ 表示非垃圾邮件。输入层和输出层通过一个线性组合器和一个二值阈值函数连接。线性组合器包含权重 w 和偏差 b，每个输入 x_i 都有一个对应的权重 w_i，表示该输入对最终输出的影响程度。输入值与各自权重相乘即加权和，再叠加上偏差 b，即为线性组合器的结果。

二值阈值函数是一种特殊的激活函数，它将线性组合器的结果与阈值进行比较，若大于等于阈值，则输出 1，否则输出 0。

给定数据和分类标签，感知器中的权重 w 和偏差 b 是在训练过程中确定的。权重和偏差首先被初始化为随机值，然后应用于计算输出，输出结果与标注的真实结果进行对比，通过误差最小化对权重及偏差进行更新。然后，通过不断调整权重和偏差来最小化误差函数，以便更好地拟合数据，最终学习到最优的权重和偏差值，实现数据的精准分类。

（2）激活函数

激活函数（Activation Function）是神经网络中一个非常重要的组件，它在神经元中引入非线性，使得神经网络可以处理复杂的非线性问题。在神经元中，输入信号经过一系列加权求和后作用于另一个函数再产生相应的输出信号，这个函数就是激活函数。

神经网络中每一层的输入输出都是一个线性求和的过程，下一层的输出承接了上一层输入函数的线性变换，所以如果没有激活函数，那么无论神经网络多么复杂，最后的输出都是输入的线性组合，单纯的线性组合并不能解决复杂的实际问题。因此，激活函数的引入是神经网络能够处理复杂非线性问题的关键所在。

如图 6-6 所示，常见的激活函数包括：

1）Sigmoid 函数：其可以看作平滑的阶跃函数，将输入映射到范围为 0～1 的数值，用于将任意值转换为概率，并可用于二分类问题。Sigmoid 函数的导数在输入绝对值较大的输入值时接近于零，这导致了梯度逐渐变小，称为“梯度消失”问题。在深度神经网络中，当梯度逐渐变小时，权重的更新也变得非常小，导致网络学习变得非常缓慢甚至停滞，因此 Sigmoid 函数目前使用较少。

2）Tanh 函数：将输入值映射到范围为－1～1 的值。它是 sigmoid 函数的缩放版本，平滑且可微，梯度比 sigmoid 更稳定，因此很少引起梯度消失问题。

3）ReLU 函数：将输入值映射到 0 到正无穷之间的输出范围，即将负的输入映射为 0，而正的输入保持原数值。ReLU 函数简单且计算高效，在深度学习中广泛使用。

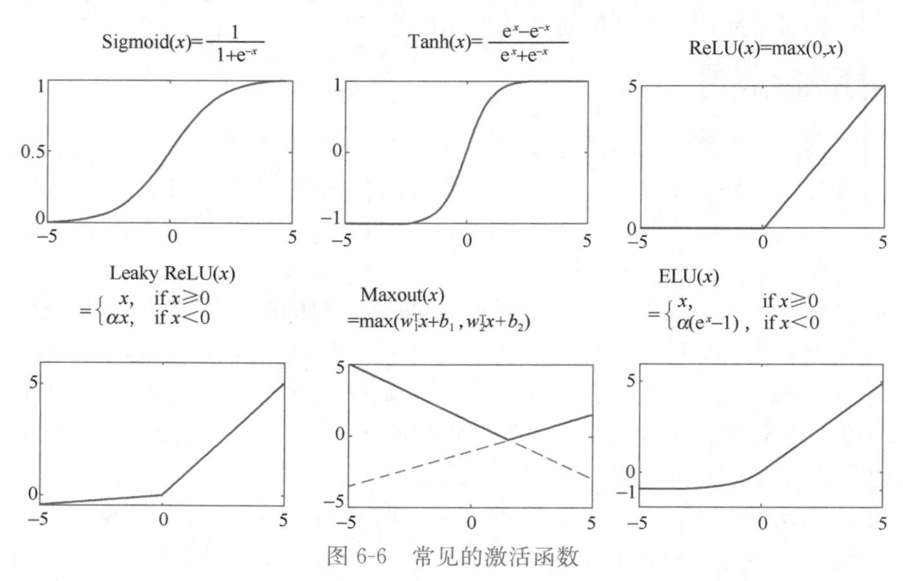

图 6-6 常见的激活函数

4）Leaky ReLU 函数：它是对 ReLU 函数的改进，它在负数区域引入一个小的负斜率，可以解决 ReLU 函数在负数区域梯度为 0 的问题。

5）Maxout 函数：在每个神经元的输出中选择输入的最大值，通常用于解决多类别分类问题，可以帮助神经网络对不同类别之间的差异进行更好的建模。

6）ELU 函数：与 ReLU 函数类似，在 x 大于等于 0 时，它是线性的，保持输入值不变，而在 x 小于 0 时，它是指数函数。这使得 ELU 函数在负数范围内具有一定的平滑性，但它的计算复杂度相对较高。

不同的激活函数在不同的情况下表现不同，选择合适的激活函数可以对神经网络的性能产生影响。在实际应用中，ReLU 函数和其变种通常是首选，因为它们能够在训练过程中有效地防止梯度消失问题，并提高神经网络的训练速度和准确率。

选择适合的激活函数对深度学习网络的性能和训练效果至关重要。ReLU 函数及其变种在图像分类、目标检测、图像分割和语义分割等计算机视觉任务中是最常用的激活函数。实际应用中，通常会根据具体任务和网络结构选择合适的激活函数，并结合交叉验证等方法进行调优。

（3）多层感知器

多层感知器（Multi-Layer Perceptron，MLP）是单层感知器的扩展和改进，通过引入隐藏层和非线性激活函数，使其在处理非线性问题和学习复杂模式方面更具优势。它包含一个输入层、一个或多个隐藏层、一个输出层，如图 6-7 所示。输入层接收原始数据作为输入，通常对输入数据进行预处理和归一化。输入层的神经元数量与输入数据的特征数量相等。每个隐藏层由多个神经元组成。隐藏层的神经元数量和层的个数是 MLP 的超参数，可以根据问题的复杂性和数据集的特点进行调整。输出层产生最终的预测结果，其神经元数量取决于任务的类别数量。例如，在分类问题中，输出层的神经元数量通常等于分类的类别数目；在回归问题中，输出层通常只有一个神经元。

MLP 的层类型是全连接，每个神经元都与前一层的所有神经元连接，并且每个连接都有一个权重。隐藏层和输出层的神经元通过激活函数处理输入，并产生输出。这些激活函数引入非线性，使得 MLP 能够学习和表示复杂的非线性关系和模式。通过调整隐藏层的数量和大小以及选择适当的激活函数，MLP 可以适应不同类型的数据和问题，并实现更高效和准确的学习。

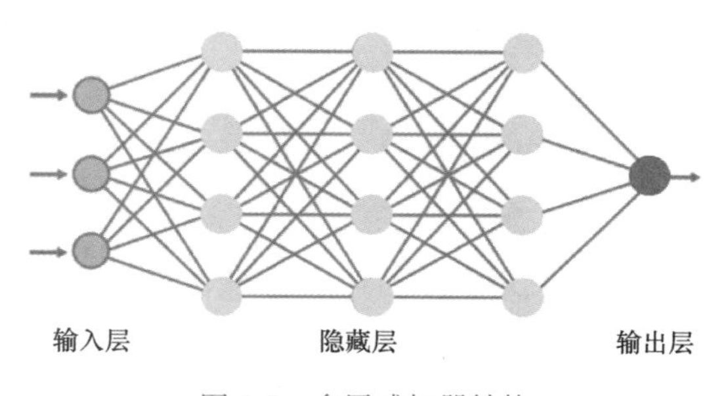

图 6-7　多层感知器结构

在深度学习中，MLP 作为基础模型，还被用作其他深度学习模型的组成部分，如卷积神经网络和循环神经网络。

（4）感知器应用算例

下面介绍一个感知器用 MATLAB 实现的方式：选取 w 和 b，使得误分类点到分类超平面 S 的总距离最小，即 $\min L(w,b)=-\sum y_i \cdot (w_i x_i+b)$。

感知器算法原理：采取随机梯度下降法（Stochastic Gradient Descent）：一次随机选取一个误分类点来更改 w 和 b 的值。

1）首先选取初值 $w=0$、$b=0$；

2）在训练集中选取数据 (x_i, y_i)；

3）如果 $y_i \cdot (w_i x_i + b) < 0$，则该点是一个误分类点，需要更新 w 和 b 值：$w_i \leftarrow w_i + \lambda \cdot y_i \cdot x_i$，$b \leftarrow b + \lambda \cdot y_i$，其中 λ 是学习率；

4）重复步骤 2）和 3）直至没有误分类点。

MATLAB 中感知器参数更新的程序如下，程序运行演示视频见二维码 6-1：

6-1 程序运行演示视频

```
function [w, b] = original_style(training_set, study_rate)
w = 0;
b = 0;
iteration_count = 0;
fprintf('迭代次数\t 误分类点\t\t 权值 w\t\t 偏置 b\t\n');

while true
        count = 0;
            for i = 1:size(training_set, 2)
            if training_set(1, i) * (w' * training_set(2:size(training_set, 1), i) + b) <= 0
              w = w + study_rate * training_set(1, i) * training_set(2:size(training_set, 1), i);
              b = b + study_rate * training_set(1, i);
              count = count + 1;
            end
        end
        iteration_count = iteration_count + 1;
        fprintf('\t%u\t', iteration_count) ;
        fprintf('\t\t%u\t', count);
        fprintf('\t(%2.1g,%2.1g)"\t', w);
        fprintf('\t%4.1g\n', b);
        if count == 0
          break;
        end
    end
```

测试代码如下：

```
training_set=[1,-1,1;3,2,5;2,2,3];
study_rate=1;
[w,b]=original_style( training_set,study_rate );
```

结果如图 6-8 所示。

6.2.2 训练神经网络

训练神经网络是机器学习中至关重要的一步，通过不断调整网络参数和权重，使得神经网络能够从数据中学习到更好的特征和模式，从而实现更准确的预测和推理任务。在训

```
>> training_set=[1,-1,1;3,2,5;2,2,3];
study_rate=1;
[w,b]=original_style( training_set,study_rate );
迭代次数 误分类点        权值w          偏置b
    1          2         ( 1, 0)'          0
    2          2         ( 4, 1)'          0
    3          1         ( 2,-1)'         -1
    4          2         ( 5, 0)'         -1
    5          1         ( 3,-2)'         -2
    6          2         ( 6,-1)'         -2
    7          1         ( 4,-3)'         -3
    8          0         ( 4,-3)'         -3
```

图 6-8 代码运行结果

练过程中，神经网络通过反复进行前向传播、损失计算、反向传播和参数优化，不断修正和改进模型，逐渐调整网络参数，以最小化损失函数的值。

（1）损失函数

在深度学习中，通过优化算法（如梯度下降）来调整模型的参数和权重，使得损失函数的值逐渐减小，从而提高模型的性能和预测准确性。损失函数（Loss Function）是用来度量模型预测结果与实际标签之间差异的函数。损失函数的选择在训练过程中非常重要，它会影响模型的训练效果和最终的性能。

损失函数可以根据其应用场景和任务类型进行分类。针对分类问题，常见的有 0—1 损失函数、绝对值损失函数、指数损失函数、Hinge 损失函数和交叉熵损失函数；针对回归问题，常见的有点回归损失、均方差损失、平均绝对误差损失和分位数损失。

在计算机视觉任务中，交叉熵损失函数（Cross-Entropy Loss Function）常用于图像分类任务，来衡量预测结果与真实标签之间的差异，尤其适用于多类别分类任务。假设有一个包含 N 个样本的训练数据集，每个样本有 C 个类别，交叉熵损失函数的计算公式如下：

$$L=-\frac{1}{N}\sum_{i=1}^{N}\sum_{j=1}^{C}y_{ij}\log(p_{ij}) \tag{6-1}$$

其中，y_{ij} 表示第 i 个样本的真实标签中第 j 类的值（0 或 1）；p_{ij} 表示模型对第 i 个样本的预测结果中第 j 类的概率。交叉熵损失函数的目标是最小化模型预测结果与真实标签之间的差异，使得模型能够更准确地分类样本。在深度学习中，交叉熵损失函数经常与梯度下降等优化算法结合使用，通过反向传播来更新神经网络中的权重和参数，从而使得模型不断优化和学习。

平滑 L_1 损失函数（Smooth L_1 Loss Function）常用于目标检测任务中的目标框位置回归，计算预测框和真实框之间的误差。它是均方差损失函数（L_2 损失）和绝对值损失函数（L_1 损失）的结合。平滑 L_1 损失函数的表达式如下：

$$\text{Smooth}L_1(x)=\begin{cases}0.5x^2, & \text{if } |x|<1\\ |x|-0.5, & \text{otherwise}\end{cases} \tag{6-2}$$

其中，x 是预测值与真实值之间的差异（通常是预测框与真实框的位置偏差）。当

$|x|<1$ 时，损失函数是一个平方函数，这样在误差较小的情况下，损失函数的变化较平缓，有利于稳定训练过程；当 $|x|\geqslant 1$ 时，损失函数是一个线性函数，这样在误差较大的情况下，损失函数的变化较快，有利于快速调整参数。在一些流行的目标检测算法中，如 Faster R-CNN 和 YOLO，都采用了平滑 L_1 损失函数来训练模型并优化预测结果。

图像分割任务中，常用的损失函数有像素级交叉熵损失函数、Dice 损失函数。Dice 损失函数是基于 Dice 系数，它用于度量两个集合之间的相似性。在图像分割任务中，可以将预测的像素分为正类和负类，然后计算 Dice 系数。Dice 系数的计算公式如下：

$$\mathrm{Dice}(A,B)=\frac{2|A\cap B|}{|A|+|B|} \tag{6-3}$$

其中，A 是预测的像素集合；B 是真实标签的像素集合；$|A\cap B|$ 表示两者交集的像素数量；$|A|$ 和 $|B|$ 分别表示两者的像素数量。Dice 损失函数定义为 1 减去 Dice 系数，即：

$$\mathrm{Dice\_loss}(A,B)=1-\mathrm{Dice}(A,B) \tag{6-4}$$

Dice 损失函数的取值范围为 0～1，其中 0 表示完全不匹配，1 表示完全匹配。因此，最小化 Dice 损失函数意味着最大化 Dice 系数，即使预测的像素与真实标签的像素之间具有最大的相似性。Dice 损失函数在处理类别不平衡的图像分割任务中表现良好，它能够减轻少数类别像素数量较少导致的不平衡问题，并且更加关注像素分类的准确性。因此，Dice 损失函数经常用于医学图像分割等需要处理类别不平衡问题的应用场景。

需要注意的是，对于目标检测和图像分割任务，由于模型通常需要同时进行目标分类和位置回归或像素分类，损失函数通常由多个部分组成，例如 Faster R-CNN 中包括平滑 L_1 损失函数和交叉熵损失函数。

（2）训练神经网络

反向传播（Backpropagation）是训练神经网络的关键算法之一，它通过计算损失函数对神经网络中每个参数的梯度，从而实现对网络参数的优化。该算法的基本思想是根据损失函数的变化情况，沿着参数空间的负梯度方向对参数进行更新，使得损失函数的值逐渐减小，从而提高模型的预测准确性。如图 6-9 所示的反向传播算法分为两个主要步骤：首先，将输入数据通过神经网络进行前向传播，每层的神经元根据输入数据和权重进行计算，并将结果传递到下一层，前向传播的过程将输入数据映射到输出结果；然后，通过使

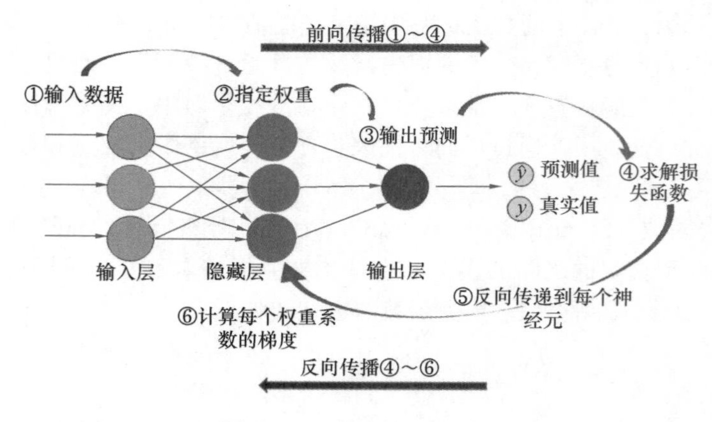

图 6-9　反向传播基本原理

用链式法则计算损失函数对每个参数的梯度，从输出层开始逐层向后传播梯度。一旦得到所有参数的梯度，就可以使用优化算法来更新参数，使得损失函数的值逐渐减小。这个过程使得神经网络能够通过迭代修正和改进模型逐渐调整网络参数，从而提高模型在训练数据上的性能。

在神经网络训练中，优化算法决定了如何根据损失函数的梯度来更新网络参数。梯度下降（Gradient Descent）算法是最基本的优化算法。首先计算损失函数对每个参数的梯度（即导数），并按照负梯度方向更新参数，以降低损失函数的值。学习率是梯度下降算法的一个重要超参数，它决定了在每次迭代中参数更新的步长大小。学习率越大，每次迭代参数更新的步长就越大，因此可能导致在损失函数的最小值附近来回震荡，甚至无法收敛；学习率越小，参数更新的步长就越小，可能导致收敛速度很慢，需要更多的迭代次数才能达到最小值。因此，学习率的选择是一个重要的平衡问题，通常需要通过实验和手动调整来找到一个合适的值，使得梯度下降算法在训练过程中能够快速收敛到最优解。

梯度下降算法中每次更新参数时都会使用整个训练数据集计算损失函数关于参数的梯度，然后根据梯度方向来更新参数。这样的方式在大规模数据集上往往会因为计算消耗大而导致训练速度较慢。随机梯度下降（Stochastic Gradient Descent，SGD）算法是对传统梯度下降算法的一种改进变体，它在每次更新参数时只使用一个小的样本批次，而不是整个数据集。

梯度下降算法中的学习率是一个重要的超参数，它决定了在每次参数更新时参数值应该改变的幅度。然而，手动调整学习率并找到一个合适的学习率对于训练深度神经网络是一个具有挑战性的任务。自适应优化算法可根据参数的历史梯度来自适应地调整学习率，能更好地适应不同参数的更新需求，提高训练效率。Adam（Adaptive Moment Estimation）算法是计算机视觉任务中一种常用的自适应优化算法，它是由 Diederik P. Kingma 和 Jimmy Ba 在 2015 年提出的。Adam 算法结合了动量法和自适应学习率算法的优点，通过计算梯度的一阶矩估计（动量）和二阶矩估计来调整学习率，具有较好的收敛性能和泛化能力。

拟合（Fitting）、欠拟合（Underfitting）和过拟合（Overfitting）是描述模型在训练数据上的性能和泛化能力的重要概念。

1）拟合：模型在训练数据上能够很好地逼近或匹配数据的真实分布或规律。

2）欠拟合：由于模型过于简单或参数过少，无法拟合数据的复杂性，导致模型在训练数据和测试数据上都表现不好。

3）过拟合：由于模型过于复杂、参数过多，在训练数据上表现很好，但在未见过的测试数据上表现较差，模型的泛化能力较差，无法适应新的数据。

解决模型的欠拟合问题通常可以：①适当调整模型复杂度，增加模型的层数和神经元数量，提高模型的学习能力；②对数据进行适当的特征处理和选择，提取更有效的特征信息；③通过对训练数据进行随机变换，增加数据的多样性，提高模型的泛化能力。

针对模型的过拟合问题，可以使用合适的正则化方法来提高模型的性能和泛化能力。正则化是在模型训练过程中通过添加额外的约束或惩罚来限制模型的复杂度，以防止模型过拟合训练数据。常见的正则化方法有两种：L1 正则化（L1 Regularization）和 L2 正则化（L2 Regularization）。L1 正则化是在损失函数中添加模型参数的 L1 范数（参数的绝对值之和）作为惩罚项，它倾向于使一些模型参数变为 0，从而实现特征选择的效果，减少特征的数量，使模型更简化。L2 正则化是在损失函数中添加模型参数的 L2 范数（参数的平方和的开根号）作为惩罚项，它通过对模型参数进行平方惩罚，使得参数较小、模型更稳定。正则化参数是正则化方法中的一个重要超参数，用于控制正则化的强度。正则化参数通常以 λ 表示，它是一个非负实数，将其与正则化项相乘添加到损失函数中。较小的 λ 值意味着正则化项的影响较小，而较大的 λ 值则意味着正则化项的影响较大，常需要通过交叉验证等方法来确定最优的 λ 值。

6.3 卷积神经网络

上节提到的多层感知器，是否可以用来处理图像数据呢？让我们来试一试，图像可以视为 M 行×N 列×3 通道的矩阵，如一张 3×3 像素的黑白图像，需要展平成 9 列的一维矩阵输入多层感知器中。现实中图像尺寸往往大得多，意味着接受这一长串数字，每层需要包含大量的神经元和权重参数，且二维图像展平的操作忽略了图像的空间关系，导致预测效果不佳。如图 6-10 所示，与多层感知器不同，卷积神经网络（CNN 或 ConvNet）通过一个小尺寸的二维空间滤波器（又称卷积核）沿图像水平和竖直方向移动，捕获图像中的空间特征，且涉及的参数量显著减少。

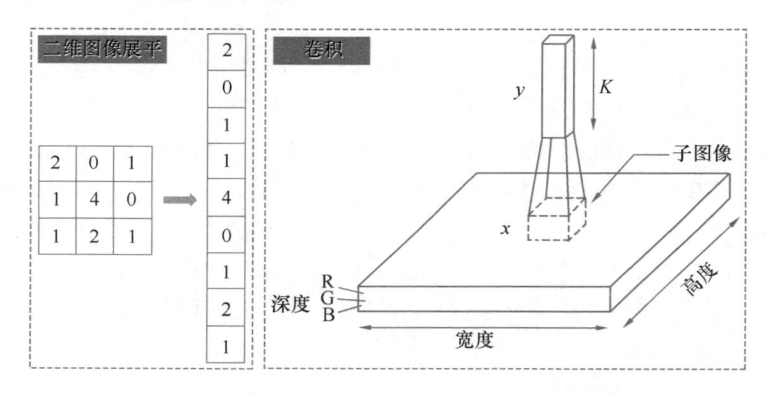

图 6-10　多层感知器和卷积神经网络的图像处理模式

卷积神经网络是一种用于处理图像和其他二维数据的深度学习模型，它在图像分类、目标检测、图像分割等任务中均有优异的表现。CNN 的设计灵感来自于人类视觉系统的工作原理，它可以有效地从图像中提取特征并学习图像中的复杂模式和结构。如图 6-11 所示，CNN 的主要组件包括卷积层、池化层和全连接层。卷积层用于提取图像的局部特

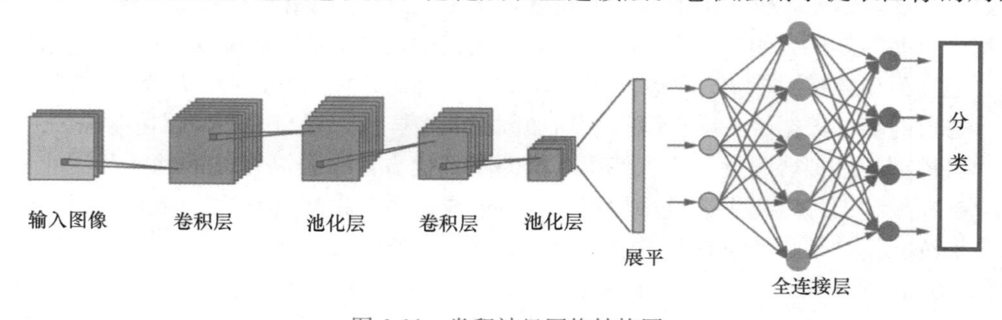

图 6-11　卷积神经网络结构图

征，池化层用于降低特征图的维度，而全连接层用于将特征映射到输出类别。通过多个卷积层和全连接层的堆叠，CNN 可以学习复杂的特征，并实现对图像的高级理解和分析。

6.3.1 卷积层

卷积层（Convolutional Layer）是卷积神经网络的核心组件之一，它负责从输入图像中提取特征。卷积层使用卷积核（也称为滤波器或权重）来执行卷积操作，通过滑动卷积核在输入图像上提取特定的特征。

卷积核有卷积核尺寸（Kernel Size）、步幅（Stride）、填充行/列数（Padding）三个参数。卷积核通常是一个正方形或矩形的窗口，尺寸通常较小，如 3×3 或 5×5。卷积核的尺寸决定了它在输入图像上感受野的大小，也就是它能够捕获的图像信息范围。步幅定义了卷积核在输入图像上滑动的步长，它决定了输出特征图的尺寸。步幅的选择会影响网络的计算量和感受野大小。填充是在输入图像的边缘上添加一些虚拟像素，使得卷积核可以更好地处理图像边缘信息。填充有两种方式：零填充和重复填充。零填充在边缘上添加零值像素，而重复填充是将图像的边缘像素复制多次。通过调整这三个参数，可以对卷积操作进行灵活的设计，以适应不同大小的输入图像和不同复杂度的任务。

卷积操作的过程是将卷积核与输入图像的局部区域进行逐元素相乘，并将结果相加得到输出特征图的一个元素。然后，卷积核在输入图像上移动一定的步长，继续执行卷积操作，得到整个输出特征图。如图 6-12 所示，对于一个 5×5 的图像数据，卷积核为三阶矩阵，步幅为 1，填充为 1。首先对图像数据进行补 0，即在周围加上一圈 0，这不改变数据的特征，但可以保证卷积计算之后输出仍是 5×5 的矩阵。从左到右、再从上到下，取与卷积核同样大小的矩阵进行对应位置相乘再相加，如图 6-12 浅灰色部分演示卷积计算的过程为：0×0+0×1+0×1+0×1+1×0+2×1+0×0+6×1+7×0+0（偏置）=8。所有对应项乘完再相加，实际上就是把所有作用效果叠加起来。

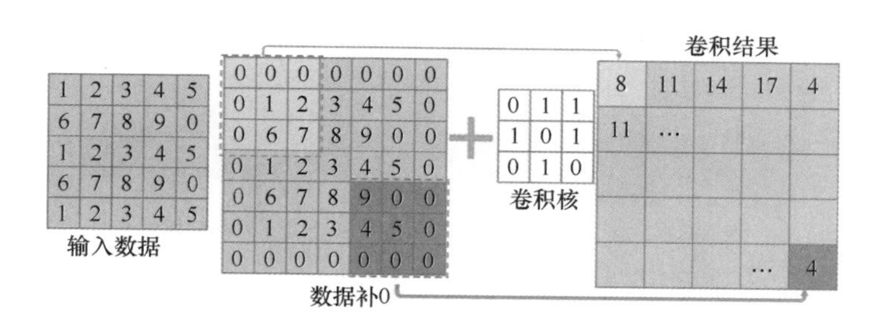

图 6-12 卷积运算示例

卷积层的参数共享是 CNN 的重要特性之一。参数共享意味着一个卷积核在整个输入图像的不同局部区域使用相同的权重进行卷积，从而减少了需要优化的参数数量。参数共享的优势在于它能够在不增加网络复杂度的情况下，增加网络对数据的统计稳定性和泛化能力。在图像处理任务中，由于图像不同位置可能有相似的边缘、纹理，通过参数共享，网络可以学习到这些局部特征的共性，对图像中不同位置的共性特征具有相似的输出值，从而提高了对图像的理解和表达能力。

卷积核的三个超参数，即卷积核尺寸、步幅和零填充行/列数，和输入图片尺寸一起决定了输出特征的尺寸。假设输入图片尺寸为 $a \times a$，卷积核尺寸为 $b \times b$，卷积步幅为 c，填充行/列数为 d，则输出特征尺寸为 $(a-b+d)/c+1$。

在卷积神经网络的前向传播过程中，卷积层的输出首先经过激活函数，然后传递给下一层卷积层或全连接层进行进一步特征提取和计算。常用的激活函数是 ReLU，以引入非线性，增加网络的表达能力。卷积层之后通常会加入池化层，用于降低特征图的维度，并减少计算量。

6.3.2 池化层

池化层是卷积神经网络中的另一个重要组成部分，用于对特征图进行降采样（Down-sampling）。它的主要作用是减少特征图的空间尺寸，从而减少网络参数和计算量，同时保留重要的特征信息，提高网络的鲁棒性和泛化能力。需要注意的是，池化层并不引入额外的学习参数，它只是一种固定的操作，因此不会增加网络的复杂性。同时，池化层通常与卷积层交替使用，卷积层用于提取图像中的特征，而池化层用于降采样和特征的压缩。不同于卷积层里计算输入和卷积核的互相关性，池化层直接计算池化覆盖区域内元素的最大值或者平均值。将池化覆盖区域所有值的平均值作为池化结果称为平均池化（Average Pooling），将池化覆盖区域的最大值作为池化结果称为最大池化（Max Pooling）。

池化从输入数据的左上方开始，按从左往右、从上往下的顺序，依次在输入数组上滑动。在池化操作中，池化窗口通常是一个固定大小的矩形区域，比如 2×2 或 3×3 的区域。在每次滑动池化窗口时，根据池化操作的类型（最大池化或平均池化），选择区域内的最大值或平均值作为输出值，然后将输出值填充到输出数组的相应位置。这样输入数据的空间尺寸被压缩，同时保留了重要的特征信息。图 6-13 给出池化核为 2×2、步长为 1 的最大池化和平均池化结果。

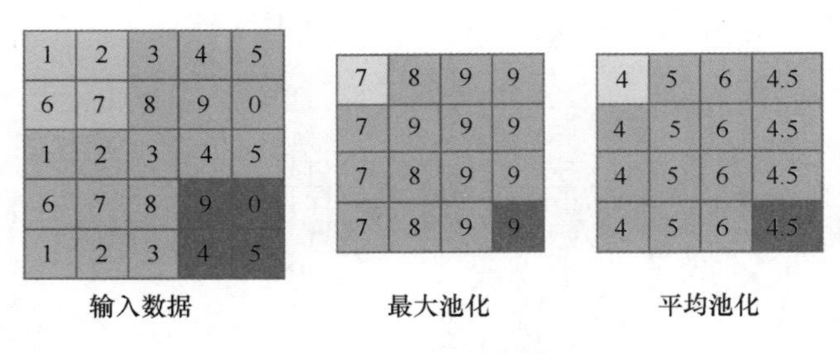

图 6-13 池化运算示例

通过减小特征图的空间尺寸，池化层可以大大减少网络中的参数数量，从而降低过拟合的风险，同时减少了计算量，加速了网络训练和推理过程。同时，池化层在选择区域内的最大值或平均值时会选择出局部区域中最显著的特征，从而保留了图像中的重要信息，有助于提高网络的鲁棒性和泛化能力。池化操作的输出不受输入图像平移变换的影响，因为选择的最大值或平均值是局部不变的，这使得网络对图像中的平移具有一定的不变性，提高了图像识别的稳定性。

6.3.3 全连接层

全连接层是卷积神经网络的最后一部分，也称为输出层。它的主要功能是将卷积层和池化层的输出特征映射转换成最终的输出结果，如图像分类的类别预测或目标检测的位置回归。全连接层中每个神经元都与前一层中的所有神经元相连接，参数量通常较大，可能会导致过拟合问题，因此常常需要结合正则化等技术来优化模型的性能。为了减少参数量和提高模型的泛化能力，常常在全连接层之前使用一个或多个池化层和卷积层进行特征提取和降维。

在图像分类任务中，全连接层通常包含一个或多个神经元，每个神经元对应一个类别，输出的结果是每个类别的得分或概率，然后通过 softmax 函数将得分转换为概率分布，并确定最终的分类结果。在目标检测任务中，全连接层通常用于预测目标的位置和大小信息。全连接层的输出通常是一个向量，包含目标的坐标、宽度和高度等信息。

6.4 其他网络模型

除了卷积神经网络外，在深度学习领域还有其他比较流行的模型，如循环神经网络（Recurrent Neural Networks，RNN）、生成对抗网络（Generative Adversarial Networks，GAN）、注意力机制（Attention Mechanism）等。随着深度学习领域的快速发展，新的模型和算法不断涌现，为解决各种问题提供了更多的选择。每个模型都有其独特的特点和应用领域，具体使用哪种模型取决于任务需求和数据特征。由于篇幅所限，本节将简述上述三类模型，同学们想了解更多可查阅相关论文。

6.4.1 循环神经网络

传统的深度神经网络中，输入和输出之间是独立的，只允许数据单向流动，即从输入到输出，如图 6-14（a）所示。RNN 是一类特殊的神经网络，它通过在网络中使用反馈循环使信号能够双向传播，先前的输入中提取的特征被反馈到网络中，使其具备记忆能力，如图 6-14（b）所示。这些交互式网络是动态的，因为它们的状态不断变化，直至达到平衡点。RNN 主要用于处理时间序列等顺序自相关数据，它与 CNN 的主要特征对比见表 6-1。

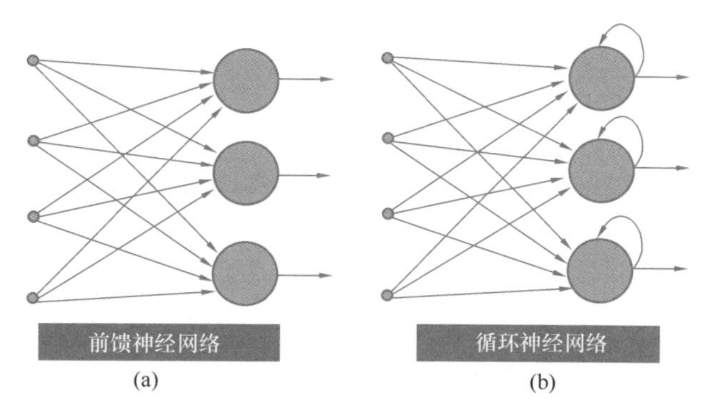

图 6-14 RNN 与传统前馈神经网络的结构对比

CNN 与 RNN 主要特征对比 表 6-1

主要特征	CNN	RNN
模型结构	前反馈神经网络，含卷积、池化层等模块	具有循环连接，隐藏状态会被反馈回网络中

续表

主要特征	CNN	RNN
输入/输出	输入为图像或其他网格化数据；输出为分类、回归等结果和预测置信度	输入为序列数据，如时间序列、自然语言文本等；输出为完整序列或最后一个时间步的结果
应用场景	自然语言处理（如语言建模、文本生成等）、时间序列预测（如天气预测）等任务	图像分类、目标检测、图像分割等计算机视觉任务

6.4.2 生成对抗网络

GAN 是由生成器（Generator）和判别器（Discriminator）组成的框架，网络基本结构如图 6-15 所示。生成器接收一个随机噪声向量作为输入，并通过一系列的隐藏层逐步将其转化为与训练数据相似的样本。生成器的目标是生成逼真的样本，以迷惑判别器。判别器接收真实样本（来自训练数据）和生成器生成的样本，并尝试区分它们的真伪。判别器的目标是正确地区分真实样本和生成样本。

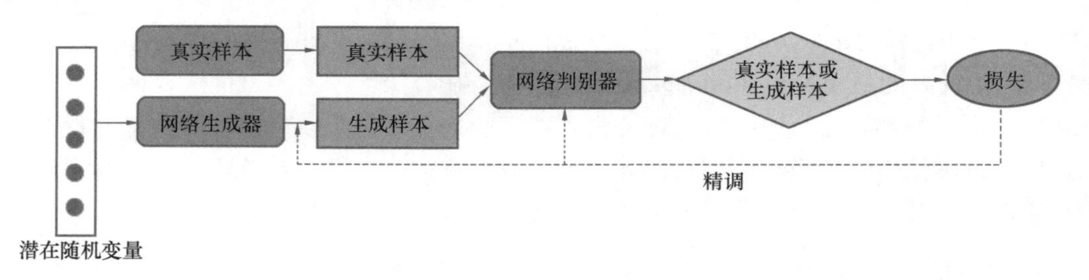

图 6-15　生成对抗网络基本结构

GAN 的目标是使生成器生成的样本越来越逼真，同时使判别器无法区分真实样本和生成样本。生成器和判别器在训练过程中相互竞争和对抗，直至达到一种平衡状态。损失函数在 GAN 的训练中起重要的作用，生成器损失函数用判别器对生成样本的输出与真实标签之间的损失来表示，判别器损失函数为真实样本的判别损失和生成样本的判别损失之和。通过交替训练生成器和判别器，使得生成器的损失函数最大化、判别器的损失函数最小化，进行参数更新，GAN 逐渐收敛，并生成与真实样本相似的样本。

GAN 在图像领域的应用取得了重要的进展，并在图像生成、图像编辑和重建、超分辨率图像重建、图像风格迁移、图像修复和去噪、图像转换和合成等方面展现出强大的能力。通过训练生成器和判别器的对抗学习，GAN 可以生成逼真的图像样本，实现图像的风格转换和合成，如将黑白图像转换为彩色图像、将日间场景转换为夜间场景、将草图转换为真实图像等。这些应用展示了 GAN 在图像领域的强大潜力和创造力，但 GAN 生成的逼真的虚假图像和内容可能会被滥用于伪造信息、造假证据和传播虚假新闻等，从而造成负面的社会影响，因此信息安全和信任建立是人工智能时代下面临的重要挑战。

6.4.3 注意力机制

注意力机制通过对输入序列中不同部分进行加权处理，增强了网络对重要信息的关注程度。它通常被视为一种神经网络中的组件，而不是独立的模型，可以与其他神经网络结构（如 RNN、CNN 等）相结合使用，以提高模型在各种任务上的性能。例如，在图像分类任务中，可以使用CNN作为特征提取器，使用注意力机制来加强网络对不同图像区域的关注。

图6-16展示了注意力机制的通用结构，可以分为两个步骤：计算输入信息上的注意力分布（Attention weights），再计算上下文向量（Context Vector）。下面以一个简单的图像分类例子来演示它的流程。查询（Query）、键（Keys）和值（Value）是注意力机制中的三个关键组件。“查询”是用于表示当前关注的内容或信息的向量，通常根据任务需求生成，如使用一个向量来表示我们关注是否存在汽车的特征。“键”表示图像中不同区域的特征，每个区域都对应一个键向量，如卷积神经网络的中间层特征。“值”向量是与每个“键”相关联的信息，如图像分类任务中每个区域的特征向量或激活值。通过计算“查询”向量与“键”向量之间的相似性得分可以获得注意力权重，以确定在图像分类过程中关注哪些区域的重要程度。最终，根据注意力权重对“值”向量进行加权聚合，生成加权的特征表示，用于图像分类任务。这样网络可以更加关注与“查询”相关的区域，提高图像分类的准确性和鲁棒性。

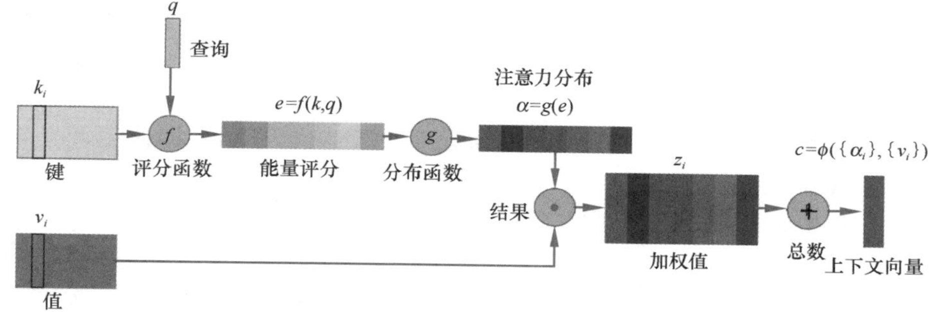

图6-16 注意力机制的通用结构

Transformer模型是一个典型的使用注意力机制的模型，它用注意力机制替代传统的RNN和CNN模型。Transformer模型采用了序列到序列（Sequence-to-Sequence）的架构，由编码器和解码器组成，如图6-17所示。编码器由多个Transformer模块堆叠而成，模块数N可取为6，每个Transformer模块结构如下：

（1）位置编码（Positional Encoding）：为输入序列中的每个位置添加一个表示位置信息的向量。位置编码使得模型能够区分不同位置的单词或标记。

（2）多头自注意力（Multi-head Self-Attention）：通过计算查询、键和值之间的相似性得分，生成注意力权

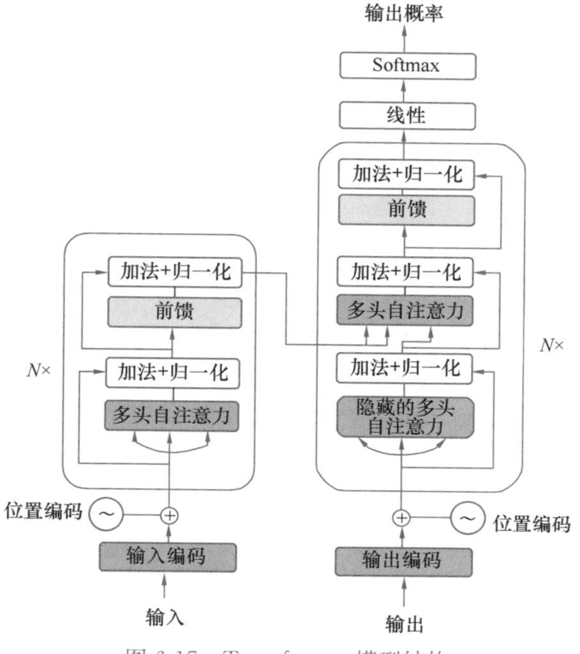

图6-17 Transformer模型结构

重，然后将注意力权重与值进行加权求和，得到上下文向量。多头自注意力允许模型在不同的表示子空间和不同的位置上同时关注输入序列的信息。

(3) 前馈神经网络 (Feed-Forward Neural Network)：通过两个线性变换和激活函数对特征进行非线性映射。前馈神经网络增加了模型的表示能力。

(4) 层归一化 (Layer Normalization)：在每个子层的输入和输出之间进行归一化操作，有助于提高模型的训练稳定性。

(5) 残差连接 (Residual Connection)：将输入直接添加到子层的输出，以便信息能够更容易地传递。

解码器与编码器的结构类似，但还包含一个额外的编码器—解码器注意力层，用于将解码器的每个位置与编码器的输出进行关联。

相对于卷积神经网络，Transformer 模型具有一些优势：

(1) 捕捉长距离依赖关系：传统的卷积神经网络在处理序列数据时，由于局部感知野的限制，可能无法有效捕捉到长距离的依赖关系。而 Transformer 模型通过自注意力机制，可以在任意位置上关注输入序列中的其他位置，从而更好地捕捉长时间依赖关系，适用于处理具有长序列的任务。

(2) 并行计算能力：卷积神经网络的计算是基于局部感受野的滑动窗口操作，导致计算过程中存在序列上的依赖关系，难以进行并行计算。而 Transformer 模型中的自注意力机制是全局性的操作，允许在输入序列中的所有位置上进行并行计算，大大提高了计算效率。

(3) 捕捉全局语义信息：卷积神经网络在处理序列数据时，局部感受野的限制可能导致无法充分捕捉到全局的语义信息。相比之下，Transformer 模型通过自注意力机制能够在编码器和解码器中对全局的输入信息进行关注和整合，有助于更好地捕捉序列中的上下文信息和语义关系。

6.5 深度学习框架

深度学习框架是一种软件工具或软件库，它提供了一系列的高级功能和工具，帮助开发者更方便地定义、训练和部署深度学习模型。开发者可以通过简单的堆叠层来构建复杂的模型结构，使模型的设计更加直观和灵活。同时，它还提供了可视化工具和调试器，用于可视化训练过程中的指标变化及模型调试等；支持将训练好的模型保存为特定格式，并部署到生产环境中进行实时预测。深度学习框架也提供了与 GPU 和其他加速硬件的交互接口和优化方法，利用硬件的并行计算能力，加速深度学习任务的训练和推理过程，从而提高模型的计算效率和训练速度。

主流的深度学习框架随着时间的推移可能有所变化，TensorFlow 和 PyTorch 是目前业界使用最为广泛的两个深度学习框架，在工业界和学术界都有着广泛的用户基础和影响力。

TensorFlow 具有完备的解决方案和丰富的生态系统。它提供了丰富的工具和库，可以支持从模型构建、训练到部署的全流程，并且具有高度的可扩展性和跨平台的特性。TensorFlow 在工业界被广泛应用于各种场景，包括计算机视觉、自然语言处理、语音识别等。

PyTorch 以其简洁、灵活的接口设计受到广泛赞誉。PyTorch 的设计理念注重于用户友好性和易用性，使得用户可以更快速地设计、调试和迭代网络模型。它支持动态图和静态图的混合计算，具有良好的可读性和调试能力，因此在学术界颇受欢迎。

TensorFlow 和 PyTorch 均为开源项目，给用户提供了详细的说明文档和教程，帮助用户快速上手和理解框架的使用方法和原理。用户可以参考说明文档进行深度学习框架的安装、数据预处理、模型构建、训练和推理等实践。MATLAB 软件也提供了深度学习工具箱（Deep Learning Toolbox），包含了各种深度学习模型和算法，以及用于训练、评估和部署深度学习模型的函数和工具。

下面将对两个 MATLAB 程序案例进行 CNN 模型构建和训练的演示。首先，从零开始训练模型将帮助学生了解网络结构设计、损失函数和优化算法的选择，以及参数的调整。相比于从零开始训练模型，迁移学习通常是一种更常用和有效的选择，特别是在数据稀缺、计算资源有限或目标任务与预训练模型相似的情况下。因此，第二个案例将学习如何加载预训练模型并进行微调，以适应新的图像分类任务。

6.5.1 从零开始训练 CNN 模型

构建一个简单的 CNN 模型，用于图像分类，程序运行演示视频见二维码 6-2。

（1）加载数字图像，并划分为训练和验证数据，数字样本图像如图 6-18 所示。

```
digitDatasetPath = fullfile(matlabroot,'toolbox','nnet','nndemos', ...'nndatasets','DigitDataset');
imds = imageDatastore(digitDatasetPath, ...
    'IncludeSubfolders', true,'LabelSource','foldernames');
figure;
perm = randperm(10000,20);
for i = 1:20
    subplot(4,5,i);
    imshow(imds.Files{perm(i)});
end
%划分为训练和验证数据
numTrainFiles = 750;
[imdsTrain, imdsValidation] = splitEachLabel(imds, numTrainFiles,'randomize');
```

6-2 程序运行演示视频

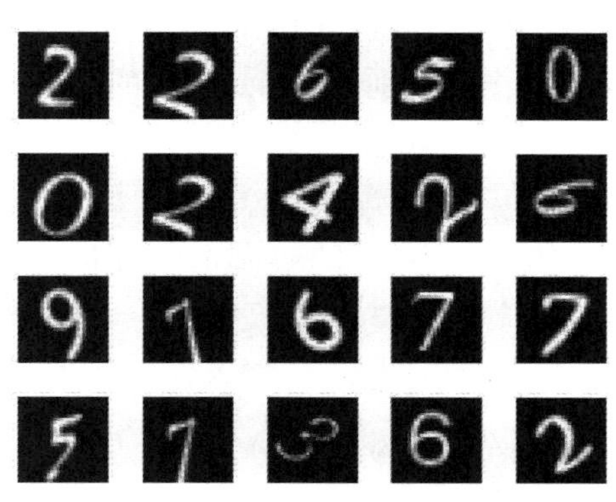

图 6-18 数字样本图像

（2）定义卷积神经网络架构：包括输入层、卷积层、激活函数层、池化层、全连接层和分类层。

```
layers = [imageInputLayer([28 28 1])  % 输入图像尺寸为 28×28，通道数为 1
    convolution2dLayer(3, 32, 'Padding', 'same')  % 卷积层，使用 3×3 的卷积核，输出通道数为 32
    reluLayer()% ReLU 激活函数
    maxPooling2dLayer(2,'Stride', 2)  % 最大池化层，使用 2×2 的池化窗口，步幅为 2
    fullyConnectedLayer(10)% 全连接层，输出大小为 10，对应于分类的类别数
    softmaxLayer() % Softmax 激活函数
    classificationLayer()]; % 分类层
```

（3）指定训练选项：使用随机梯度下降作为优化算法，最大训练轮数为 10，指定验证数据集用于模型评估。

```
%设置训练选项
options = trainingOptions('sgdm', 'MaxEpochs', 10, 'ValidationData', validationData);
```

（4）使用训练数据训练神经网络。

```
%训练模型
net = trainNetwork(trainData, layers, options);
```

（5）对验证图像进行分类并计算分类准确率。

```
%使用训练好的模型对验证数据集进行分类
YPred = classify(net, imdsValidation);
%获取验证数据集的真实标签
YValidation = imdsValidation.Labels;
%计算分类的准确率
accuracy = sum(YPred == YValidation)/numel(YValidation)
```

6.5.2 基于预训练模型的迁移学习

预训练模型已经通过大规模数据学习到了复杂的特征表示，包含对常见对象和模式的抽象能力。通过迁移学习，可以直接使用这些特征提取器，无需从头训练，简化了模型的设计和实现。这里，我们将学习如何加载预训练模型并进行微调，以适应新的图像分类任务。与 6.5.1 节中的流程类似，主要区别在于第二步中的卷积神经网络定义，程序运行演示视频见二维码 6-3。

6-3 程序运行演示视频

```
% (1)加载图像数据集，并划分训练集和验证集
imds = imageDatastore('path_to_images', 'LabelSource', 'foldernames', 'IncludeSubfolders', true);
[trainData, validationData] = splitEachLabel(imds, 0.8,'randomized');

% (2)定义 CNN 网络
net = alexnet;% 加载预训练的 AlexNet 网络模型
disp(net.Layers); % 显示网络结构
```

```
%设置迁移学习的最后一层
numClasses = 10; % 新数据集的类别数量
layers = net.Layers;
layers(end-2) = fullyConnectedLayer(numClasses); % 替换原来的全连接层
layers(end) = classificationLayer; % 替换原来的分类层

% (3)指定训练选项
options = trainingOptions('sgdm', 'MaxEpochs', 10, 'ValidationData', validationData);

% (4)使用训练数据训练神经网络
netTransfer = trainNetwork(trainData, layers, options);
% (5)对验证集进行分类并计算准确率
YPred = classify(netTransfer, validationData);
YValidation = validationData.Labels;
accuracy = sum(YPred == YValidation) / numel(YValidation);
disp(['Accuracy:', num2str(accuracy)]);
```

6.6 本章小结

本章介绍了深度学习的基本概念、常见的模型结构及实现方法。从最简单的感知器模型出发，介绍了神经网络的基本原理和优化方法。接着，着重介绍了适用于图像处理任务的卷积神经网络，它通过卷积层、池化层和全连接层等组件进行图像特征提取和分类。除了卷积神经网络，还简要介绍了其他流行的深度学习模型，如循环神经网络和生成对抗网络。此外，还介绍了常用的深度学习框架，并用 MATLAB 示例程序演示了如何从零开始训练 CNN 模型和如何利用预训练模型进行迁移学习。

总的来说，本章进行了一个基础的介绍，让读者对深度学习的基本概念和方法有所了解。读者可以进一步探索和应用深度学习技术，解决更复杂的问题和任务。

复习思考题

1. 深度学习在计算机视觉领域的应用有哪些？请列举几个具体的任务和应用场景。
2. 深度学习中的反向传播是什么？它在神经网络中起什么作用？
3. 什么是损失函数？常见的损失函数有哪些？
4. 请解释卷积层和池化层在卷积神经网络中的作用和原理。
5. 什么是注意力机制？

7

目标识别与分割

知识图谱

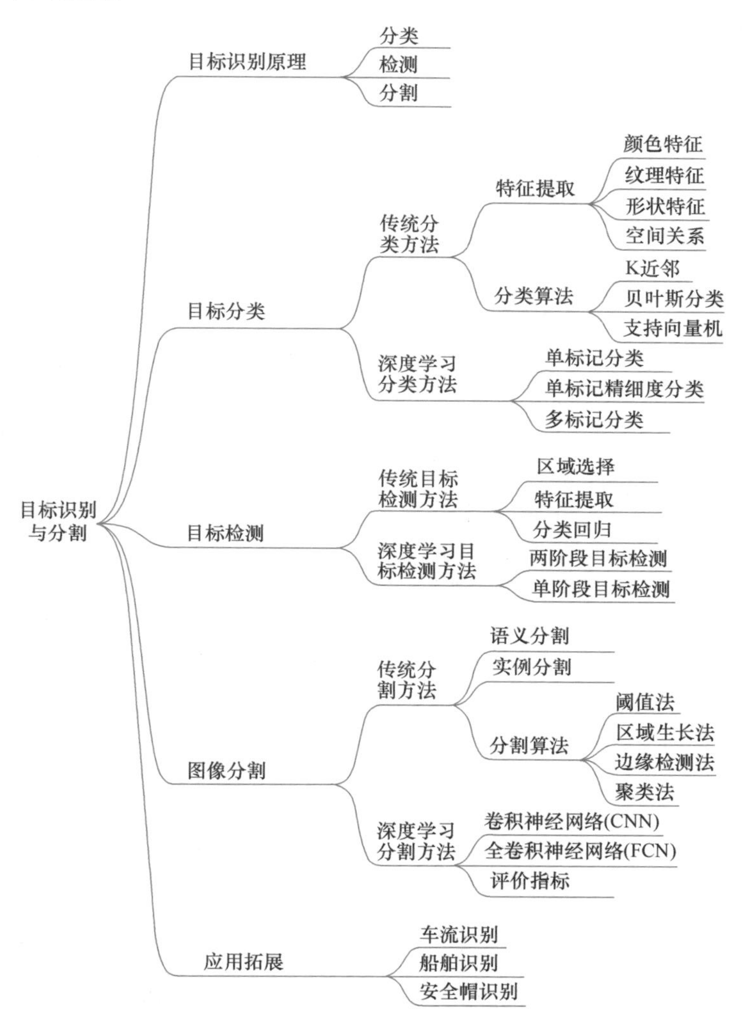

本章要点

知识点 1. 目标分类。

知识点 2. 目标检测。

知识点 3. 图像分割。

知识点 4. 土木工程场景中的应用思路。

学习目标

（1） 掌握图像分类、检测和分割的传统方法和深度学习方法。

（2） 理解图像分类、检测和分割三类任务在土木工程场景中的应用思路。

7.1 概述

在现代土木工程中，准确地了解和分析复杂的工程信息是确保项目规划、实施、运维成功的关键。然而，传统的人工方法常常耗时且容易出错。随着计算机视觉和图像处理技术的快速发展，基于目标识别与分割的方法提供了一种优化的解决方案，已经成为土木工程领域的一个重要研究方向。

如图 7-1 所示，目标识别与分割的目的在于通过计算机视觉算法，自动识别和分割土木工程中的目标，如建筑物、构件、设备等。目标识别与分割技术在土木工程领域得到广泛应用：在工程进度监测领域，目标识别与分割技术可以用于监测土木工程项目的进度。通过分析工程现场的图像或视频，可以自动检测和分割出已完成和未完成的工程部分。这有助于工程管理人员及时了解项目的进展情况，发现潜在的延迟和问题，并采取相应的措施进行调整和协调。在建筑物检测领域，目标识别与分割技术可以帮助工程师自动识别和检测出土木工程中的建筑物、构件和设备等目标。通过使用计算机视觉技术和图像处理算法，可以对现有的土木工程图纸或实地图像进行分析，准确地标记出建筑物的位置和边界。在结构损伤检测领域，目标识别与分割技术可以用于识别和分割出结构中的损伤区域，例如裂缝、腐蚀和破损等。通过对损伤区域进行准确的定位和分析，可以帮助工程师及时采取修复和维护措施，确保结构的安全性和可靠性。在土地利用规划领域，在城市规划和土地利用规划中，目标识别与分割技术可以用于自动识别和分割土地的不同类型和用途。例如，可以识别出建筑用地、道路、绿地和水体等。这些信息可以用于评估土地利用状况、规划交通网络和城市基础设施，以及进行环境保护和资源管理等方面的决策。总之，目标识别与分割在土木工程中的应用可以提高工程效率和质量，帮助工程师更好地理解和处理复杂的工程信息，并支

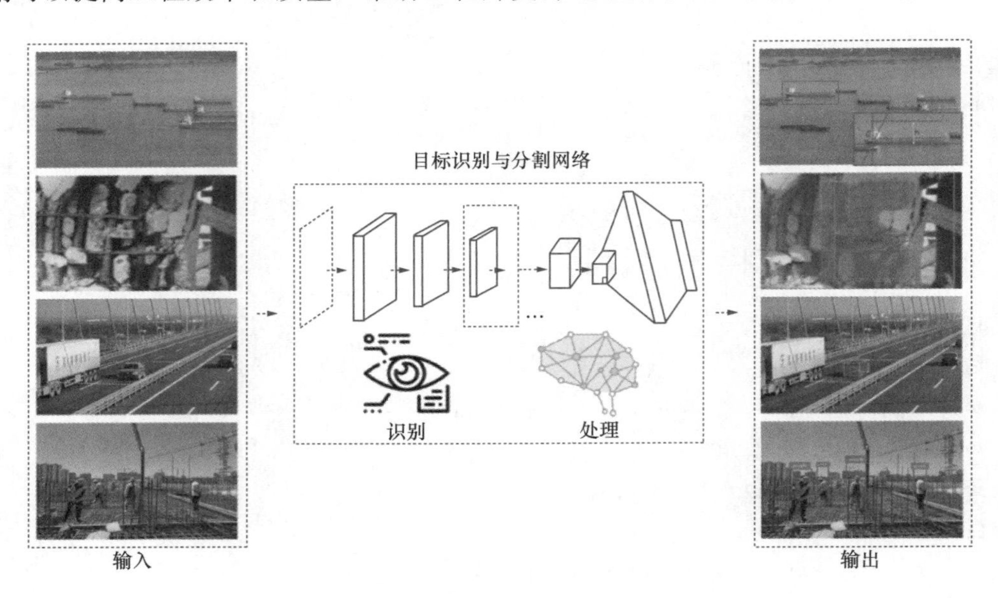

图 7-1 目标分割与识别应用

持决策和规划过程。

本章将深入探讨目标识别与分割的原理、方法和应用，帮助读者理解和掌握这一关键技术。

7.2 目标识别原理

基于人工智能和深度学习方法的现代计算机视觉技术在过去 10 年里取得了显著进展。如今，它被广泛用于图像分类、人脸识别、图像中物体的识别、视频分析和分类及机器人和自动驾驶车辆的图像处理等方面。

从图像中提取可供计算机理解的信息是机器视觉领域的核心挑战。深度学习模型凭借其卓越的特征表达能力，在数据积累和计算能力的显著提升下，已经成为机器视觉研究的焦点。正如图 7-2 所示，根据后续任务的需求，可以将图像的理解划分为三个关键层次：

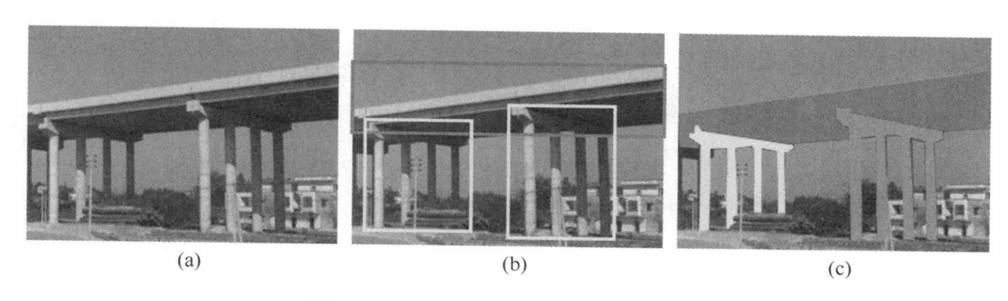

图 7-2 基于深度学习的三层次分析
(a) 分类：桥；(b) 检测：桥墩、桥面；(c) 实例分割

一是分类（Classification）。分类任务旨在将图像分为不同的类别，这些类别可以是预先定义好的标签，如字符串或实例 ID，用来描述图像所包含的主要对象或场景。尽管分类任务似乎是图像处理中的基础任务，但它却是深度学习模型首次获得突破并广泛应用的奠基之一。举例来说，ImageNet 数据集作为权威评测集，每年的 ILSVRC 竞赛都推动了许多杰出的深度神经网络结构的诞生，这为图像处理领域的其他任务提供了强大的基础。在实际应用中，分类任务的例子包括人脸识别、场景分类等，它们都可以被视为分类任务的具体应用领域。

二是检测（Detection）。与分类任务不同，检测任务不仅关注识别图像中的特定对象目标，还要求获取这些目标的类别信息以及它们在图像中的准确位置。检测任务还需要理解图像中的前景和背景，并将感兴趣的目标从背景中分离出来，同时提供有关目标的详细描述，包括类别和位置。因此，检测模型的输出通常是一个列表，其中每一项都包含检测到的目标的类别和位置信息，通常以矩形框的坐标来表示。检测任务在计算机视觉中的应用非常广泛，包括物体检测、行人检测、车辆检测等。

三是分割（Segmentation）。分割任务旨在将图像细分为不同的区域或对象。分割任务通常涵盖两个主要方面，即语义分割和实例分割。语义分割的目标是将图像中的每个像素分配到其相应的语义类别。这意味着我们不仅要将前景和背景分开，还要将图像中不同物体的不同部分精确分割出来。举例来说，在医学图像分析中，语义分割可以用于区分肿瘤和正常组织，有助于医生作出更准确的诊断。与之相比，实例分割更进一步，它不仅要将不同物体的部分分离，还要为每个物体的每个实例分配唯一的标识符。这意味着如果一幅图像中有多个相同类型的物体，如多个汽车，实例分割能够将它们一个个区分开来，并为每辆汽车分配不同的标签。这对于许多应用来说非常重要，例如自动驾驶中道路上车辆的跟踪和识别。

7.3 目标分类

7.3.1 传统分类方法

传统的图像分类算法是依靠提取图像特征对图像进行表述，从而区分图像中物体的类别，通常由图像预处理、特征提取、分类器设计三个步骤组成。

首先，在进行图像分类之前，必须对图像进行一系列的预处理步骤，这是因为原始图像通常包含许多干扰因素和噪声。这些预处理步骤包括图像裁剪、去除噪声及图像增强等操作。经过这些处理后，图像变得更加清晰，噪声干扰得以减少，从而显著提升了图像分类的效果和准确度。其次是特征提取，其是图像分类的核心，特征提取的方式及结果将会直接影响图像分类的精度。但如果是以整张图像作为输入，运算量过大会导致分类效率下降和正确率下降等问题。因此，特征提取需要对原始图像先进行降维运算，把原始图像映射到一个低维的特征空间，从而得到可以反映图像本质区别的低维样本特征。最后，将提取到的特征输入机器学习算法中，训练得到最优的分类模型。因图像的特征提取和分类算法为图像分类的核心，故本节围绕这两点展开叙述。

图像特征的提取会对检测精度产生重要影响。特征提取方法可以被划分为四大类，这些方法覆盖了颜色特征、纹理特征、形状特征及空间关系特征这四个关键方面：

（1）颜色特征是一种全局特征，用于描述图像或图像局部区域的颜色信息。颜色特征最常使用的颜色空间包括 RGB（Red，Green，Blue）颜色空间和 HSV（Hue，Saturation，Value）颜色空间。多样化的颜色特征描述方法包括颜色直方图、颜色集、颜色矩、颜色聚合向量及颜色相关图等。

（2）纹理特征描述了图像中重复出现的局部模式及其排列规律，反映了图像或图像区域的表面性质。纹理特征的优势在于，它们不受图像旋转的影响，具有较强的抗干扰能力。然而，图像分辨率的变化可能导致纹理特征发生较大变化。灰度共生矩阵是一种常见的纹理特征提取方法，它通过灰度图像生成，然后根据共生矩阵计算特征值，以代表图像的某些纹理特征。根据灰度共生矩阵，可以计算一些用于纹理特征描述的统计量，如能量、熵、对比度和相关性等。

（3）形状特征用于描述目标的基本特性，这在图像处理和计算机视觉领域中至关重要。常见的形状特征包括基于轮廓和层次性的描述方法。基于轮廓的描述方法在形状区分方面具有广泛的应用，因为视觉系统通常通过轮廓来识别和区分不同的形状。曲率也被广泛用于衡量和判别形状的相似性。然而，基于轮廓的描述方法可能会受到来自图像中的噪声的干扰，这使得从图像中提取目标轮廓变得具有挑战性。与基于轮廓的描述方法不同，层次性的形状描述方法可以逐层过滤掉不匹配的特征，从而更好地弥补单一特征对目标或场景分类的不足。这种方法可以更全面地捕捉目标的特征，提高形状描述的准确性和鲁棒性。

（4）图像对象之间的空间关系描述在图像分析中具有重要地位。认知心理学的观点认为，人们在识别物体时首先关注对象之间的空间关系，然后再关注颜色、纹理和形状等特征。空间关系包括图像中不同目标之间的位置和方向关系。这些空间位置信息通常可以分为相对位置和绝对位置两种类型。相对位置强调目标之间的相互关系，例如上下左右的相对方向，而绝对位置则侧重于距离和方位的描述。空间关系具有尺度、层次和拓扑等特征，这些特征在描述不同场景和对象之间的关系时都具有重要意义。然而，现有的空间关系表示模型主要适用于二维平面上的简单对象和确定性现象的建模，因此大部分模型只能描述和推理二维平面对象及确定性现象的空间关系。在处理更复杂的三维场景和非确定性现象时，需要进一步研究和发展更复杂的空间关系建模方法。

关于图像分类算法，我们可以分为无监督学习和监督学习两种方式。监督学习是一种方法，它依赖于先前标记好的数据集，以了解输入和输出之间的关系，并通过训练来创建最优的模型。具体而言，监督学习通过分析给定样本的输入和相应的输出标签，从中学习特征和标签之间的关联。当我们面对未标记的新样本时，分类算法能够运用已经学到的知识将其归类到适当的类别中。相反，无监督学习主要依赖于数据特征之间的内在关系，而不需要预先标记的输出标签。在无监督学习中，算法的任务是将数据集自动划分为不同的类别或群组，从而揭示数据中的潜在结构和模式。下面介绍几种常用的分类算法：

（1）K 近邻（K-Nearest Neighbors，KNN）算法是一种直观而有效的机器学习方法，主要用于预测和分类任务。在 K 近邻算法中，当需要对一个测试样本进行分类时，它会考察训练数据集中与该样本最相似的 K 个邻居，然后根据这些邻居的类别来决定测试数据所属的类别。距离度量是这个算法的核心，欧式距离、曼哈顿距离和余弦距离等都是常用的距离度量方式，其中欧式距离最为常见。KNN 以其简单易懂的特点而闻名，适用于处理简单的分类问题，并且通常能够实现高准确率的分类结果，同时训练时间成本较低。然而，KNN 也存在一些限制，其中包括计算复杂度高和占用存储空间多等问题。特别是在特征维度增加的情况下，算法的效率会明显下降，因此在处理高维数据时需要谨慎使用。

（2）贝叶斯分类算法基于概率统计的原理，是一类广泛应用于分类问题的方法。它的核心思想是基于贝叶斯定理来估计未知样本属于各个类别的概率，然后选择具有最高概率的类别作为最终的分类结果。在处理大规模数据集时，贝叶斯算法通常能够达到较高的分类准确率。在应用贝叶斯算法时，通常需要假设样本的特征之间是条件独立的，这种独立性假设在一定程度上简化了建模和计算过程，但有可能降低分类的精度。值得注意的是，朴素贝叶斯分类算法对数据缺失不敏感，且分类过程非常高效。然而，它的一个明显限制是在特征之间存在强烈相关性时可能导致较差的分类效果。

（3）支持向量机（Support Vector Machines，SVM）是一种强大的监督学习方法，通常用于解决二分类问题。SVM 的目标是找到一个超平面，将正负样本分隔开来，同时最大化正负样本之间的间隔，这个问题可以被转化为一个凸二次规划问题来求解。对于多类别分类问题，SVM可以采用一对一或一对多策略，通过多个子分类器来决定未知样本的类别。SVM在处理小规模训练样本时表现出色，通常能够达到良好的分类效果。然而，在处理大规模训练样本时，SVM的计算复杂度和内存消耗会显著增加，导致效率下降。为了处理线性不可分的问题，SVM引入了核函数，将样本映射到高维特征空间中，从而实现线性可分。然而，在高维环境下，SVM的计算复杂度仍然很高，导致效率低下。因此，在使用SVM时，需要仔细考虑数据集的规模和维度，以确保算法的有效性。

传统图像分类算法通常基于手工设计的特征提取器和分类器，需要依赖领域专家的经验和先验知识。这种方法在处理复杂的图像任务时面临一些挑战。首先，手工设计的特征提取器往往对于图像中的多样性和复杂性不具备良好的适应性，难以捕捉到图像中的高级语义和抽象特征。其次，传统分类器在处理大规模数据时可能遇到维度灾难和计算复杂度的问题，限制了其在大规模数据集上的效果和效率。

7.3.2 基于深度学习的分类方法

近年来，深度学习算法在图像分类领域取得了突破性进展，其革命性之处在于通过建立多层次的特征提取模型，成功实现了更为精确且接近图像高级语义的特征抽取。深度学习模型可以端到端地学习图像中的特征表达，无需依赖人工设计的特征提取器。这使得深度学习模型能够自动发现和利用图像中的语义和抽象特征，提高了图像分类的准确性。其次，深度学习模型可以通过增加网络的深度和参数量来适应复杂的图像任务和大规模数据集，同时利用并行计算的优势加速训练和推断过程。这使得基于深度学习的图像分类算法在处理大规模数据时具有较好的可扩展性和效率。基于深度学习的图像分类算法通过自动学习特征表示和端到端的训练，弥补了传统图像分类算法的不足之处。它们在处理复杂的图像任务和大规模数据集时表现出优秀的性能和效率，成为当今图像分类领域的主流方法。分类任务包括以下几个经典的子问题：

（1）单标记分类。预先设定好的多个标记间彼此是互斥的，图片属于且仅属于其中一个标记。

（2）单标记精细度分类。该问题是单标记分类的一个特例，特殊在不同类别的实体外观差异非常小，同时由于背景、拍摄角度等因素影响，同类图片外观变化又比较大。这种类间距离小、类内方差大的特性，使细粒度分类十分有挑战性。

（3）多标记分类。这是一种复杂的任务，其中一张图片可以同时拥有多个标记，因此需要一系列特定的评价指标来准确度量模型的性能。通常，在单标签分类中主要依赖准确率、召回率、F值和AUC曲线来评估分类结果的质量。然而，多标签分类远比单标签分类复杂，因为一张图片可以与多个标签同时关联，这意味着模型需要同时考虑多个标签的存在或缺失，增加了评价的难度。

为了更准确地评估多标签分类模型的性能，引入了一些经典的评价指标，其中最重要的包括平均准确率（Average Precision，AP）和平均准确率均值（mean Average Precision，mAP）。与单标签分类一样，当一张图片中的所有标签都被模型正确预测时，准确率才能达到1；否则，准确率为0。然后，对每个类别下的标签分别计算准确率，将它们的平均值计算出来，从而获得每个类别的平均准确率。接着，对所有类别的平均准确率再次取平均值，即可得到平均准确率均值。平均准确率允许我们评估模型在每个类别上的性能，而平均准确率均值则将所有类别的性能综合考虑在内，提供了全局性能的度量。

另外，覆盖率是另一个关键指标，它用于衡量模型生成的“排序好的标签列表”需要多少步骤才能覆盖真实的相关标签集合。这一指标有助于我们了解模型对标签的排序情况，以及在排序标签中包含真实相关标签的效率。具体而言，我们对预测集合 Y 中的所有标签 $\{y_1, y_2, \cdots, y_n\}$ 进行排序，并返回标签 y_i 在排序表中的排名。排名越高，说明相关性越差；反之，排名越低，说明相关性越高。

基于深度学习的分类方法通常需要大量的标注数据进行训练，所以图像分类公开数据集是计算机视觉领域中非常重要的资源。它们为研究人员和从业者提供了标准化的图像数据集，用于评估和比较不同的图像分类算法和模型的性能。这些数据集涵盖了各种不同的图像类别和场景，具有丰富的多样性和挑战性。通过使用这些数据集，研究人员可以进行实验并验证他们的算法在不同情况下的准确性、鲁棒性和泛化能力。

在接下来的章节中，我们将介绍一些常见的图像分类公开数据集，包括它们的特点、数据规模、类别分布等。通过对这些数据集的了解，读者能够更好地理解图像分类领域的研究和实践，并掌握评估算法性能所需的基本工具。无论是初学者还是专业人士，熟悉这些数据集都将对他们在图像分类任务中的研究和应用产生积极影响。

Pascal VOC 数据集的主要任务是在真实场景中识别多个类别的目标。该数据集共有近两万张图片，共由 20 个类别组成。Pascal VOC 官方对每张图片都进行了详细的信息标注，包括类别信息、边界框信息和语义信息，均保存在相应的 xml 格式文件中。通过读取 xml 文件中的<name>项，可以获取单张图片中包含的多个物体类别信息，从而构建多标签信息集合并进行分类训练。

COCO（Common Objects in Context）数据集包含了 91 个类别，30 余万张图片以及近 250 万个标签。与 Pascal VOC 相类似，COCO 数据的标注信息均保存在图片对应的 json 格式文件中。通过读取 json 文件中的 annotation 字段，可以获取其中的 category _ id 项，从而获取图片中的类别信息。同一 json 文件中包含多个 category _ id 项，可以帮助我们构建多标签信息。COCO 数据集的类别远大于 Pascal VOC，而且每一类包含的图像更多，这也更有利于特定场景下的特征学习。

除了上述两个主流数据集，常用的还包括 ImageNet 数据集和 NUS-WIDE 数据集，以及一些全新的数据集如 ML-Images 等。这些数据集在计算机视觉领域发挥着重要作用，为算法评估和比较提供了标准化的图像样本集合。

基于深度学习的分类算法在土木工程领域已得到广泛应用，尤其在日常基础设施的病害检测工作中。相比传统的人工目视方法，基于深度学习的分类算法具有诸多优势。它能够处理远距离采集的图像，快速分析结构表面的损伤情况，并通过分类网络对图像进行病害类别标签的标注。基于深度学习的分类网络具有功能简单和快速推理的特点，适用于粗略的检测工作。以混凝土结构中最常见的病害类型——裂缝为例，图 7-3 通过一个简单的基于深度学习的分类网络可以实现快速的裂缝判别。后续提供了分类网络的简易版程序，可以了解其构建流程。程序运行演示视频见二维码 7-1。

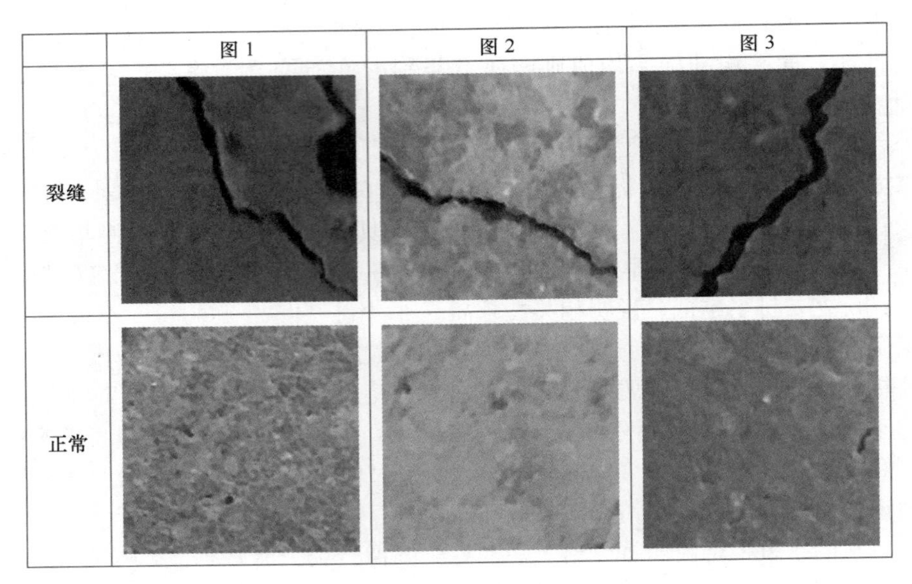

图 7-3 裂缝预测结果

7-1 程序运行演示视频

```
＃加载裂缝图像数据集：将数据划分为训练数据集和验证数据集，以使训练集中的每个类别包含 150 个图像，并且验证集包含对应每个标签的其余图像
%CrackDatasetPath ='C:\Users\admin\Desktop\classification-pytorch-main\datasets\train';
imds = imageDatastore(CrackDatasetPath, ...
    'IncludeSubfolders', true, ...
    'LabelSource', 'foldernames');
numTrainFiles = 150;
[imdsTrain, imdsValidation] = splitEachLabel(imds, numTrainFiles,'randomize');

＃构建一个简单的网络架构：指定网络输入层中图像的大小以及分类层前面的全连接层中类的数量
inputSize = [227 227 3];
numClasses = 2;
layers = [
    imageInputLayer(inputSize)
    convolution2dLayer(5,20)
    batchNormalizationLayer
    reluLayer
    fullyConnectedLayer(numClasses)
    softmaxLayer
classificationLayer];

＃训练上述构建好的网络，options 内为设定的训练参数
options = trainingOptions('sgdm', ...
    'MaxEpochs', 50, ...
    'ValidationData', imdsValidation, ...
```

```
        'ValidationFrequency', 30, ...
        'Verbose', false, ...
        'MiniBatchSize', 8, ...
        'Plots','training-progress');
    net = trainNetwork(imdsTrain, layers, options);

    #测试上述训练完毕的网络精度
    YPred = classify(net, imdsValidation);
    YValidation = imdsValidation.Labels;
    accuracy = mean(YPred == YValidation)

    #使用上述训练完毕的网络对新图像进行预测
    I=
    imread("C:\Users\admin\Desktop\classification-pytorch-main\datasets\test\crack\19001_1.jpg")
    inputSize = net-Layers(1).InputSize;
    I = imresize(I, inputSize(1 : 2));
    label = classify(net, I);
    figure
    imshow(I)
    title(string(label))
```

通过使用这些公开数据集和基于深度学习的分类算法，土木工程领域能够实现更准确、高效和客观的病害监测，提升工作效率和质量。

7.4 目标检测

7.4.1 传统目标检测方法

分类算法在图像处理领域取得了显著的成功，但是它们只能告诉我们图像中存在什么物体，而无法提供物体的位置信息。然而，在许多实际应用中，我们不仅需要知道物体的类别，还需要准确地定位和识别图像中的多个目标。为了解决这个问题，目标检测（Object Detection）算法应运而生。目标检测算法不仅能够识别图像中的物体类别，还能够精确定位物体的位置，通常用边界框来表示。通过目标检测算法，我们能够更全面地理解和分析图像中的目标信息，为各种应用提供更丰富和精确的数据。目标检测算法的发展不仅扩展了图像处理的应用范围，也使自动化和智能化视觉任务的实现取得了巨大的进步。随着目标检测算法的不断发展，我们可以期待更多创新和突破，为各行业带来更多实用的解决方案。

目标检测算法在工业界有着广泛的应用，如无人驾驶、安防监控等。目标检测算法按应用场景可细分为静态图像目标检测及视频目标检测，视频目标检测除了利用关键帧的图像信息，还可以利用帧间的时序图像信息辅助检测。目标检测通常可分为两个关键的子任务：目标分类和目标定位。目标分类主要负责输入图像或图像区域中感兴趣的物体，输出概率分数，表明感兴趣的物体类别出现在图像或图像区域中的可能性。目标定位，通常输出紧致包围在该物体外侧的矩形框（Bounding Box）四个坐标，显示目标物的图像位置信息。

传统目标检测任务的核心目标是定位图像中感兴趣的目标位置并对这些目标进行准确分类。这个任务通常涉及一系列关键步骤，包括区域选择、特征提取和分类回归。首先，在处理待检测图像时，通常会使用滑动窗口技术，通过遍历图像来生成大量潜在的目标区域。接下来，使用手动设计的特征提取算法，从这些候选区域中提取关键特征信息。最后，将提取的特征输入分类器中，以便对目标进行分类和回归操作。值得强调的是，目标检测任务相较于简单的图像分类任务更为复杂，同时也为更高级的图像分析任务（如分割和识别）奠定了坚实的基础。

区域选择是目标检测中的关键步骤之一。它利用区域划分算法将输入图像分割成多个小区域，并比较这些相邻区域之间的特征，如颜色、纹理、尺寸和空间关系。相似的区域会被合并，直到不再存在相似的区域，从而获得潜在的目标区域。

特征提取是目标检测中的另一个重要步骤。在这一阶段，不同的特征提取方法可以用于解决不同的问题。例如，Haar 特征适用于人脸检测，它通过简单的特征分类器和级联方法快速计算目标的 Haar 特征，对图像中像素值变化较大的区域具有较好的表达能力，尤其对边缘信息有很好的特征表达。然而，Haar 特征在处理多样化场景的目标检测问题时可能不够灵活，因为它需要为不同场景设计不同的特征，并且在数据量较小的情况下泛化能力有限。SIFT 特征是另一种强大的特征提取方法，它用于关键点检测和描述。SIFT 特征通过检测图像中的关键点（如角点和边缘点），确定这些关键点的特征方向，并建立它们之间的对应关系。SIFT 特征具有出色的尺度不变性，能够减少噪声和角度变化等干扰，因此在目标检测中具有良好的鲁棒性。此外，SIFT 特征适用于大规模特征库中的高速匹配，可用于快速目标检测。HOG 特征是专门用于行人检测的一种强大特征描述方法。它将图像分割成小区域，并计算每个区域内像素的梯度直方图，从而形成图像的特征描述。HOG 特征能够有效地捕获目标的边缘信息，具有强大的表达能力，并对几何和光照变化有较好的不变性。因此，在行人检测任务中 HOG 特征通常能够取得出色的效果。

分类回归，目前常用的分类器包括：支持向量机（SVM）、SoftMax 分类器、AdaBoost（Adaptive Boosting）、朴素贝叶斯分类器（NaiveBayes）、随机森林 RF（RandomForests）等。这一步骤和图像分类任务相似，是根据选定的特征和分类器，检测出有限的几种类别。

7.4.2 基于深度学习的目标检测方法

尽管传统的目标检测方法相对成熟，但它们存在一些明显的不足之处。首先，这些方法通常采用基于滑动窗口的区域选择策略，这导致高计算复杂度和大量的窗口冗余，从而降低了效率。其次，由于目标在外观、形态和光照上的多样性及背景的多样性，手动设计用于特征提取的算法变得异常困难。深度卷积神经网络具备从图像的低级特征到高级特征的学习能力，具有出色的鲁棒性。因此，研究人员开始将目光投向深度学习算法，以改善目标检测的性能和效率。

2021 年至今，随着深度学习算法的快速发展，基于深度学习的目标检测算法逐渐成为主流。ImageNet、COCO、Pascal VOC 等是目标检测使用最多的几大公共数据集。

根据算法原理，目前基于深度学习的目标检测算法大致可以分为两类：

（1）两阶段目标检测：这类算法包括 R-CNN 系列（R-CNN、Fast R-CNN、Faster R-CNN）等两阶段检测方法。首先，它们使用启发式方法（如 Selective Search）或专用的卷积神经网络（如 RPN）生成候选区域（Region Proposal），然后在这些候选区域上执行目标分类和边界框回归操作。

（2）单阶段目标检测：这类算法包括 Yolo 和 SSD 等单阶段检测方法。这些算法直接使用单个卷积神经网络来同时预测不同目标的类别和位置，省略了候选区域生成步骤，因此通常更快速且具有实时性。

这两种方法的差异在于它们处理目标检测任务的方式。前一种方法采用了一种两步骤的流程，其首先生成一系列候选框，然后使用卷积神经网络对这些候选框进行分类。而后一种方法更为直接，它无需生成候选框，而是将目标边框的定位问题视为回归问题进行处理。在前一种方法中，由于生成候选框需要额外的计算和处理，可能会导致算法的速度变慢，但它在检测准确率和目标定位精度方面表现更为出色。相比之下，后一种方法在算法速度方面具有显著的优势，因为它跳过了候选框生成步骤，直接进行目标边框的定位。

目标检测中的评价指标 mAP：多个类别物体检测中，每一个类别都可以根据 Recall（TP/P，x 轴）和 Precision（TP/P，y 轴）绘制一条曲线，AP 就是该曲线下的面积，mAP 是多个类别 AP 的平均值。

基于深度学习的目标算法在土木工程的健康检测、监测领域同样得到广泛应用。虽然基于深度学习的分类网络能够快速地判别结构是否存在病害，但是无法定位病害在结构中的位置。相比于分类网络，目标检测网络通过使用标记框在病害定位与可视化方面作了进一步提升。同样，这里以混凝土结构中最常见的病害类型——裂缝为检测目标，通过一个简单的基于深度学习的目标检测网络，实现裂缝的定位检测工作，目标检测网络的输出效果如图 7-4 所示。

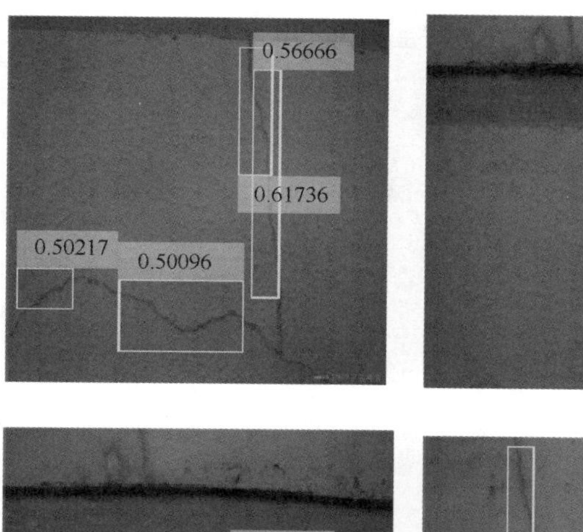

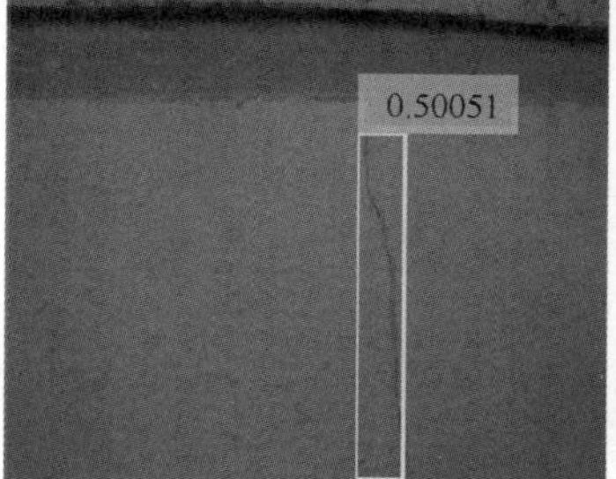

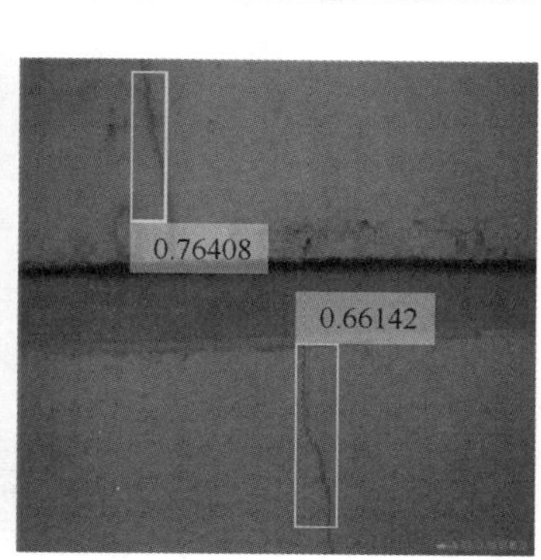

图 7-4　裂缝检测结果

程序运行演示视频见二维码 7-2。

7-2 程序运行演示视频

```
#加载数据集:此示例使用包含 679 个图像的裂缝数据集
#裂缝数据存储在一个包含两列的表中,其中第一列包含图像文件路径,第二列包含车辆边界框
data = load('crack669.mat');
T = data.gTruth696;
T(1:4,:)
#将数据集分成训练集、验证集和测试集。选择 60% 的数据用于训练,10% 用于验证,其余用于测试经过训练的检测器
rng(0);
shuffledIndices = randperm(height(T));
idx = floor(0.6 * length(shuffledIndices) );
trainingIdx = 1:idx;
trainingDataTbl = T(shuffledIndices(trainingIdx),:);
……
trainingData = combine(imdsTrain, bldsTrain);
validationData = combine(imdsValidation, bldsValidation);
testData = combine(imdsTest, bldsTest);

#构建 YOLO v2 目标检测网络
inputSize = [224 224 3];
numClasses = width(T)-1;
trainingDataForEstimation = transform(trainingData, @(data)preprocessData(data, inputSize));
numAnchors = 7;
[anchorBoxes, meanIoU] = estimateAnchorBoxes(trainingDataForEstimation, numAnchors)
featureExtractionNetwork = resnet50;
featureLayer ='activation_40_relu';
lgraph =
yolov2Layers(inputSize, numClasses, anchorBoxes, featureExtractionNetwork, featureLayer);
#训练构建好的检测网络
augmentedTrainingData = transform(trainingData, @augmentData);
preprocessedTrainingData=
transform(augmentedTrainingData, @(data)preprocessData(data, inputSize));
preprocessedValidationData =
transform(validationData, @(data)preprocessData(data, inputSize));
options = trainingOptions('sgdm', ...
    'MiniBatchSize', 4, ...
    'InitialLearnRate', 1e-4, ...
    'MaxEpochs', 100, ...
    'CheckpointPath', tempdir, ...
    'ValidationData', preprocessedValidationData, ...
    'Plots','training-progress');
[detector, info] = trainYOLOv2ObjectDetector(preprocessedTrainingData, lgraph, options);

#测试训练好的检测网络
```

```
preprocessedTestData = transform(testData,@(data)preprocessData(data,inputSize));
detectionResults = detect(detector, preprocessedTestData);
[ap,recall,precision] = evaluateDetectionPrecision(detectionResults, preprocessedTestData);

#使用训练好的检测网络对新图像进行检测
I = imread('C:\Users\admin\Desktop\demomo\New\……jpg');
I = imresize(I,inputSize(1:2));
[bboxes,scores] = detect(detector,I);
I = insertObjectAnnotation(I,'rectangle',bboxes,scores);
figure
imshow(I)
```

7.5 图像分割

7.5.1 传统分割方法

对于一些应用场景，仅识别目标的存在并不足以满足需求，还需要准确地分割出目标的精确边界和区域。分割算法旨在将图像中的每个像素分配给特定的目标类别或背景。图像分割是计算机视觉中的一个关键过程，它将视觉输入分割成片段以简化图像分析。片段表示目标或目标的一部分，并由像素集或超像素组成。图像分割将像素组织成更大的部分，消除了将单个像素作为观察单位的需要。图像分割是进行目标检测和分类的基础。分割过程本身有两个粒度级别，即语义分割和实例分割：

（1）语义分割是一种图像处理技术，它的目标是将图像中的每个像素分配给有意义的对象类别。这些类别与我们在现实世界中所熟悉的物体类别相对应。举个例子，假设有一张包含猫的图像，语义分割会将图像中的每个像素标记为属于猫的一部分，并用特定的颜色（比如绿色）来表示这个类别。这种方法通常被称为“密集预测”，因为它尝试为图像中的每个像素预测其语义含义。

（2）与语义分割不同，实例分割的目标是在图像中标识出每个对象的每个实例。这意味着如果一张图像中有多个相同类别的物体，例如三辆车，实例分割将识别并区分出每一辆车，而不只是将它们归为同一个类别。这种技术在识别图像中的物体时非常有用，因为它可以精确地区分同一类别的不同实例。

传统图像分割是将一幅图像分成不重叠的子区域，使得同一个子区域内的特征具有一定的相似性，不同子区域的特征呈现较为明显的差异。图像分割也可以视为在目标检测的基础上，对检测到的物体和背景进行像素级分割。因此，图像分割的许多步骤和方法与目标检测相似，不同之处在于所使用的是分割方法。下面将介绍几种经典的分割算法：

（1）阈值法：阈值法是一种常用于图像分割的方法，它具有计算量小、实现简单和稳定性较好等优点。该方法的基本原理是通过设置不同的阈值，将图像中的像素点分为不同灰度级的背景区域和目标区域。当图像中只包含目标和背景两类时，只需设置一个阈值即可。当像素点的灰度值大于阈值时，该点被归类为目标区域，反之则被归类为背景区域。

然而，对于包含多个目标的图像，需要设置多个阈值，因此阈值的选择对分割结果的准确性有较大影响。常用的阈值选择方法包括基于灰度直方图的峰谷法、过渡区法、结合连通信息的阈值方法、最大熵原则自动阈值法和最大相关性原则选择阈值。尽管阈值法只考虑像素点的灰度值特征，未考虑空间特性且对噪声较敏感，但近年来出现了许多基于阈值法的改进算法，进一步提高了分割的准确性。

（2）区域生长法：区域生长法是一种将像素点聚合成区域的图像分割方法，它基于像素的相似性来合并像素点，从单个种子像素开始，逐步合并形成所需区域。这种方法的关键在于选择种子像素、定义生长规则和确定终止条件。虽然区域生长法计算简单且在处理具有相似特征的连通区域时效果较好，但由于噪声和灰度不均问题，容易导致分割结果中出现空洞和过分割现象。

（3）边缘检测法：边缘检测法是一种通过检测不同区域之间的边缘来进行图像分割的方法。通常，不同区域之间的边界灰度值变化较大，可以利用一阶导数的极大值或二阶导数的过零点信息来检测边缘点。一些常见的边缘检测算子包括 Roberts 梯度算子、Wills 算子、Prewitt 算子和 Canny 算子等。然而，边缘检测法在图像分割中面临两个挑战：一是无法确保边缘的连续性和封闭性；二是在高细节区域容易产生大量碎片化边缘，难以形成大区域的分割结果。

（4）聚类法：聚类法是一种将图像中相似灰度值的像素点合并成区域的分割方法，它通过将图像表示为不同的区域来实现分割。在医学图像分割中，模糊 C 均值算法（FCM）是一种常用的聚类算法，它利用“隶属度”来确定像素点属于某个聚类的程度。基本思想是通过随机指定每个数据点到各个聚类的隶属度，计算每个簇的质心，然后重新划分数据点，直到质心不再变化。FCM 是一种无监督算法，可以在一定程度上解决医学图像分割中标签不足的问题。此外，将聚类算法与其他图像处理方法结合使用，如粒子群算法和遗传算法，可以用于确定初始聚类中心并引入像素邻域信息，从而改善对噪声和异常值的敏感性，提高分割效果。

7.5.2 基于深度学习的分割方法

随着深度学习技术的快速发展，传统的图像分割算法正在逐渐过渡到基于深度学习的分割算法。传统分割算法主要基于手工设计的特征和规则，需要人工提取和选择特征，并且对于复杂的图像场景和变化较大的目标，其性能往往不理想。而基于深度学习的分割算法能够通过深度神经网络自动学习和提取图像的高级特征，从而取得更准确和鲁棒性更好的分割结果。

基于深度学习的分割算法通常采用卷积神经网络（CNN）或全卷积神经网络（FCN）等架构。这些网络能够将图像作为输入，并通过多层卷积和池化操作来学习图像的特征表示。然后，通过上采样或反卷积等操作将特征图映射回原始图像尺寸，并生成像素级别的分割结果。通过大规模标注数据的训练，深度学习模型能够学习到更丰富的特征表示，从而提高分割算法的性能和泛化能力。

基于深度学习的分割算法在土木工程领域具有广泛的应用。例如，在基础设施检测和维护中，通过深度学习的分割算法可以更准确地分割和识别道路裂缝、桥梁损伤等结构的关键区域。这可以帮助工程师及时发现和处理问题，提高基础设施的安全性和可靠性。此外，在地质勘探和地质灾害预测中，基于深度学习的分割算法可以准确地分割和提取地质体、地层和地形等重要信息，为地质研究和灾害管理提供有力支持。

总而言之，基于深度学习的分割算法相较于传统方法具有更强的学习能力和表达能力，能够有效应对复杂的图像场景和变化多样的目标。在土木工程领域，基于深度学习的分割算法为工程师提供了一种强大的工具，可以实现精确的目标分割和区域提取，为工程决策和规划提供更可靠的信息支持。

常用的语义分割公开数据集有 Pascal VOC、COCO、Cityscapes 等。语义分割常用评价指标有：

(1) 像素精度 (Pixel Accuracy)：每一个像素点分类结果和真实标注的结果相同的比例。

(2) 平均交并比 (Mean Intersection over Union，MIOU)：单分类的交并比是指预测结果中该分类的像素点与真实标签为该分类的像素点两者的交叠率，即它们的交集和并集的比值，若完全重叠，则比值为 1。平均交并比就是该数据集中每一个分类的交并比的平均值。

(3) 权频交并比 (Frequency Weight Intersection over Union，FWIOU)：它是 MIOU 的改进版本，根据各分类出现的频率给予不同的权重，FWIOU 是对各分类的交并比做加权计算出来的结果。当语义分割面临图像中各目标类别不平衡的情况，对各分类交并比直接求均值并不合理，所以考虑各类别的权重就非常重要。

从本质上讲，语义分割任务是一个像素级的分类任务，但是由于任务本身的特点，在分类的同时还要考虑其他因素，比如分割模型输出的标记个数要与原图的像素个数一致。基于深度学习的图像语义分割模型存在以下两个问题：图像中的像素数量巨大。比如一张 640 像素×480 像素的图片共有约 3.1 万像素。因此，一般基于卷积神经网络的图像语义分割模型都会对图像或者特征图进行下采样。但这又带来另一个问题，经过下采样所得图像、特征图由于分辨率降低而丢失很多局部细节，即使后期放大到原图分辨率，结果已经十分“模糊”。

像素点的分类彼此之间不是独立的。图片中任意一个像素，其本身并不具备足够的“语义信息”，将单独一个像素拿出来，很难甚至无法确定该像素是否来自同一类别。

基于卷积神经网络的图像分割方法是一种先进的技术，它可以分为以下几个关键步骤：首先，利用卷积神经网络从大量的训练样本中提取出各种不同程度的图像特征，这些特征包括边缘、颜色、纹理等，这将有助于网络理解图像的结构和内容。其次，通过训练样本让网络理解图像中的语义信息。这意味着网络能够识别不同物体、区域以及它们之间的关系。最后，通过学习网络建立图像内容与分割目标之间的映射关系，使其能够将像素分配为不同的类别，从而实现图像的语义分割。这种基于 CNN 的图像语义分割方法已经取得了巨大的进展，目前还在不断演化和改进。根据不同的关注点，这一领域可以分为三大类方法：

(1) FCN 扩展系列：这类方法通过进一步改进全卷积网络 (Fully Convolutional Network，FCN)，如引入注意力机制、跳跃连接等，以提高分割性能和精度。

(2) 特征图分辨率的提升：一些方法专注于提高特征图的分辨率，从而使网络能够更准确地捕捉细节和边缘信息，这对于精确的分割任务至关重要。

(3) 图像上下文信息的利用：一些方法致力于充分利用图像的上下文信息，例如通过引入空洞卷积、多尺度处理等技术，以更好地理解物体的周围环境，从而提高分割的准确性和鲁棒性。

目标检测算法与裂缝病害的匹配适应性差，在训练样本制作阶段发现，对于形态复杂、延展范围大的单个裂缝需要使用多个标记框进行框选，该过程具有人工主观性，缺乏制作规则的统一性，导致在推理阶段检测算法对复杂裂缝标记框的输出数量与位置具有不确定性。基于目标检测网络的裂缝检测方法仍属于粗略的裂缝检测工作。分割网络的出现突破了目标检测网络的瓶颈，实现了像素级别的精细化裂缝提取。基于分割网络的裂缝检测输出效果如图 7-5所示。

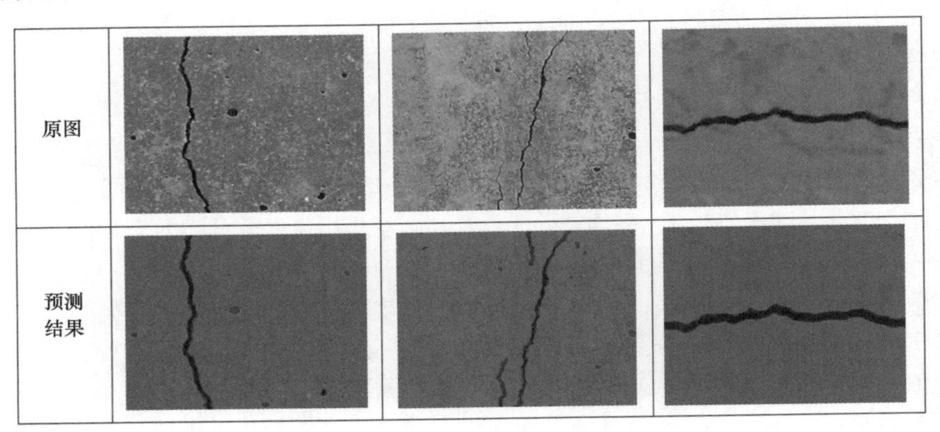

图 7-5 分割网络的预测结果

程序运行演示视频见二维码 7-3。

7-3 程序运行演示视频

```
#加载并构建训练、测试集合
outputFolder = fullfile(pwd,'CamVid');
imgDir = fullfile(outputFolder,'images');
imds = imageDatastore(imgDir);
classes = ["Background"
    "Crack"];
labelIDs{1,1} = [0,0,0];
labelIDs{2,1} = [255,255,255];
labelDir = fullfile(outputFolder,'mask');
pxds = pixelLabelDatastore(labelDir, classes, labelIDs);
imageFolder = fullfile(outputFolder,'imagesResized', filesep);
……
numTestingImages = numel(imdsTest.Files)

#构建分割网络:创建使用 VGG-16 权重初始化的全卷积网络层
vgg16();
imageSize = [360 480];
numClasses = numel(classes);
lgraph = fcnLayers(imageSize, numClasses);
……
lgraph = removeLayers(lgraph,'pixelLabels');
lgraph = addLayers(lgraph, pxLayer);
```

```
lgraph = connectLayers(lgraph,'softmax','labels');

#训练构建好的分割网络
options = trainingOptions('adam', ...
        'InitialLearnRate', 1e-4, ...
        'MaxEpochs', 50, ...
        'MiniBatchSize', 4, ...
        'Shuffle','every-epoch', ...
        'CheckpointPath', tempdir, ...
'VerboseFrequency', 2...
'Plots','training-progress');
......
[net, info] = trainNetwork(dsTrain, lgraph, options);
save('FCN8sCamVid.mat','net');

#使用训练好的分割网络对新图像进行分割
I = readimage(imdsTest, n); # n= 60,63
imshow(I)
C = semanticseg(I, net);
cmap = camvidColorMap;
B = labeloverlay(I, C,'ColorMap', cmap,'Transparency', 0.4);
imshow(B)
```

7.6 应用拓展

目标识别与分割在土木工程领域应用广泛，且不仅局限于单一技术的使用，而是通过综合应用各种技术为后续的分析任务提供服务。在土木工程领域，信息的复杂性很高，仅进行某个分类、识别或分割任务是无法满足项目需求的。以下展示了目标识别与分割在土木工程领域的广泛应用：①车流识别：通过目标识别与分割技术，可以准确地识别和跟踪道路上的车辆，帮助监测交通流量、分析交通状况、优化道路规划和交通控制等，这对于城市交通管理和规划非常重要。②船舶识别：在港口管理和海洋工程中，利用目标识别与分割技术可以对船舶进行自动识别和分类，监测航行状态、识别危险情况。③安全帽识别：在建筑工地和工业领域，目标识别与分割可用于识别工人是否佩戴安全帽，确保工人的安全。通过实时监测，及时发现安全隐患并采取措施，提高工作场所的安全性。除了上述例子，目标识别与分割在土木工程中还应用于许多其他领域，如建筑物损伤检测、道路设施维护、桥梁结构监测等。这些应用利用了目标识别与分割技术的复杂性和多样性，为土木工程领域提供了更精确、高效和可靠的信息提取和分析手段。通过了解这些广泛的应用领域，读者可以清楚地认识到目标识别与分割在土木工程中的重要性和复杂性，以及该领域对计算机技术的需求，同时能帮助读者更好地理解和应用相关知识，为未来的土木工程项目提供更好的解决方案。

7.6.1 车流识别

车辆信息的识别在交通控制、城市管理、基础设施运营维护中都有很重要的意义。特别是在当前人工智能的大背景下，如何实现高自动化、强智能化的车辆信息识别是业内研究的热点。视频作为一种采集成本较低且所含信息丰富的数据形式，在车辆信息识别中被广泛应用。本节将对目标识别与分割任务的实际应用扩展——面向桥梁交通场景的基于实例分割的车辆识别方法进行介绍，提出基于图像实例分割网络 Mask R-CNN 的车辆信息识别方法。

本节桥面车辆信息识别依托工程为安庆长江公路大桥，该桥是安徽省境内连接池州市和安庆市的过江通道。安庆长江公路大桥主桥为连续钢箱梁斜拉桥，包含南北两座索塔。为捕获桥面车辆信息，利用南北索塔上安装的相机，如图 7-6 所示。桥面采用双向四车道，桥面车流方向与相机位置如图 7-7 所示。

图 7-6　索塔上相机的安装位置

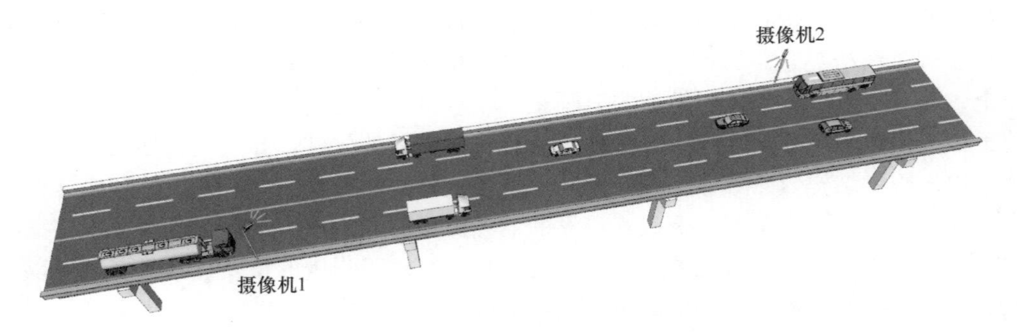

图 7-7　桥面车流方向与相机位置示意图

Mask R-CNN 是一个包含目标 2D 边界框定位、目标分类与实例分割的多任务网络，其结构如图 7-8 所示。同 Faster R-CNN 一样，它也分为候选框生成与目标检测两部分。在 Mask R-CNN 中，为了更充分地提取图像特征，采用了特征金字塔网络（FPN）。本文中采用实例分割网络 Mask R-CNN 的原因是，由于其采用了基于候选区域的目标分割，使得在图像中一个像素可以同时属于不同的类别目标，而不同于 FCNs 等网络对于一个像素只允许属于一个目标。

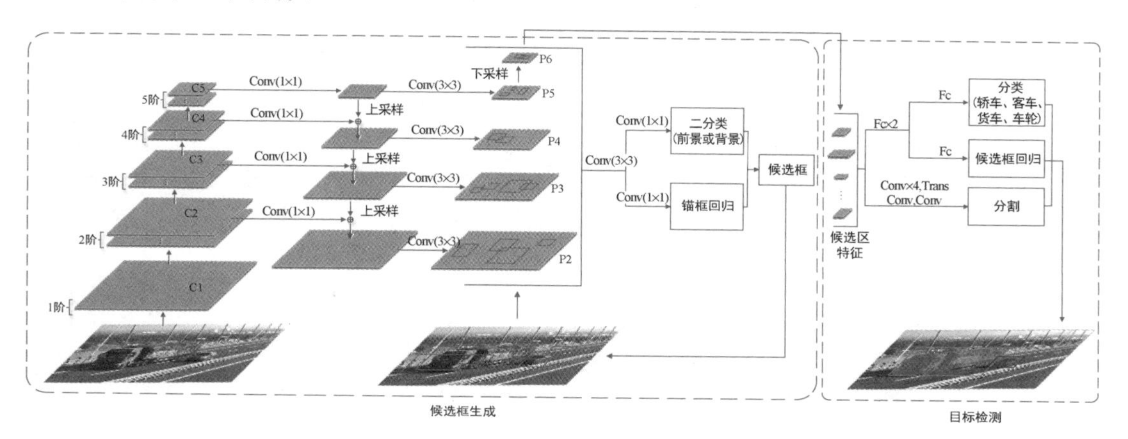

图 7-8 Mask R-CNN 结构

本节建立了一个包含轿车、客车、货车及车轮四种目标类别的小型图像数据库用于训练 Mask R-CNN。数据库中的场景包括桥梁、高速公路及城市街道，三种车型如图 7-9 所示。数据集中共有 342 张大小为 1280 像素×720 像素及 1920 像素×1080 像素的标注图像，其中 243 张用于训练，其余的用于测试。训练集中图像通过水平翻转进行数据增强。

图 7-9 三种车型示例

为了标注图像，使用了开源的标注工具 LabelMe，相应的标注过程在图 7-10 中展示。图 7-10（a）展示了原始的图像样本。根据相应车型对图像中整个车辆进行标注，如图 7-10（b）所示。然后对车轮目标进行标注，图 7-10（c）展示了车辆与车轮的标注结果。原始图像融合相应的标注结果展示在图 7-10（d）中。采用这种标注方式的目的是使属于车轮类的像素同时也归属于车类，这是计算车辆轴数的基础。

为了获得车辆轴数，有效的车轮识别方法是前提。本节首先比较了不同的车轮识别方法。第一种方法利用车轮在图像中近似椭圆的性质，采用目标轮廓形状检测来识别车轮，相关的检测结果展示在图 7-11（a）中，其中只显示在车辆像素范围内检测到的椭圆。从

图 7-10 图像标注过程

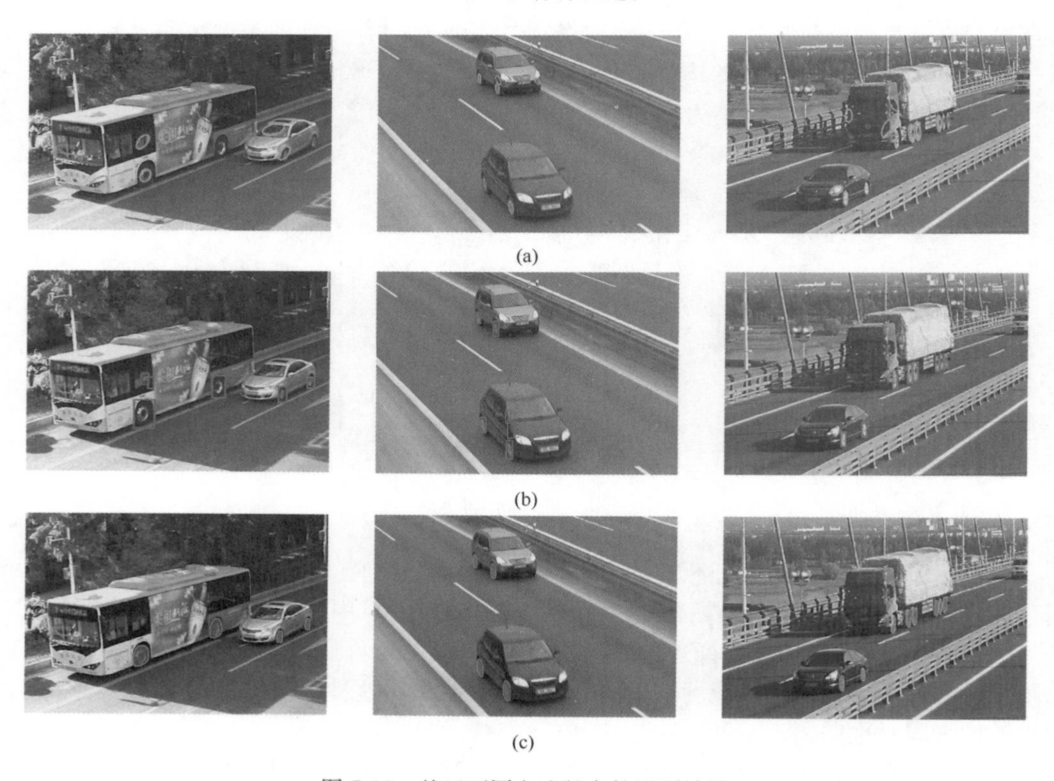

图 7-11 基于不同方法的车轮识别结果

(a) 基于目标轮廓形状检测；(b) 基于模板匹配；(c) 基于 Mask R-CNN 实例分割

图中明显发现车轮的误检率与漏检率均很高。第二种车轮识别方法基于模板匹配，如图 7-11（b)所示。图中的误检情况比较明显，并且基于模板匹配的方法对于不同场景的通用性较差，需要设计针对不同场景的匹配模板。而基于 Mask R-CNN 实例分割的车轮识别结果展示在图 7-11（c）中，在三种场景中其识别效果均为最佳。因此本文的车辆轴数计算基于 Mask R-CNN 的车轮识别。

7.6.2 船舶识别

在船桥及船间碰撞预警中，船舶实时定位是前提。然而不同于道路上的交通场景，在水面上并没有稳定的参考物，这给船舶定位带来了很大挑战。目前还缺乏有效的基于视频图像的船舶实时定位方法。为此，本节介绍一种基于视频的船舶目标识别与跟踪方法，进而获得船舶的实时像素坐标。依托工程为广东九江大桥。该桥是沈海高速佛开段上的一座特大型桥梁，如图 7-12（a）所示，其跨越佛山南海区与鹤山市交界处的西江干流。桥梁全长 1800 余米，共 49 跨，第 20～25 跨采用变截面预应力连续箱梁。如图 7-12（b）所示，其中间两跨为船舶通航道。

(a)

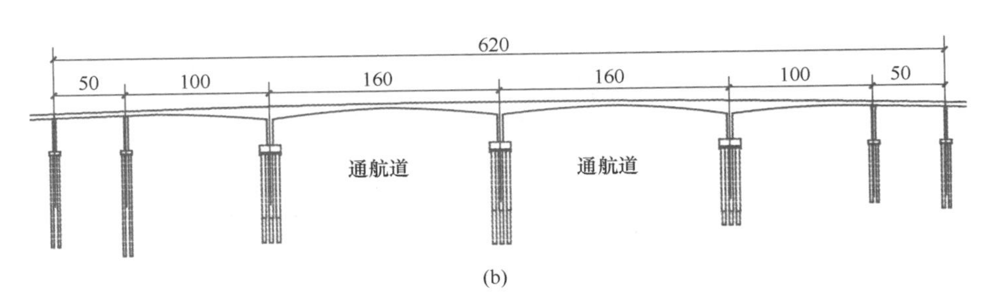

(b)

图 7-12　广东九江大桥概貌（单位：m）

船舶的识别与跟踪是定位的基础。船舶识别采用的是基于 ResNet-50 主干的 Mask R-CNN。为了训练该网络使其具有识别船舶的能力，建立了一个关于船舶的图像数据库，其中采用工具 LabelMe 对图像进行标注。数据库中的图像样本采集来自桥上的多部相机，部分样本如图 7-13 所示。为了全天 24h 的船舶识别，数据库中包含了不同光照条件下的样本。

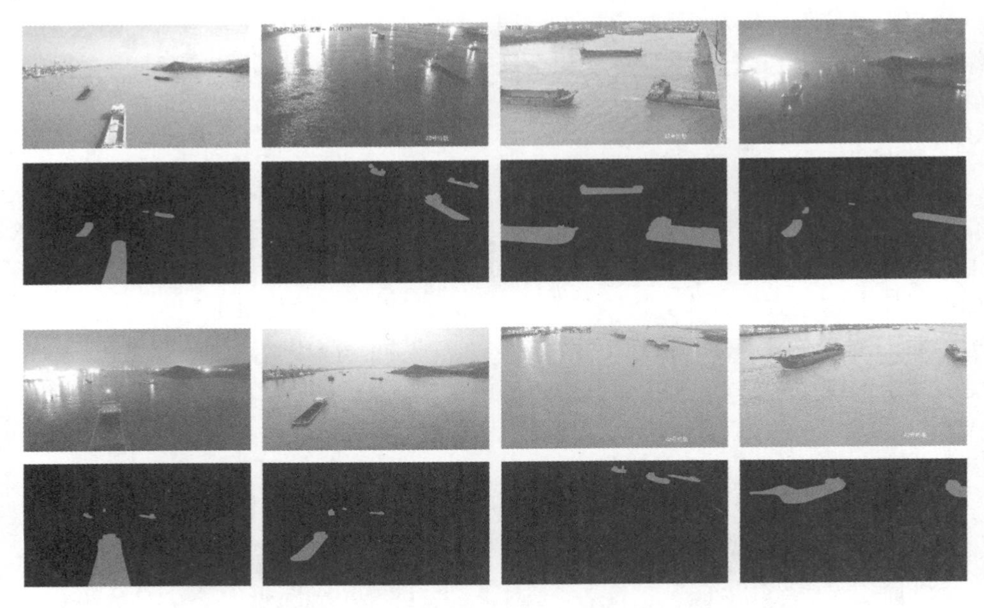

图 7-13　船舶图像数据库中的样本示例及标注结果

图 7-14 展示了若干船舶跟踪实例，其中视频每 2s 采样一帧，并且在跟踪中仅考虑处

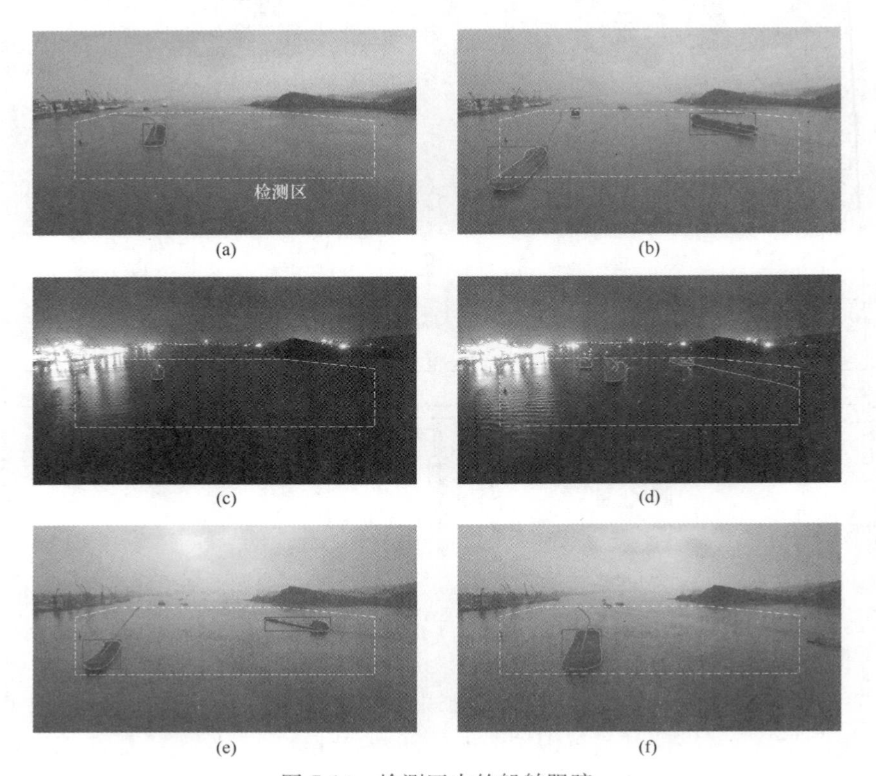

图 7-14　检测区内的船舶跟踪

在检测区中的船舶目标，而忽略检测区外识别到的船舶目标。对于一艘已被跟踪的船舶，若超过三帧没有识别到目标与其匹配，则判断该船已驶出检测区。在图 7-14 中，船舶的轨迹是通过连接跟踪过程中所有匹配到的船舶 2D 边框的中心而生成的，该边框中心近似作为船舶的几何中心用于船舶定位。

7.6.3 安全帽识别

安全帽作为一种高效的劳动防护用品，不仅能够有效地减轻冲击力并分散应力，而且不同颜色的安全帽还象征着不同级别的身份和责任。因此，监测工地上的人员是否佩戴安全帽具有重要的意义。首先，这项监测任务有助于及时提醒那些未佩戴安全帽的人员，确保他们的安全。建筑工地上存在各种危险因素，如高处坠落、物体碰撞等，佩戴安全帽可以降低潜在伤害的风险，从而拯救生命和减少工伤事故的发生。另一方面，通过识别安全帽的颜色，可以判定工地人员的身份和职责，以验证他们是否满足特定作业要求。这种身份确认是工程项目管理中不可或缺的一环，因为它确保了在工地上的任务分配和协作的有序进行。例如，工程师、施工工人和监督员通常戴着不同颜色的安全帽，以便在需要时能够迅速识别他们，提高了协同作业的效率。然而，传统的工地监控方式通常依赖于人工操作，工作人员需要同时处理多个监控屏幕，这容易导致遗漏或误判的情况发生。为了应对这个问题，引入深度学习技术成为一种极具潜力的解决方案。深度学习的应用可以极大地提升安全帽识别的速度和准确性，使得监测工地人员是否佩戴安全帽的任务变得更加高效和可靠。

在像建筑工地这样复杂的环境中，工人、机器设备和建筑材料繁多，环境情况多变，因此直接识别和检测安全帽可能会受到图像中其他信息的干扰，会导致误检的情况发生。为了克服这一挑战，可以采用一种新方法，即通过区分图像中的前景和背景来进行安全帽检测。这种方法首先提取出图像中的人体前景区域，然后在该区域进行安全帽的检测，从而大幅提高了模型的识别准确率。这一技术创新为工地监控带来了新的可能性，使得我们能够更精确地监测和管理工地上的安全帽佩戴情况，进一步提升工地人员的安全水平和工作效率。

检测流程如下：

首先，使用 Yolov3 网络对输入的待检测图像进行处理，以便准确地识别出图像中的工地人员。一旦获取到工地人员的识别检测结果，也就是工地人员在图像中被框定的边界框（x，y，w，h），就可以通过坐标变换计算出边界框的位置参数。这些位置参数将用于裁剪图像，从而提取出图像中的工地人员前景区域。提取出的前景区域将作为安全帽检测网络的输入，以确保安全帽识别不会受到图像背景的干扰。

一旦成功提取出图像中的工地人员前景区域，并将这个区域图像再次输入 Yolov3 网络中，就可以进行安全帽的检测。这个步骤用于判断工地人员是否佩戴安全帽，并且通过安全帽的颜色识别工地人员的身份。如果在图像中没有检测到安全帽，那么就可以确定该工地人员未佩戴安全帽。反之，如果检测到安全帽，那么就可以根据安全帽的颜色来识别工地人员的身份。安全帽检测和工地人员身份识别的流程如图 7-15 所示。

模型训练数据库的图像数据源于一个特定的施工现场，这一过程涉及多个步骤。首先，从该工地的监控视频中进行帧提取；然后，运用 labelImg 软件对每一帧中的安全帽

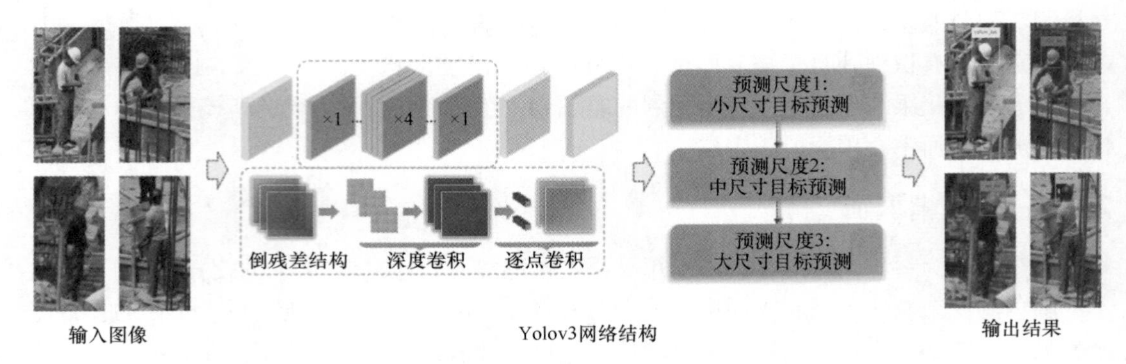

图 7-15 基于 Yolov3 网络的安全帽检测

目标进行仔细的标注，形成对应的 XML 文件，如图 7-16 所示。这一标注工作为构建训练数据库提供了基础。在这个数据库中，共标注了 3 种不同颜色的安全帽与未佩戴安全帽的情况，包括红色、黄色和蓝色。根据该施工现场的规定，不同颜色的安全帽分配给了不同身份的工人。红色安全帽通常由管理人员佩戴，黄色安全帽则是普通工人的标配，而蓝色安全帽则是技术人员的标志。这一数据库的创建过程经过精心设计，旨在训练一个模型，即通过检测工人佩戴的安全帽颜色来判断他们的身份。这项技术有助于提高工地管理的效率和安全性，确保不同工种的工人都佩戴适当的安全帽，从而降低事故风险。

图 7-16 安全帽标注结果

7.7 本章小结

本章介绍了计算机视觉领域中图像分类、目标检测和语义分割三个方面的内容，分别从传统方法和深度学习方法两方面进行介绍。针对裂缝识别的场景，分别从分类、检测、分割的角度进行了案例演示。最后，还探索了目标识别与分割算法在车流识别、船舶识别、安全帽识别等场景中的应用。

复习思考题

1. 在土木工程领域，目标识别与分割可以应用于哪些场景？试举例说明。

2. 解释监督学习和无监督学习在图像分类中的区别，并举例说明它们在实际应用中的差异和适用性。

3. 解释图像分类模型中的评估指标，如平均准确率均值、覆盖率等。

4. 解释图像语义分割的基本思想和技术方法，并列举一些常用的语义分割算法。

5. 解释图像语义分割的评估指标，如交并比、平均交并比，并说明它们如何衡量分割结果的准确性。

8 立体视觉与三维重建

知识图谱

- 立体视觉与三维重建
  - 双目立体视觉
    - 测量原理与数学模型
    - 对极几何
    - 双目立体匹配
  - 运动恢复结构
    - 增量式运动恢复结构方法
    - 光束平差法
    - 多视图稠密重建
  - 点云处理
    - 点去数据预处理
    - 点云配准
    - 网格重建

本章要点

知识点 1. 双目立体视觉。

知识点 2. 运动恢复结构。

知识点 3. 点云预处理。

学习目标

(1) 掌握双目立体视觉的测量原理。

(2) 掌握运动恢复结构的概念和流程。

(3) 掌握点云预处理的基本流程。

图像三维重建（Image-based 3D Reconstruction）是利用单张或多张图像的信息，通过计算机视觉算法还原物体或场景的三维结构和形状的过程。它以图像为输入，通过对图像中的特征点、纹理信息和视角关系进行分析和计算，推导出物体的三维几何信息，以创建物体的立体模型。三维重建可以应用于计算机视觉、计算机图形学、机器人视觉、虚拟现实、增强现实、医学影像处理等领域。在土木工程领域，图像三维重建技术可作为结构几何形态、变形行为和性能分析的工具，通过对比不同时间点下的图像重建模型，进行施工进度的定量分析或土木结构的变形监测。图 8-1 给出了一

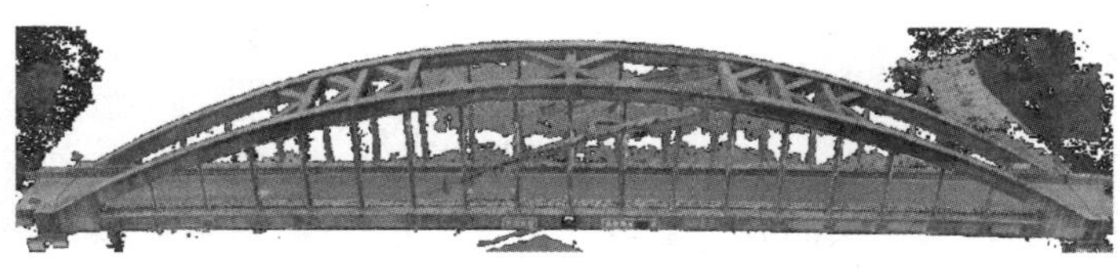

图 8-1　桥梁结构三维重建

座拱桥的图像建模结果，从此模型中可提取出结构当前状态下的几何线形。

8.1 概述

在三维视觉信息获取方面，根据照明方式不同可将其分为主动视觉测量和被动视觉测量。主动视觉测量利用光源或能量源发射到目标物表面，并通过接收返回的光波来获取物体的深度信息，常见的有结构光法（Structured Light）、飞行时间法（Time-of-Flight）和三角测距法（Triangulation），工作原理见表 8-1。

主动视觉测量方法　　表 8-1

分类	工作原理	示意图	适用场景
结构光法	光学器将一定模式的光条或光斑投射于物体表面，另一位置的相机记录下物体表面图像，通过解调畸变的二维光条图像，计算出物体表面的深度信息	投影仪　相机	室内环境下的近距离（10m 内）精确测量，适用于小尺度表面几何测量、工业检测等
飞行时间法	通过测量激光脉冲的飞行时间来获取距离信息，使用扩散器将激光束扩散来实现空间内的同步测量	激光发射器　激光接收器	实时测量，数十米范围内的场景，适用于动作捕捉、机器人导航等
三角测距法	含激光发射器和相机，利用基本的三角法来测量距离。相机、激光发射器以及激光击中物体表面的点形成一个三角形。相机和发射器之间的距离是已知的，相机和发射器的角度也是已知的，从而能够计算到达该点的距离	相机　激光发射器　α	测量需要物体与扫描仪之间相对移动，常用于监测快速移动的生产线的机器人及手持式扫描仪等

被动视觉测量利用自然光的反射，通过相机获取图像，再使用特定算法计算出物体的立体空间信息。它的优势在于成本较低、易于操作。根据相机数目的不同，被动视觉测量可以分为单目视觉测量、双目视觉测量和多目视觉测量。单目视觉测量是通过图像的二维特征（明暗度、纹理、焦点、轮廓等）推导出深度信息的方法。这类测量方法的设备结构和算法都较简单，但在深度估计的精度和重建效果方面相对一般，更适用于一些简单的场景或对深度精度要求不高的应用，如目标检测、场景分析等。双目视觉测量通常使用光轴平行的左右两部相机，预先标定出双目的内部参数和外部参数（两部相机的相对位置和姿态），利用三角测量的原理将匹配特征点的视差实时转换为深度信息，重建质量、效率、自动化程度都很高。多目视觉测量通过多视角的几何关系，避免了双目视觉中难以解决的假目标、边缘模糊及误匹配问题，可以应对更复杂的场景。根据计算方法的不同，可以分

为运动恢复结构（Structure from Motion）法和机器学习法等。运动恢复结构法是基于多个视图的图像序列，通过匹配算法和三角测量原理，从中恢复出场景的三维结构和相机的运动轨迹。机器学习法则无需显式匹配过程，通过模型训练来直接预测图像深度信息。

本章主要阐述双目立体视觉、运动恢复结构两种三维重建方法，最后介绍如何对生成的点云模型进行后处理。

8.2 双目立体视觉

双目立体视觉是基于视差原理，也就是两部相机观察同一场景时看到的图像有所不同，这种差异就形成了视差效应。利用三角法的原理，双目立体视觉可以利用两部相机拍摄的图像来重建三维世界。具体而言，通过构建一个以两部相机的图像平面和被测物体为顶点的三角形，利用三角法的原理来推算出物体的三维位置信息。在此过程中，预先标定以确定两部相机的位置关系，然后可以获取两部相机视野内共同可见的物体特征点的三维坐标。

8.2.1 测量原理与数学模型

双目视觉系统由两部相机构成，左右相机参数可以是完全不同的，但是从双目系统性能的角度考虑，一般尽量做到左右相机参数相同。根据两部相机安装位置的不同，双目视觉系统可分为平行式光轴双目视觉系统和汇聚式光轴双目视觉系统，如图 8-2 所示。

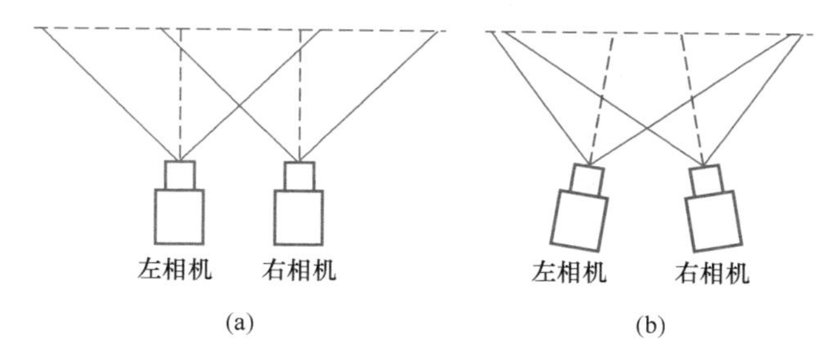

图 8-2 双目视觉系统模式

（a）平行式光轴；（b）汇聚式光轴

典型的平行式光轴双目视觉系统中，两部相机相同且它们的相机坐标系各轴都相互平行，只有相机光心所在的坐标原点位置不同，如图 8-3 所示。两部相机投影中心连线的距离，即基线长度为 B。以左相机的坐标系为基准，两摄像头在同一时刻观看空间物体的同一特征点 $P=(X,Y,Z)$，分别在左相机和右相机上获取了点 P 的投影，图像坐标分别为 $p_l=(x_l, y_l)$，$p_r=(x_r, y_r)$。由于两部相机的图像在同一平面上，则在特征点 P 的图像坐标中 y 坐标相等，即 $y_l=y_r=y$，则由三角几何关系得到：

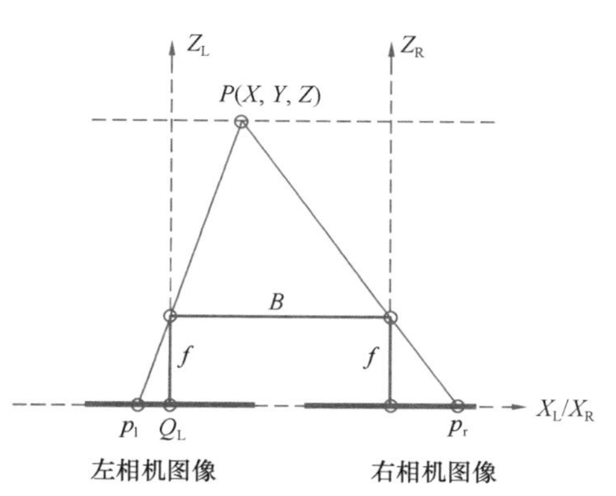

图 8-3 平行式光轴双目视觉系统成像原理

$$x_l = f\frac{X}{Z}$$

$$x_r = f\frac{X-B}{Z} \tag{8-1}$$

$$y = f\frac{Y}{Z}$$

则视差 $d = x_l - x_r$。由此可以计算出特征点 P 在左相机坐标系下的三维坐标为：

$$X = \frac{B \cdot x_l}{d}$$

$$Y = \frac{B \cdot y}{d} \tag{8-2}$$

$$Z = \frac{B \cdot f}{d}$$

利用这种模式，只需在右相机的像面上找到与左相机像面上的任意点相匹配的点，就可以确定该点的三维坐标。这一方法属于点对点的计算，依赖于两个像面上匹配点之间的对应关系。由式（8-2）可知，深度信息与视差相关联，若由于匹配点对误差引起视差 d 不准确，将导致距离 Z 产生误差。假设左图像坐标 x_l 存在偏差 e，则预估的视差 $d_e = d + e$，深度估算值 Z_e 与真值 Z 之间的误差 ΔZ 为：

$$\Delta Z = Z - Z_e = \frac{B \cdot f \cdot e}{d(d+e)} \tag{8-3}$$

考虑 $Z \gg \lambda$，将式（8-2）代入上式可得：

$$\Delta Z = \frac{eZ^2}{B\lambda + eZ} \tag{8-4}$$

可见，测距精度与相机焦距 f、相机基线长度 B、物距 Z 都相关。相机焦距 f 越大，相机基线长度 B 越长，则精度越高；物距 Z 越大，则精度越低。

平行式光轴为特殊情况，一般情况下对两部相机的摆放位置不作特别要求，如图 8-4 所示。设左相机 O-XYZ 位于世界坐标系的原点处且坐标轴方向与世界坐标系一致，图像坐标系为 o_l-$x_l y_l$，有效焦距为 f_l；右相机坐标系为 O_r-$X_r Y_r Z_r$，图像坐标系为 o_r-$x_r y_r$，有效焦距为 f_r。

由相机透视变换模型有：

$$\boldsymbol{s}_l\begin{bmatrix}x_l\\y_l\\1\end{bmatrix} = \begin{bmatrix}f_l & 0 & 0\\0 & f_l & 0\\0 & 0 & 1\end{bmatrix}\begin{bmatrix}X\\Y\\Z\end{bmatrix} \tag{8-5}$$

$$\boldsymbol{s}_r\begin{bmatrix}x_r\\y_r\\1\end{bmatrix} = \begin{bmatrix}f_r & 0 & 0\\0 & f_r & 0\\0 & 0 & 1\end{bmatrix}\begin{bmatrix}X_r\\Y_r\\Z_r\end{bmatrix} \tag{8-6}$$

O-XYZ 坐标系与 O_r-$X_r Y_r Z_r$ 坐标系之间的相互位置关系可通过空间转换矩阵 $\boldsymbol{M}_{lr}$ 表示。

$$\begin{bmatrix}X_r\\Y_r\\Z_r\end{bmatrix} = \boldsymbol{M}_{lr}\begin{bmatrix}X\\Y\\Z\\1\end{bmatrix} = \begin{bmatrix}r_1 & r_2 & r_3 & t_1\\r_4 & r_5 & r_6 & t_2\\r_7 & r_8 & r_9 & t_3\end{bmatrix}\begin{bmatrix}X\\Y\\Z\\1\end{bmatrix} \tag{8-7}$$

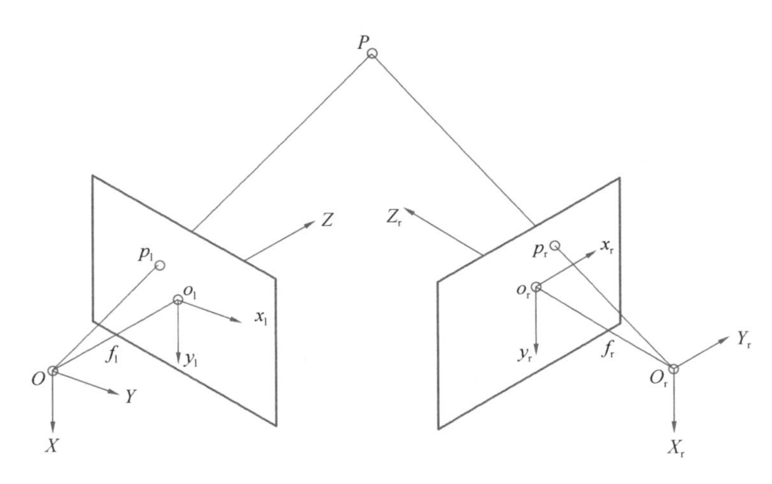

图 8-4　汇聚式光轴双目视觉系统成像原理

其中，$\boldsymbol{R}=\begin{bmatrix} r_1 & r_2 & r_3 \\ r_4 & r_5 & r_6 \\ r_7 & r_8 & r_9 \end{bmatrix}$ 和 $\boldsymbol{T}=\begin{bmatrix} t_1 \\ t_2 \\ t_3 \end{bmatrix}$ 分别为 O-XYZ 坐标系与 O_r-$X_rY_rZ_r$ 坐标系之间的旋转矩阵和原点之间的平移变换矢量。

由式(8-5)～式(8-7)可知，对于 O-XYZ 坐标系中的空间点，两部相机像面点之间的对应关系为：

$$\boldsymbol{s}_r\begin{bmatrix} x_r \\ y_r \\ 1 \end{bmatrix}=\begin{bmatrix} f_r r_1 & f_r r_2 & f_r r_3 & f_r t_1 \\ f_r r_4 & f_r r_5 & f_r r_6 & f_r t_2 \\ r_7 & r_8 & r_9 & t_3 \end{bmatrix}\begin{bmatrix} Zx_l/f_l \\ Zy_l/f_l \\ Z \\ 1 \end{bmatrix} \tag{8-8}$$

于是，空间点三维坐标可以表示为：

$$\begin{aligned} X &= Zx_l/f \\ Y &= Zy_l/f_l \\ Z &= \frac{f_l(f_r t_1 - x_r t_3)}{x_r(r_7 x_l + r_8 y_l + f_l r_9) - f_r(r_1 x_l + r_2 y_l + f_l r_3)} \\ &= \frac{f_l(f_r t_2 - y_r t_3)}{y_r(r_7 x_l + r_8 y_l + f_l r_9) - f_r(r_4 x_l + r_5 y_l + f_l r_6)} \end{aligned} \tag{8-9}$$

因此，已知焦距 f_l、f_r 和空间点在左、右相机中的图像坐标 (x_l, y_l) 和 (x_r, y_r)，只要求解出两相机间的旋转矩阵 $\boldsymbol{R}$ 和平移矢量 $\boldsymbol{T}$，就可以得到被测物体的三维空间坐标 (X, Y, Z)。

8.2.2　对极几何

对极几何（Epipolar Geometry）是计算机视觉和几何学中的一个重要概念，用于描述两个相机视角下的点在图像中的投影关系，它为立体视觉任务提供了重要的理论基础。对极几何通常用于解决双目匹配和寻找对应点的问题，即给定一个图像中的点，找到在另一个图像中与之对应的点。如图 8-5 所示，两部相机中心分别为 O_l、O_r，三维空间中的点 P 由相机投影到两个不同的相机平面 L_l、L_r，所获得的投影点分别为 P_l、P_r。对极几何包

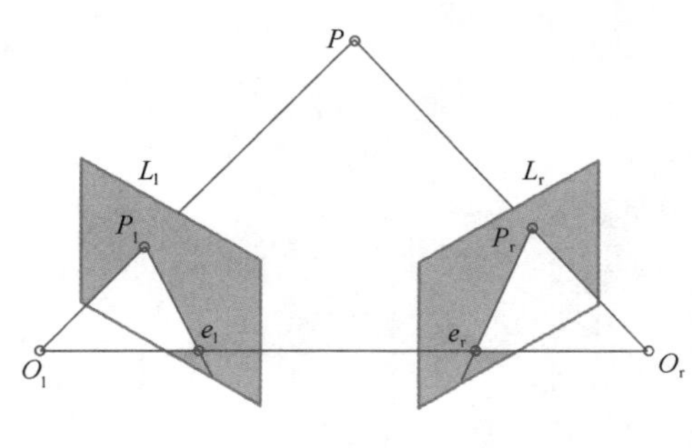

图 8-5 极线几何关系

含几个核心概念：

（1）基线：相机中心 O_l、O_r 的连线构成基线。

（2）极点：基线 O_lO_r 与相机投影平面的交点为极点，对左相机平面 L_l 的极点为 e_l，对右相机平面 L_r 的极点为 e_r。

（3）极平面：每个空间点都对应于一个极平面，它是空间点 P、相机中心 O_l、O_r 所构成的平面，点 P 在图像平面上的投影点 P_l、P_r 都位于极平面上。

（4）极线：极平面与成像平面的交线为极线，如左相机的 P_le_l，右相机的 P_re_r。

从上述概念中我们可以理解，一个图像平面只会有一个极点，而每个投影点都会有一条对应的极线，同一个图像平面上的所有极线会在极点处相交。通过这种几何约束，给定一个相机上的投影点，我们可以快速找到在另一个图像平面中的匹配点。

空间点 P 可以由两个相机的投影模型表示：

$$\begin{aligned} s_l\boldsymbol{p}_l &= \boldsymbol{M}_l\boldsymbol{X}_w = (\boldsymbol{M}_{l1} \quad \boldsymbol{m}_l)\boldsymbol{X}_w \\ s_r\boldsymbol{p}_r &= \boldsymbol{M}_r\boldsymbol{X}_w = (\boldsymbol{M}_{r1} \quad \boldsymbol{m}_r)\boldsymbol{X}_w \end{aligned} \tag{8-10}$$

其中，$\boldsymbol{p}_l$、$\boldsymbol{p}_r$ 分别为空间点 P 在左、右相机中的图像坐标；$\boldsymbol{X}_w$ 为空间点 P 在世界坐标系中的齐次坐标 $[x_w, y_w, z_w, 1]^T$；$\boldsymbol{M}_l$、$\boldsymbol{M}_r$ 分别为左、右相机的投影矩阵，矩阵尺寸为 3×4。我们将 $\boldsymbol{M}_l$、$\boldsymbol{M}_r$ 矩阵的前三列分别记作 $\boldsymbol{M}_{l1}$、$\boldsymbol{M}_{r1}$，最后一列记作 $\boldsymbol{m}_l$、$\boldsymbol{m}_r$，P 的三维坐标用 $\boldsymbol{X}$（$[x_w, y_w, z_w]^T$）表示，则公式（8-10）可改写为：

$$\begin{aligned} s_l\boldsymbol{p}_l &= \boldsymbol{M}_{l1}X + \boldsymbol{m}_l \\ s_r\boldsymbol{p}_r &= \boldsymbol{M}_{r1}X + \boldsymbol{m}_r \end{aligned} \tag{8-11}$$

将公式（8-11）中的 $\boldsymbol{X}$ 消去，则：

$$s_r\boldsymbol{p}_r - s_l\boldsymbol{M}_{r1}\boldsymbol{M}_{l1}^{-1}\boldsymbol{p}_l = \boldsymbol{m}_r - \boldsymbol{M}_{r1}\boldsymbol{M}_{l1}^{-1}\boldsymbol{m}_l \tag{8-12}$$

由于上式等号两边都是三维列向量，等效于三个等式。这些等式若能消去缩放系数 s_l、s_r，则可以得到投影点 P_l 和 P_r 的几何关系，也就是极线约束。

为了使上述消去过程更清晰，这里引入线性代数里反对称矩阵的概念。如果 $\boldsymbol{t}$ 为三维向量且 $\boldsymbol{t} = [t_x, t_y, t_z]^T$，向量 $\boldsymbol{t}$ 的反对称矩阵为：

$$[\boldsymbol{t}]_\times = \begin{bmatrix} 0 & -t_z & t_y \\ t_z & 0 & -t_x \\ -t_y & t_x & 0 \end{bmatrix} \tag{8-13}$$

满足 $[\boldsymbol{t}]_\times \cdot \boldsymbol{t} = 0$，且 $\boldsymbol{t} \times \boldsymbol{\beta} = [\boldsymbol{t}]_\times \cdot \boldsymbol{\beta}$，其中 $\boldsymbol{\beta}$ 是与 t 同维数的列向量，也就是向量 $\boldsymbol{t}$ 和向量 $\boldsymbol{\beta}$ 的叉积可转换为反对阵矩阵 $[\boldsymbol{t}]_\times$ 与向量 $\boldsymbol{\beta}$ 的乘积。反对称矩阵 $[\boldsymbol{t}]_\times$ 本身是一个不满秩的不可逆矩阵，满足 $[\boldsymbol{t}]_\times^T = -[\boldsymbol{t}]_\times$。

将公式（8-12）等号右侧的向量记为 $\boldsymbol{m}$，即：

$$\boldsymbol{m} = \boldsymbol{m}_r - \boldsymbol{M}_{r1}\boldsymbol{M}_{l1}^{-1}\boldsymbol{m}_l \tag{8-14}$$

$\boldsymbol{m}$ 的反对称矩阵记作 $[\boldsymbol{m}]_\times$，将 $[\boldsymbol{m}]_\times$ 左乘式（8-12）两侧，可知：

$$[\boldsymbol{m}]_{\times}(s_{r}\boldsymbol{p}_{r}-s_{l}\boldsymbol{M}_{r1}\boldsymbol{M}_{l1}^{-1}\boldsymbol{p}_{l})=0 \tag{8-15}$$

记 $s=s_l/s_r$，将上式两侧均除以 s_r，可得：

$$[\boldsymbol{m}]_{\times}s\boldsymbol{M}_{r1}\boldsymbol{M}_{l1}^{-1}\boldsymbol{p}_{l}=[\boldsymbol{m}]_{\times}\boldsymbol{p}_{r} \tag{8-16}$$

由于 $[\boldsymbol{m}]_{\times}\boldsymbol{p}_r=\boldsymbol{m}\times\boldsymbol{p}_r$，则 $[\boldsymbol{m}]_{\times}\boldsymbol{p}_r$ 与 $\boldsymbol{p}_r$ 正交，$\boldsymbol{p}_r^{\mathrm{T}}\cdot([\boldsymbol{m}]_{\times}\boldsymbol{p}_r)=0$。将 $\boldsymbol{p}_r^{\mathrm{T}}$ 左乘式（8-16）两边，并除以系数 s，可推导出：

$$\boldsymbol{p}_{r}^{\mathrm{T}}[\boldsymbol{m}]_{\times}\boldsymbol{M}_{r1}\boldsymbol{M}_{l1}^{-1}\boldsymbol{p}_{l}=0 \tag{8-17}$$

式（8-17）给出了 $\boldsymbol{p}_l$、$\boldsymbol{p}_r$ 必须满足的关系。在给定 $\boldsymbol{p}_l$ 的情况下，式（8-17）是关于 $\boldsymbol{p}_r$ 的线性方程，即相机平面 L_r 上的极线方程。反过来，在给定 $\boldsymbol{p}_r$ 的情况下，式（8-17）是关于 $\boldsymbol{p}_l$ 的线性方程，即相机平面 L_l 上的极线方程。

令 $F=[\boldsymbol{m}]_{\times}\boldsymbol{M}_{r1}M_{l1}^{-1}$，则式（8-17）可以写成：

$$\boldsymbol{p}_{r}^{\mathrm{T}}\boldsymbol{F}\boldsymbol{p}_{l}=0 \tag{8-18}$$

$\boldsymbol{F}$ 称为基础矩阵，它是对极几何的一种代数表示。采用基础矩阵，极线约束可以表示为：

$$\begin{aligned}l_{pl}&=\boldsymbol{F}\boldsymbol{p}_{l}\\ l_{pr}&=\boldsymbol{F}^{\mathrm{T}}\boldsymbol{p}_{r}\end{aligned} \tag{8-19}$$

如果已知左、右相机的内部参数矩阵 $\boldsymbol{K}_l$、$\boldsymbol{K}_r$，以及右相机到左相机的旋转矩阵 $\boldsymbol{R}$、平移向量 $\boldsymbol{T}$，则投影关系的表达式（8-10）可更新为：

$$\begin{aligned}s_{l}\boldsymbol{p}_{l}&=\boldsymbol{K}_{l}X\\ s_{r}\boldsymbol{p}_{r}&=\boldsymbol{K}_{r}(\boldsymbol{R}\boldsymbol{X}+t)\end{aligned} \tag{8-20}$$

则极平面方程可以表示为：

$$\boldsymbol{p}_{r}^{\mathrm{T}}\boldsymbol{K}_{r}^{-\mathrm{T}}[\boldsymbol{T}]_{\times}\boldsymbol{R}\boldsymbol{K}_{l}^{-1}\boldsymbol{p}_{l}=0 \tag{8-21}$$

其中 $[\boldsymbol{T}]_{\times}$ 是平移向量 $\boldsymbol{T}$ 的反对称矩阵。基础矩阵可表示为：

$$\boldsymbol{F}=\boldsymbol{K}_{r}^{-\mathrm{T}}[\boldsymbol{T}]_{\times}\boldsymbol{R}\boldsymbol{K}_{l}^{-1} \tag{8-22}$$

从公式（8-22）可以看出，基础矩阵包含了双目系统的所有相机参数，即两个相机的内部参数矩阵 $\boldsymbol{K}_l$、$\boldsymbol{K}_r$，以及两个相机之间的几何转换 $\boldsymbol{R}$、$\boldsymbol{T}$。这说明基础矩阵只与相机系统的内部参数和外部参数相关，与测量的外部场景无关。基础矩阵可以看作是双目立体视觉中内在的一种约束关系。当相机内部参数 $\boldsymbol{K}_l$、$\boldsymbol{K}_r$ 已知，我们把 $\hat{\boldsymbol{p}}_l=\boldsymbol{K}_l^{-1}\boldsymbol{p}_l$，$\hat{\boldsymbol{p}}_r=\boldsymbol{K}_r^{-1}\boldsymbol{p}_r$ 视为归一化图像坐标，公式（8-21）可以写成：

$$\hat{\boldsymbol{p}}_{r}^{\mathrm{T}}[\hat{\boldsymbol{T}}]_{\times}\hat{\boldsymbol{R}}\hat{\boldsymbol{p}}_{l}^{\mathrm{T}}=0 \tag{8-23}$$

定义 $\boldsymbol{E}=[\boldsymbol{T}]_{\times}\boldsymbol{R}$ 为本质矩阵，它只与双目系统的外部参数有关。

（1）基础矩阵 $\boldsymbol{F}$

1）具有 7 个自由度，是秩为 2 的齐次矩阵；

2）如果 P_l、P_r 为对应投影点，则满足 $\boldsymbol{p}_r^{\mathrm{T}}\boldsymbol{F}\boldsymbol{p}_l=0$；

3) $l_{pl}=\boldsymbol{F}\boldsymbol{p}_l$ 为对应于 P_l 的极线，$l_{pr}=\boldsymbol{F}^T\boldsymbol{p}_r$ 为对应于 P_r 的极线；

4）极点为 $\boldsymbol{F}e_l=\boldsymbol{F}e_r=0$。

（2）本质矩阵 $\boldsymbol{E}$

1）具有 5 个自由度，是秩为 2 的矩阵；

2）有一个奇异值为 0，另外两个奇异值相等；

3) $\boldsymbol{E}^T\boldsymbol{T}=0$；

4) $\boldsymbol{E}\boldsymbol{E}^T$ 仅由平移来决定；

5) $\|\boldsymbol{E}\|^2=2\|\boldsymbol{T}\|^2$。

8.2.3 双目立体匹配

双目立体匹配一直是双目视觉的研究热点，双目相机拍摄同一场景的左、右两幅视点图像，运用立体匹配算法获取视差图，进而获取深度图。而深度图的应用范围非常广泛，由于其能够记录场景中物体距离相机的距离，可以用以测量、三维重建及虚拟视点的合成等。双目立体匹配可分为四个步骤：匹配代价计算、代价聚合、视差计算和视差优化。

（1）匹配代价计算

匹配代价计算的主要目标是评估参考图像上的每个待匹配像素与目标图像上一系列可能的视差范围内的候选像素之间的关联程度。匹配代价函数能够计算两个像素之间的匹配代价，无论它们是否是同名点。较小的匹配代价表示较高的相关性，意味着这两个像素很有可能是同名点。在执行同名点匹配之前，通常会为每个像素设定一个视差搜索范围 D。在视差搜索过程中，将搜索范围限制在 D 内，并通过一个大小为 $W\times H\times D$ 的三维矩阵 C 来存储每个像素在视差范围内每个视差值下的匹配代价，这个矩阵 C 通常被称为“视差空间图像”（Disparity Space Image，DSI）。匹配代价计算的方法有很多种，在传统的摄影测量领域，常用的方法包括灰度绝对值差（Absolute Differences，AD）、灰度绝对值差之和（Sum of Absolute Differences，SAD）、归一化相关系数（Normalized Cross-Correlation，NCC）等。而在计算机视觉领域，常见的方法有互信息（Mutual Information，MI）、Census 变换（Census Transform，CT）、Rank 变换（Rank Transform，RT）等。这些不同的匹配代价计算方法各具特点，对不同类型的数据表现也不一样。选择合适的匹配代价计算函数对于立体匹配过程至关重要，这是一个不容忽视的关键步骤。不同的应用场景可能需要根据问题的特点选择最合适的匹配代价计算方法，以确保得到准确的匹配结果。如：Census 保留周边像素空间信息，对光照变化有一定的鲁棒性，具有灰度不变的特性；灰度绝对值差法，边缘明显清晰，纹理重复结构效果较好，但不适用于噪声多的情况，低纹理区域效果不好，对颜色值敏感。

（2）代价聚合

代价聚合的核心目标在于确保代价值能够准确地反映像素之间的相关性。在进行匹配代价计算时，通常只在局部窗口内考虑像素之间的关联，限定在局部区域内进行代价值计算。然而，这种局部计算方法容易受到影像噪声的影响。尤其在弱纹理或重复纹理区域，计算出的代价值可能无法准确地反映像素之间的相关性，从而导致真正同名点的代价值并非最小。代价聚合的主要目的是建立邻接像素之间的联系，以一定的准则来优化代价矩阵。例如，相邻像素应当具有连续的视差值。这种优化过程通常是全局性的，每个像素在特定视差值下的新代价值都会根据其相邻像素在相同视差值或相近视差值下的代价值进行重新计算。这一优化过程会生成新的代价矩阵，用矩阵 ***S*** 来表示。实际上，代价聚合类似于一种视差传播的过程。在信噪比较高的区域，匹配效果较好，初始代价能够很好地反映相关性，因此可以更准确地得到最优的视差值。这些优化信息会通过代价聚合传播至信噪比较低、匹配效果较差的区域，最终使得所有影像的代价值都能够准确地反映真实的相关性。这种代价聚合过程有助于提高整体匹配的准确性和稳定性。

（3）视差计算

视差计算即利用经过代价聚合的代价矩阵 ***S*** 来确定每个像素的最优视差值。这一计算常常采用赢家通吃算法（Winner-Takes-All，WTA），即在某个像素的所有视差下的代价值中，选择具有最小代价值的视差作为最佳视差值。这一步骤的执行十分简洁明了，然而这也意味着聚合代价矩阵 ***S*** 的数值必须能够准确地反映像素之间的相关性。因此，前一步骤的代价聚合过程显得极为关键，它直接决定了整个立体匹配算法的准确性。代价聚合的质量会直接影响视差计算的准确程度，从而对于最终的立体匹配结果产生重要影响。

（4）视差优化

视差优化的目标在于对先前获得的视差图进行进一步提升，以提高视差图的质量。这一过程包括剔除错误匹配、适当的平滑处理以及子像素精度的优化等步骤。错误匹配指的是在代价聚合后得到的视差值并不是真实最小视差值的情况。这种错误匹配在实际应用中相当常见，图像中的噪声、遮挡、弱纹理以及重复纹理等都可能导致出现这样的情况。一般而言，使用左右一致性检查算法可以排除错误视差。左右一致性检查是指对左右图像中对应点的视差值进行比较，若两者视差值差异小于一定阈值，则视为匹配成功；否则，将该视差值排除，因为不满足唯一性假设。此外，采用剔除小连通区域的算法可以去除孤立的异常点。为了平滑视差图，可以运用中值滤波、双边滤波等平滑方法。由于赢家通吃算法得到的视差值是整数像素精度，为了获得更高的子像素精度，需要进行进一步子像素细化。常见的子像素细化方法为一元二次曲线拟合法。这一方法通过将最优视差以及左右两个视差下的代价值拟合为一条一元二次曲线，从而找到曲线极小值点对应的子像素视差值。这个步骤有助于获得更准确的视差值，从而提高立体匹配的精度。

在上述框架下，立体匹配算法分为三种：局部匹配算法、全局匹配算法和半全局匹配算法。局部匹配算法一般包括匹配代价计算、代价聚合与视差计算三个步骤；全局匹配算法则包括匹配代价计算、视差计算与视差优化三个步骤；半全局匹配算法包括匹配代价计算、代价聚合、视差计算与视差优化四个步骤。全局匹配算法由于非常高的运算量或内存消耗，在大多数场合都无法应用；而局部匹配算法虽然速度很快，但是鲁棒性差，匹配质量比较低。半全局的立体匹配算法（SGM）采用单像素互信息作为匹配代价，沿着多个方向进行一维能量最小化来近似替代二维全局能量最小化，因此被称为半全局算法。SGM 的运算速度远远快于大多数全局算法，同时精度也比较高。

下面演示在 MATLAB 中使用自带的 disparitySGM 函数，通过半全局的立体匹配算法来计算双目相机图像的视差图，程序运行演示视频见二维码 8-1。

8-1 程序运行演示视频

```
close all;clear all;clc;
% 加载 stereparameters 对象
load('handshakeStereoParams. mat');
% 相机可视化
showExtrinsics(stereoParams);
% 创建视频多帧文件
videoFileLeft ='handshake_left. avi';
videoFileRight ='handshake_right. avi';
readerLeft = VideoReader(videoFileLeft);
readerRight = VideoReader(videoFileRight);
player = vision. VideoPlayer('Position', [20,200,740 560]);
% 读取并校正视频帧,校正后的图像具有水平极线,并且行对齐。
frameLeft = readFrame(readerLeft);
frameRight = readFrame(readerRight);
[frameLeftRect, frameRightRect] =...
    rectifyStereoImages(frameLeft, frameRight, stereoParams);
figure;
imshow(stereoAnaglyph(frameLeftRect, frameRightRect));
title('多帧图像');
%计算视差,在校正后的立体图像中,任何一对对应点位于同一像素行上。
frameLeftGray  = rgb2gray(frameLeftRect);
frameRightGray = rgb2gray(frameRightRect);
disparityMap = disparitySGM(frameLeftGray, frameRightGray);
figure;
imshow(disparityMap, [0, 64]);
title('视差图');
colormap jet
colorbar
```

8.3 运动恢复结构

运动恢复结构（Structure from Motion，SFM）方法通过分析一系列图像来推断拍摄这些图像的相机运动以及被拍摄场景的三维结构。这意味着它可以将多张二维图像转化为一个三维场景模型。

SFM 方法的实施策略主要可以分为增量式和全局式两类。增量式运动恢复结构方法通常从两张或三张图像的重建开始，之后逐渐加入新的图像进行进一步重建，直至完成所有图像的处理。这种策略通过逐渐积累信息，能够逐步提高重建结果的准确性。另一种策略是全局式运动恢复结构方法，它通过一次性求解平移矩阵和旋转矩阵的方式，从整体角度实现结构恢复。与增量式方法相比，全局式运动恢复结构方法省略了逐步添加图像的过程，从而在一定程度上提升了效率。然而，当图像之间的姿态、尺度或者畸变较大时，全局式运动恢复结构方法可能会遇到解算不稳定的问题，甚至可能导致解算失败。相比之下，增量式运动恢复结构方法在这种情况下更为可靠，能够提供更为稳健的解算结果。对于全局式运动恢复结构方法，在处理大量图像时，通常采用分组重建的方式，从根本上也是一种增量式运动恢复结构方法的思想。对于无序影像的三维重建任务，增量式运动恢复结构方法是一种备受欢迎的策略。目前有许多开源的运动恢复结构方法软件可供使用，其中 Visual SFM、OPENMVG、MVE 以及 COLMAP 等被认为是重建效果较为出色的开源运动恢复结构方法软件。这些工具为实现三维重建提供了强有力的支持。

8.3.1 增量式运动恢复结构方法

增量式运动恢复结构方法流程如图 8-6 所示。首先从两张图像中检测和匹配特征点，进行几何解算。选定一对匹配良好的种子图像，初始化重建。通过光束平差法优化种子图像的相机姿态和三维点。然后，逐步添加新图像，循环执行影像注册、前方交会、光束平差、外点滤波达到注册阈值或全部图像注册后，进行全局光束法平差，增强运动恢复结构方法的鲁棒性，完成整个场景重建。

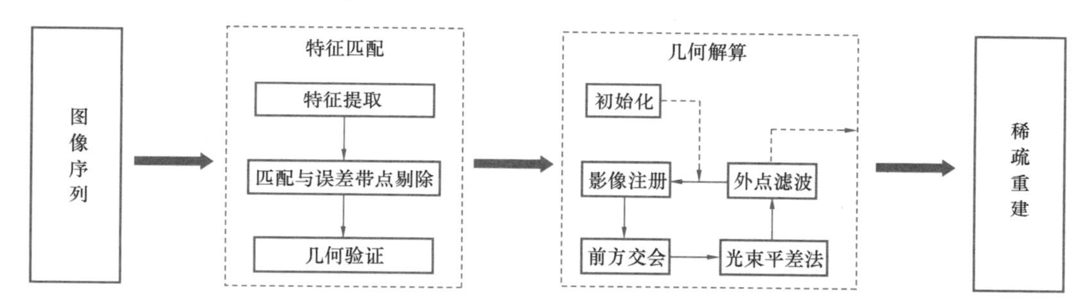

图 8-6 增量式运动恢复结构方法流程

特征提取和匹配是启动三维重建过程的关键步骤，也是其中至关重要的一环。特征提取的目标在于寻找那些在不同图像中具有高度重复性和鲜明区分度的特征点，并生成相应的特征描述子。高度重复性确保这些特征点能够在其他相互重叠的影像中被准确地检测到；鲜明区分度则保证这些特征点能够在其他影像中被精确地匹配。如果错误的特征点被提取出来，或者特征点之间的匹配效果不佳，就可能导致获得的相机参数不准确，进而影响重建的三维点的准确性。这些不准确的三维点在连接成模型时无法正确地反映真实场景或物体的三维结构。

增量式运动恢复结构方法的起点是选择一对最佳图像作为种子图像对，这个选择通常依据两个关键因素。首先，是两个视图之间的特征点匹配数量；其次，是这两个视图之间的基线宽度。一般而言，视图间特征点匹配数量越多，问题的求解越有优势，从而得到更精确的结果。然而，特征点在图像中的分布也要加以考虑，过于密集或不均匀的分布都会降低求解的准确性。因为缺乏绝对尺度信息，无法直接测量基线长度，因此可以采用视图间主光轴夹角来作为尺度衡量指标。在重建过程中，由于涉及非凸问题，增量过程的初始参数对于重建的稳定性和准确性有重要影响，糟糕的初始值可能导致整个重建失败。

图像配准是基于三角定位获得的三维点信息，用来恢复下一个相机的位姿。N 点透视（Perspective-n-Point，PnP）是解决这一问题的方法，已知目标点在场景中的三维信息以及在成像平面上的对应二维信息，通过 PnP 方法估计相机的位姿。如果一张图像中某特征点的三维位置已知，至少需要 3 组点对来计算相机的运动，而再加上一对附加点对就能确定唯一结果。通过重复“三角定位-PnP”过程，逐渐完成对整个系统的相机位姿和场景三维点信息的恢复。然而，由于存在误差，随着增量式过程的推进，估计结果的误差通常会逐渐增加。因此，仍然需要使用光束法平差不断优化求解结果，这一过程确保了最终的重建结果在误差控制下具有更高的准确性和稳定性。图 8-7 展示了稀疏重建的效果。

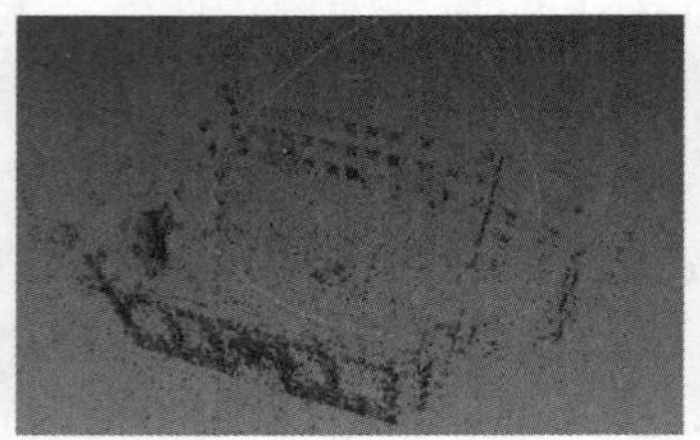
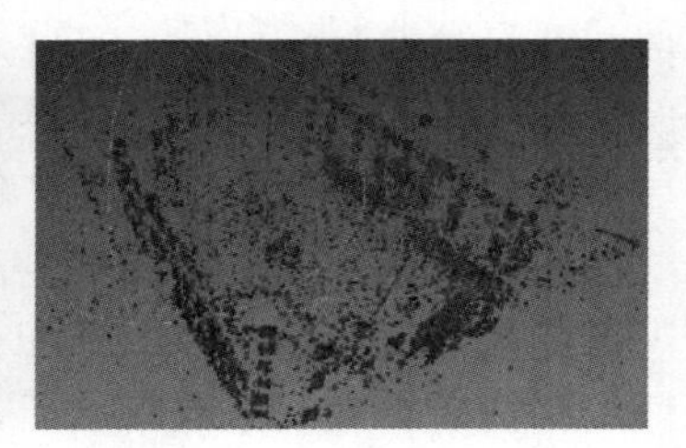

图 8-7 稀疏重建效果展示

8.3.2 光束平差法

对于目标场景中任意三维点 P，从每个视图所对应的相机的光心发射出来并经过图像中 P 对应的像素后的光线都将交于 P 这一点，对于所有三维点，则形成相当多的光束；但实际过程中由于噪声、误匹配、计算精度低等问题，每条光线几乎不可能汇聚于一点，导致最终得到的三维模型面片数少、模型表面不平滑、局部细节模糊甚至会有空洞现象出现。因此，在求解过程中需要不断对待求信息进行调整，使光线最终能交于一点。

光束平差法（Bundle Adjustment，BA）是一种用于同时优化相机参数和三维点位置的技术，用于改善三维重建和相机定位的准确性。光束指的是从相机的光心到图像上像素的光线，通过优化光束的汇聚，提高对相机和场景的估计精度。它本质上是一种非线性最小二乘优化，通过最小化观测像素与预测像素之间的差异，来优化相机内部参数（如焦距、畸变参数等）、相机外部参数（位姿）和场景中的三维点坐标。

当存在多个空间三维点（范围从 1 到 m）、多个观测相机（范围从 1 到 n）时，所有误差之和可以用目标函数表示：

$$g(C,X)=\sum_{i=1}^{n}\sum_{j=1}^{m}w_{ij}\parallel q_{ij}-P(C_i,X_j)\parallel \tag{8-24}$$

其中，X_j 和 C_j 分别表示三维点坐标和相机参数；w_{ij} 是指示函数；q_{ij} 是对应的观测影像点；$P(C_i,X_j)$ 是三维点 X_j 在相机 C_j 下的投影点。

若重建计算所得的空间点坐标和相机投影模型更加准确时，得到投影的预测位置与实际位置更加吻合，重投影误差越低，目标函数的数值结果越小。所以，光束平差法就是目标函数最小化的问题，即通过迭代优化空间三维点坐标 X 的值和投影函数 P 中包含的相机参数的值，不断减少目标函数的值，当目标函数的值低于某个阈值时，得到的空间点坐标和相机内外参数就是优化求得的结果。

下面给出在 MATLAB 中使用自带的 Bundle Adjustment 函数，进行三维点和相机位姿估计的过程，程序运行演示视频见二维码 8-2。

```
clc; clear; close all;
data = load('sfmGlobe');
[xyzRefinedPoints, refinedPoses] =...
    bundleAdjustment(data.xyzPoints, data.pointTracks, data.cameraPoses, data.intrinsics);
pcshow(xyzRefinedPoints,'VerticalAxis','y','VerticalAxisDir', 'down','MarkerSize', 45);
set(gcf,'color', [1,1,1]);set(gca,'color', [1,1,1]);
hold on
plotCamera(refinedPoses,'Size', 0.1);
hold off
grid on
```

8-2 程序运行演示视频

8.3.3 多视图稠密重建

由于运动恢复结果用来做重建的点是由特征匹配提供的，导致匹配点稀疏，重建效果并不是很好，所以需要稠密点云重建（Multi-View Stereo，MVS）进行完善。MVS 的目的是对不同图像上的同一个点进行匹配，增强重建场景的稠密性。MVS 的主要任务是通过一种最佳搜索的方法，匹配不同图像的同一个点。如果需要搜索参考图像上的某个像素点在另一帧图像上的位置，只需要搜索图像中极线上的像素点。主要方法为逐像素判断，遍历整个搜索图，寻找到与模块图最为相似的部分。

深度图是指将相机到场景中各点距离作为像素值的图像，在 MVS 中对于深度图的计算是一大重点。深度图计算采用经典的 PatchMatch 方法，基本思想是在自然立体对中相对较大的像素区域可以由大致相同的平面建模。通过一个随机平面初始化每个像素来找到一个区域的平面。在这个随机初始化之后，该区域至少有一个像素带有一个接近正确的平面，其本身是一种近似的密集最近邻算法。PatchMatch 基本思路如下：

对于两帧的每个像素 p，搜索一个平面 f_p。计算左右视差图，通过左/右一致性检查执行遮挡处理。一旦找到 f_p，可以计算 p 的视差为：

$$d_p = a_{f_p} p_x + b_{f_p} p_y + c_{f_p} \tag{8-25}$$

其中，a_{f_p}、b_{f_p}、c_{f_p} 是平面 f_p 的三个参数；p_x 和 p_y 表示 p 的 x、y 坐标。目标平面 f_p 是所有候选平面中具有最小聚合匹配代价的，即：

$$f_p = \underset{f \in F}{\operatorname{argmin}}\, m(p,f) \tag{8-26}$$

其中，F 表示所有平面的集合；$m(p,f)$ 是聚合匹配代价函数，计算公式为：

$$m(p,f) = \sum_{q \in W_p} w(p,q) \cdot \rho[q, q-(a_f q_x + b_f q_y + c_f)] \tag{8-27}$$

这里，W_p 表示以像素 p 为中心的方形窗口，W_p 不再是二维，而是三维窗口，其中第三维由视频序列的前一帧和连续帧的像素形成。权重函数 $w(p,q)$ 用于克服边缘不连续问题并实现自适应支持权重，它通过查看像素的颜色来计算 p 和 q 位于同一平面上的可能性，即如果颜色相似，它会返回高值：

$$w(p,q) = e^{-\frac{\| I_p - I_q \|}{r}} \tag{8-28}$$

其中，r 是用户定义的参数；$\| I_p - I_q \|$ 计算 RGB 空间中 p 和 q 颜色的 $L1$ 距离。首

先根据平面 f 计算 q 的视差，并通过从 q 的 x 坐标中减去该视差得出 q 在另一个视图 q' 中的匹配点。函数 $\rho(q,q')$ 用来计算 q、q' 之间的像素相似度：

$$\rho(q,q') = (1-\alpha)\cdot\min(\| I_{\mathrm{q}} - I_{\mathrm{q'}} \|, \tau_{\mathrm{col}}) + \alpha\cdot\min(\| \nabla I_{\mathrm{q}} - \nabla I_{\mathrm{q'}} \|, \tau_{\mathrm{grad}}) \tag{8-29}$$

其中，$\| \nabla I_{\mathrm{q}} - \nabla I_{\mathrm{q'}} \|$ 表示在 q、q' 处计算的灰度值梯度的绝对差。由于 q' 的 x 坐标位于连续域中，通过线性插值推导出其颜色和梯度值。用户定义的参数 α 平衡了颜色和渐变项的影响。参数 τ_{col} 和 τ_{grad} 表示截断遮挡区域鲁棒性的成本。

8.4 点云处理

图像三维重建技术能够还原物体或场景的三维结构，它的输出结果是三维几何结构和对应的纹理信息。三维几何模型通常以点云、体素或网格表示，如图 8-8 所示。其中，点云是最基本的表示形式，而网格和体素是通过对点云数据进行处理而生成的更加复杂的表示形式。点云由一组离散的三维点组成，每个点都包含了空间中的位置信息。三维网格是由一系列连接的三角形面片或四边形面片组成的表面模型，它可以通过对点云进行三角化而得到。网格模型更加密集，可以更准确地表示物体的表面形状，常用于图形渲染和可视化。三维体素模型是一种将三维空间划分为小的立方体单元（称为体素）的体积表示方法。类似于三维像素，体素可以看作是三维空间的离散化表示，它将连续的空间划分为离散的小立方体，每个体素可以表示空间中的属性信息，如是否占据、颜色、密度等。从点云生成体素模型的过程称为体素化处理。体素模型常用于医学图像中特定区域的体积分析，如通过计算心脏的体积来评估心脏功能，也可以用于生成三维打印模型。

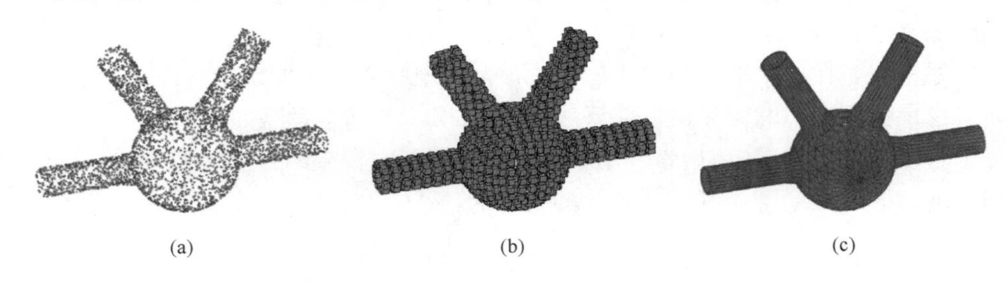

图 8-8 三维模型的点云、体素、网格表示方式
(a) 点云表示；(b) 体素表示；(c) 网格表示

本节将介绍点云数据预处理、点云配准和曲面重建方法。点云数据预处理是点云处理的第一步，通过去噪、精简、法线估计、平面提取等操作，优化原始点云数据的质量和结构，以便后续的分析和处理。点云配准是将不同来源或不同时刻获取的点云数据对齐到一个共同的坐标系中。这个步骤对于融合或比较多个点云数据非常重要，如多视角重建的图像点云与激光雷达点云的融合。曲面重建则是从离散的点云数据中恢复连续曲面，这对于理解结构场景、进行建模和可视化等应用非常关键。本节主要介绍了点云处理中的基础内容，同学们想了解更多可参考点云智能处理相关书籍。

8.4.1 点云数据预处理

点云数据预处理是对原始点云数据进行一系列操作，以提高数据质量、去除噪声、减少数据量等，从而使得点云数据更易于分析和处理。点云数据预处理的具体步骤和方法取决于应用场景和数据特点，点云数据预处理对于后续的点云配准、曲面重建、对象识别、分割等任务有重要影响。本节将介绍点云去噪、精简、平面提取、法线估计等内容。

(1) 点云去噪

在获取结构点云数据时，由于设备本身精度、环境和人员操作等的影响，不可避免地出现噪点和离群点，这些噪点和离群点会影响后续的处理和重建结果。去噪的目标是尽可能地消除这些噪声，提高点云数据的质量，使得后续处理和分析更加准确和可靠。

常见的点云去噪方法有统计滤波、半径滤波、高斯滤波、机器学习等。该部分重点介绍统计滤波和半径滤波。统计滤波是通过局部点云的距离来过滤离群点，半径滤波则是通过局部点云的密度来进行判断。

统计滤波算法（Statistical Outlier Removal）主要用于去除稀疏离群的噪点，即那些偏离主体点云或分布较为稀疏的点。对于点云中任一点 P，定义一个局部邻域，通常是设置一个固定的搜索半径内的 n 个最近邻点，依次计算出点 P 与其邻域中第 i 个点的距离 S_i。假设点距离满足高斯分布，则邻域内所有点的平均距离 μ 和标准差 σ 如下：

$$\mu = \frac{1}{n}\sum_{i=1}^{n} S_i \tag{8-30}$$

$$\sigma = \frac{1}{n}\sum_{i=1}^{n}(S_i - \mu)^2 \tag{8-31}$$

根据经验设置一个标准差倍数 k，将邻域点云的距离阈值范围定义为 $(\mu - k\cdot\sigma, \mu + k\cdot\sigma)$。范围之外的点就视为离群点，从原始点云中删除。该算法中的参数有邻域搜索点数量 n、标准差倍数 k，前者控制邻域大小，后者控制筛选范围。统计滤波算法主要用于去除稀疏离群的噪点，这些离群点可能远离主体点云或者分布在主体点云周围，而主体点云的分布则相对集中、密度较高。

半径滤波算法（Radius Outlier Removal）是根据空间点云分布来进行滤波，分离原则是主体点云集中，离群点云散乱。该算法主要通过设置一个固定的搜索半径来计算每个点局部邻域内点的数量或密度，从而判断哪些点属于稠密区，哪些点属于噪声区。半径滤波方法的效果和性能受搜索半径 R 和密度阈值 k 的影响，指定半径邻域中至少应有 k 个点，否则视为离散点，将其删除。如图 8-9 所示，对点 p_1、p_2 作半径 R 的圆，设定阈值 $k=3$，以 p_1 点为圆心的圆内有 4 个点，判断为主体点云；p_2 点以为圆心的圆内有 2 个点，视为离群点，在滤波过程中进行删除。半径滤波方法适用于处理一些局部密度变化较大的点云数据，尤其对于存在较均匀分布的噪声和局部密度变化的情况，具有良好的去噪效果。

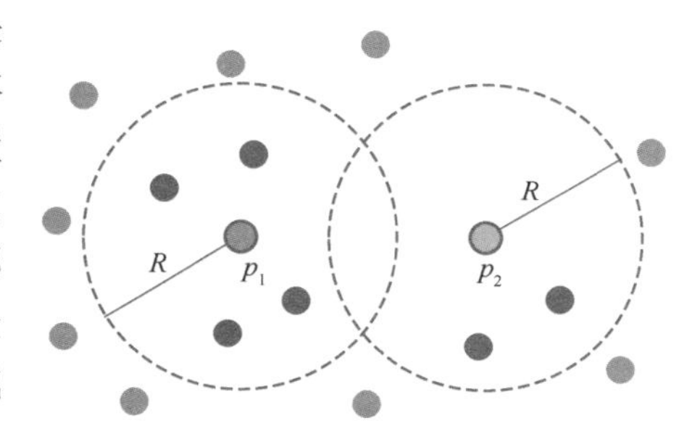

图 8-9　半径滤波示意图

(2) 点云精简

通过图像重建或激光扫描等途径得到的点云可能过于庞大，不利于存储、传输和处理。点云精简（Point Cloud Downsampling）是通过减少点云数据中点的数目来降低数据量和复杂性的过程。点云精简的目的是减少点云数量，同时保持整体形状的特征。常见的点云精简方法有随机采样、体素滤波、基于形状特征的采样等。

随机采样不考虑点的分布、密度或形状等特征，仅根据随机性对点进行采样。预设一个采样率（如 0.1），表示想要保留点云数量的比例。通过随机数生成器在原始点云数据中随机选择一些点，以满足采样率的要求。将抽样得到的点组成新的点云数据，作为精简后的点云数据。需要注意的是，随机采样可能会导致采样后的点云数据丢失一些重要的细节特征，通常会用来对点云数据进行初步处理或者在快速预览时使用。

体素网格滤波（Voxel Grid Filtering）是将点云数据划分为规则的三维体素网格，每个体素格内选择一个代表性的点作为采样点，从而减少点云数据的数量。首先需要设定体素的大小，即规定体素网格的边长。体素大小决定了体素格的密度，较小的体素会产生较密集的体素格，较大的体素会产生较稀疏的体素格。将点云数据中的所有点按照其空间坐标划分到相应的体素格中，每个点会被分配到最近的体素格内。在每个体素格内选择一个代表性的点作为采样点，可以选择体素格内所有点的中心点、重心或平均值等。将每个体素格内选择的代表性点组成新的点云数据，作为精简后的点云。体素滤波可以用于点云数据的分辨率，从而减少计算和存储资源的需求。由于体素滤波会对点云数据进行规则划分，可能会忽略掉一些细微的结构特征。

(3) 点云平面提取

点云平面提取是点云数据处理中的关键任务之一，其目标是从点云中识别和提取出表示平坦表面的点的集合，可以应用于地面提取、墙面提取、物体分割等。

主成分分析（Principal Component Analysis，PCA）是点云平面提取的一种常用方法，用于找到点云数据中的主要方向，从而拟合出一个平面。PCA 的基本思想是通过对数据进行降维，将原始数据从高维空间映射到低维空间，使得新的坐标轴（主成分）对应着数据的主要变化方向。空间拟合平面方程为：

$$Ax + By + Cz = D \tag{8-32}$$

其中，$\boldsymbol{n} = (A,B,C)$ 为平面的单位法向量即 $A^2 + B^2 + C^2 = 1$，D 为坐标原点到平面的距离。点云数据记为 $P_i\{(x_i, y_i, z_i), i = 1,2,\cdots,N\}$，将其构造为 $3 \times N$ 的坐标矩阵，计算这个矩阵的协方差矩阵 $\boldsymbol{M}$。对协方差矩阵 $\boldsymbol{M}$ 进行特征值分解，得到特征值 λ_1、λ_2、λ_3 和对应的特征向量 v_1、v_2、v_3。取最小特征值 $\lambda_{\min} = \min\{\lambda_1、\lambda_2、\lambda_3\}$ 对应的特征向量 $\boldsymbol{v}$ 作为拟合平面的法向量 $\boldsymbol{n}$，得到拟合平面参数 A、B、C。利用点云坐标的均值 $(\bar{x}, \bar{y}, \bar{z})$，求解出参数 D：

$$D = A\bar{x} + B\bar{y} + C\bar{z} \tag{8-33}$$

PCA 是一种简单而有效的方法，特别适用于那些数据点分布比较规整且包含明显平面结构的点云数据。然而，在存在噪声或离群点的情况下，PCA 的效果可能会受到影响，此时可以考虑使用其他鲁棒性更好的方法，如随机采样一致性（Random Sample Consensus，RANSAC）。

采用 RANSAC 算法时，首先从点云数据集中随机选择一小部分点，视为样本集。假设这些点属于平面，用 PCA 或最小二乘法来拟合平面模型，计算出平面参数 A、B、C、D。对于样本集外的点 (x_i, y_i, z_i)，计算它们到拟合平面的距离 $|Ax_i + By_i + Cz_i + D| / \sqrt{A^2 + B^2 + C^2}$，并将距离小于预设内点阈值的点标记为内点，同时统计样本内的内点数量。如果内点数量超过预设内点数量阈值，则认为模型拟合较好，即平面模型已经收敛。

如果模型没有收敛，重复以上步骤，重新随机采样一组新的样本点，并进行内点检验和收敛判断，直到找到一个满足收敛条件的平面模型。当满足收敛条件时，使用所有内点重新拟合平面模型，并得到最终的平面方程参数。RANSAC 算法的优势在于它的鲁棒性好，可以有效地从包含离群点和噪声的点云数据中提取出平面模型。

（4）点云法线估计

法线向量是点云表面的一个重要几何属性，它表示垂直于表面的矢量，用于描述点云表面的朝向和几何形状。预处理中常需要估计每个点的法线向量，用于表面重建、特征提取、配准、物体识别等后续分析。

最近邻法线估计（Nearest Neighbor Normal Estimation）是一种简单而直接的方法。该方法假设在局部区域内，点云数据的法线方向与局部表面的法线方向一致。首先设置一个最近邻数目 K，用于确定计算每个点的法线方向时所考虑的邻近点的数量。通常选择一个较小的正整数，如 5、10。对于每个点 P，找到其在点云数据中最近的 K 个邻域点，形成点 P 的局部邻域。采用最小二乘法或主成分分析对邻域点进行平面拟合，获得一个拟合平面，其法线方向即为点 P 的法线方向。

最近邻法线估计是一种计算简单、效率高的法线估计方法，特别适用于处理较大规模的点云数据。然而，它对于点云密度和噪声较为敏感，在某些情况下可能产生较大的法线估计误差。对于一些对法线准确性要求较高的应用场景，可能需要考虑其他更复杂的法线估计方法，例如加权最小二乘法、法线累加法等。这些方法能够更好地处理点云数据中的噪声和密度变化，提供更精确和稳健的法线估计结果。

8.4.2 点云配准

在获取大型结构的三维几何模型时，通常会围绕目标物开展多站点扫描，从不同视角获取多组点云，以便得到更全面的场景模型。由于不同视角下获取的点云数据处于不同的坐标系中，将多组点云合并为一个整体模型意味着需要将它们对齐在同一个参考坐标系下，这个过程称为点云配准。

点云配准的目标是计算点云之间的几何变换参数，如平移、旋转，并将点云转换到共同的映射坐标系中。点云配准根据变换参数不同，可分为刚性配准和非刚性配准。刚性配准只考虑点云的平移和旋转，而非刚性配准则对应着仿射变换，包含了点云的平移、旋转、缩放和剪切。非刚性配准适用于复杂场景、形状变化较大或动态模型等，如材料表面变形分析、动态物体追踪、地形重建等。对于土木基础设施或结构施工场景，它们的几何形状在不同视角下基本保持不变，可以采用刚性配准。对于源点云中的每个点 P_i，经过刚性配准后得到对应的目标点云中的点 Q_i，转换公式如下：

$$Q_i = \boldsymbol{R} \cdot \boldsymbol{P}_i + \boldsymbol{t} \tag{8-34}$$

其中，$\boldsymbol{R}$ 是旋转矩阵；$\boldsymbol{t}$ 是平移向量。点云配准的目标是找到最优的转换参数，使得两组点云在某种度量标准下对齐得最好，如点云中对应点之间的欧氏距离最小化、对应点的相关性最大化。点云配准任务通常分为粗配准（Coarse Registration）和精配准（Fine Registration）两个阶段。粗配准为后续的精配准提供了一个良好的初始估计，改善优化过程；精配准侧重于对点云中的细节和局部特征进行更准确的匹配，以获得更好的全局对齐效果。

根据工作原理，点云配准方法主要可以分为以下五类：

（1）基于特征的方法：在点云中提取具有代表性的特征，并利用这些特征进行匹配和对齐，实现不同点云之间的配准。这些特征可以是鲁棒的局部区域描述，如法线、表面曲率、颜色，也可以描述整个点云数据集的属性，如点云形状直方图。

（2）基于迭代最近点（Iterative Closest Point，ICP）的方法：ICP 及其变体是最经典的点云配准方法之一，它通过迭代算法将源点云中的点映射到目标点云中，然后通过最小化对应点之间的距离来估计刚性变换参数，以实现点云的对齐。ICP 方法对初始输入的转换参数非常敏感，用于精配准阶段。

（3）基于学习的方法：通过机器学习技术生成不变特征，在两个任意点云之间提供相对更加鲁棒的变换。对比人为设计的特征描述，机器学习的特征配准具有更强的自适应性和鲁棒性。

（4）基于概率的方法：将点云配准视为一个概率估计问题，通过最大化或优化概率函数来寻找最优的配准变换参数，以使两个点云之间的对应关系最优。这种方法可以处理不确定性和噪声，并在一定程度上提高配准的鲁棒性。

（5）其他方法：针对特定问题或场景，会设计一些定制性的方法，比如在室内环境中，可以利用墙面、地面的法向量进行快速配准。

下面将对快速点特征直方图（FPFH）和 ICP 两类点云配准方法的基本原理展开介绍，它们分别可以用于粗配准、精配准阶段。

FPFH 点云配准是一种基于特征描述符的方法，它考虑了每个点与邻域点法向量之间的关系。如图 8-10 所示，对于每个点 p_s，搜索距离 r 范围内的 k 个邻域点，计算出点 p_s 与邻域点 p_t 法向量 $\boldsymbol{n}_s$ 和 $\boldsymbol{n}_t$ 之间的几何关系。首先在点 p_s 处定义一个局部坐标系 uvw：

$$
\begin{gathered}
\boldsymbol{u}=\boldsymbol{n}_s \\
\boldsymbol{v}=\boldsymbol{u}\times\frac{(p_t-p_s)}{\|p_t-p_s\|_2} \\
\boldsymbol{w}=\boldsymbol{u}\times\boldsymbol{v}
\end{gathered}
\tag{8-35}
$$

点 p_s、点 p_t 对应法向量 $\boldsymbol{n}_s$ 和 $\boldsymbol{n}_t$ 之间的差异可以表示为一组角度特征，如下所示：

$$
\begin{aligned}
\alpha&=\boldsymbol{v}\cdot\boldsymbol{n}_t \\
\phi&=\boldsymbol{u}\cdot\frac{(p_t-p_s)}{\|p_t-p_s\|_2} \\
\theta&=\arctan(\boldsymbol{w}\cdot\boldsymbol{n}_t,\boldsymbol{u}\cdot\boldsymbol{n}_t)
\end{aligned}
\tag{8-36}
$$

接着，求解出点 p_s 所有邻域点的特征三元组 α、ϕ、θ，创建出点 p_s 的简化点特征直方

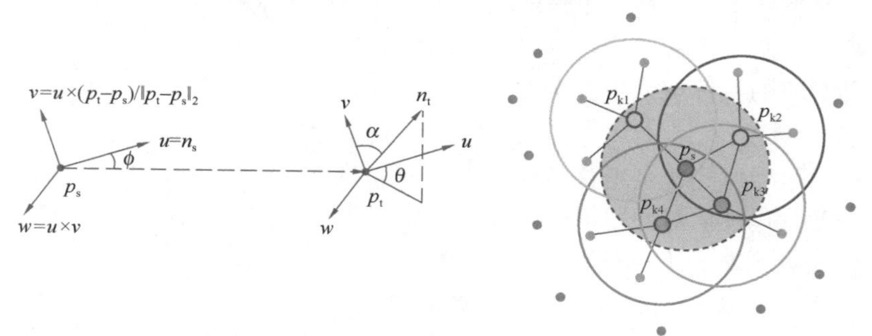

图 8-10 FPFH 算法中点 $\boldsymbol{p}_s$ 局部坐标系 $\boldsymbol{uvw}$ 和领域点示意

图（Simplified Point Feature Histogram，SPFH）。将每个特征的范围分成 b 个子区间，并计算每个子区间中的特征值出现的次数。由于三个特征都是法线之间角度的度量，它们的值可以标准化到相同区间划分。SPFH 直方图中，每个区间表示法向量之间的角度差，直方值表示具有相似法向量关系的点的数量。

FPFH 描述符由两部分组成，点 p_s 的 SPFH 和 k 个邻域点距离加权的 SPFH：

$$\mathrm{FPFH}(p_s)=\mathrm{SPFH}(p_s)+\frac{1}{k}\sum_{i=1}^{k}\frac{1}{\omega_i}\cdot\mathrm{SPFH}(p_i) \tag{8-37}$$

其中，权重 ω_i 表示查询点 p_s 与邻域点 p_i 在某个给定的度量空间中的距离，如 $\omega_i=\frac{1}{\|p_s-p_i\|^2}$。距离权重 ω_i 使得距离较远的邻域点对直方图的贡献较小，而距离较近的邻域点对直方图的贡献较大。

基于 FPFH 特征的点云配准流程如图 8-11 所示。首先，计算出待配准点云和参考点云的 FPFH 特征描述符，获得两个点云中各个点之间的相似性度量；使用最近邻搜索或 KD 树等方法，找到具有相似 FPFH 描述符的点对来进行点云匹配。针对特征匹配后的点对，利用采样一致性粗配准（Sample Consensus Initial Alignment，SAC-IA）来进行点云快速配准。从待配准点云中随机选择一定数量的点对，通过奇异值分解（SVD）计算初始刚体变换（如平移和旋转）。采用均方误差或平均点对距离作为误差函数，来衡量点云的对齐程度。在重复迭代的过程中，不断优化刚体变换参数，使得误差函数值逐渐减小。迭代过程会持续进行直到满足收敛条件或达到最大迭代次数。SAC-IA 算法可以在相对较短的时间内得到点云的粗配准结果，为后续更精确的配准算法（如 ICP）提供一个良好的初始猜测。这样可以加速点云配准的过程，并提高配准的准确性和鲁棒性。

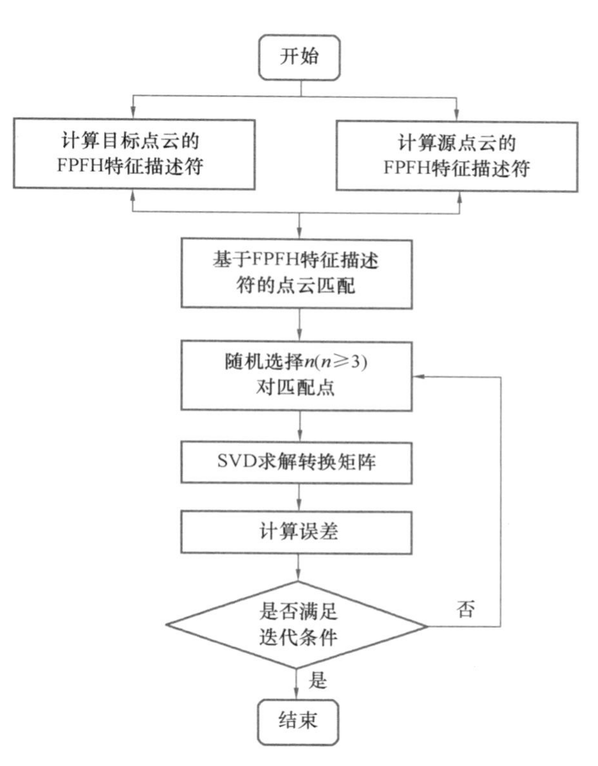

图 8-11　基于 FPFH 特征的点云配准流程

迭代最近点法（Iterative Closest Point，ICP）是最为经典的点云配准算法。ICP 算法的基本思想是寻找一个变换矩阵，使得源点云中的点在变换后与目标点云中的最近点之间的距离最小。算法通过迭代不断更新这个变换矩阵，直至达到一定的收敛条件。假设有两个点云：源点云 P 和目标点云 Q，其中每个点由三维坐标表示：$P=\{p_1,p_2,\cdots,p_n\}$，$Q=\{q_1,q_2,\cdots,q_m\}$。选择一个初始变换矩阵，通常是一个单位矩阵或一个粗略估计的结果。对于源点云中的每个点 p_i，找到目标点云中距离它最近的点 q_j，其中距离可以使用欧几里得距离或其他距离来度量。这里可以使用KD树等数据结构来加速最近点查找。计算每个匹配点对（p_i，q_j）之间的距离误差，可以使用平方误差（Euclidean distance）来衡量：

$$E(R,t)=\sum_{i=1}^{n}\|q_j-(\boldsymbol{R}\cdot p_i+\boldsymbol{t})\|_2^2 \tag{8-38}$$

其中，p_i为源点云P中与q_j对应的最近点；$\boldsymbol{R}$为旋转矩阵；$\boldsymbol{t}$为平移向量。采用数值优化方法，如最小二乘法、梯度下降等，最小化误差$E(R,t)$，则计算出最佳的旋转矩阵$\boldsymbol{R}$和平移向量$\boldsymbol{t}$。重复执行上述步骤，直至达到一定的收敛条件（如误差小于阈值）或达到最大迭代次数。

ICP算法的基本思想和实现相对简单，易于理解和实现，这使得它成为点云配准的一种常见起点。然而，它也有一些局限性，如对于初始估计的敏感性、容易陷入局部最优等。在实际应用中，可能需要结合其他技术或改进算法来克服这些问题。

下面是一个简单的示例，演示如何使用MATLAB进行点云配准，程序运行演示视频见二维码8-3，结果如图8-12所示。

8-3 程序运行演示视频

```
% 读取点云
ptCloud1 = pcread('pc_arch_bridge. ply');
figure(1);clf;pcshow(ptCloud1);

% 生成第二个点云
rotAngle = 10;
rot = eul2rotm([0,0,rotAngle]);
trans = [1,1,1];
tform = rigid3d(rot,trans);
ptCloud2=pctransform(ptCloud1,tform);
disp('True:')
disp(tform. T)
% 绘制两个点云
figure(1);clf;pcshowpair(ptCloud1, ptCloud2);

%% FPFH 配准
disp('FPFH:')
% 计算 FPFH 特征
fpfh1 = extractFPFHFeatures(ptCloud1);
fpfh2 = extractFPFHFeatures(ptCloud2);
indexPairs = matchFeatures(fpfh1,fpfh2);
% 提取匹配的特征点
Pts1 = select(ptCloud1,indexPairs(:,1));
Pts2 = select(ptCloud2,indexPairs(:,2));
% 根据匹配的特征点求解刚体变换矩阵
tform_est1 = estimateGeometricTransform3D(Pts1. Location, ...
    Pts2. Location,"rigid");
disp(tform_est1. T)
```

```
%% ICP 配准
disp('ICP:')
tform_est2 = pcregistericp(ptCloud1, ptCloud2, 'InitialTransform', tform_est1);
disp(tform_est2.T)

% 应用变换到第一个点云
ptCloud1_align = pctransform(ptCloud1, tform_est2);

% 可视化结果
figure(1);clf;
pcshowpair(ptCloud1_align, ptCloud2);
```

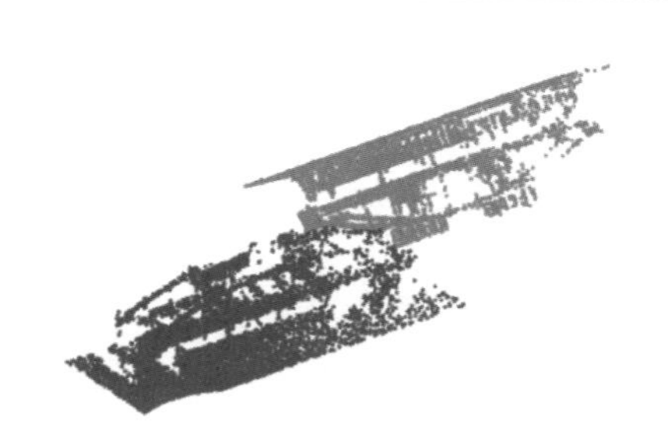
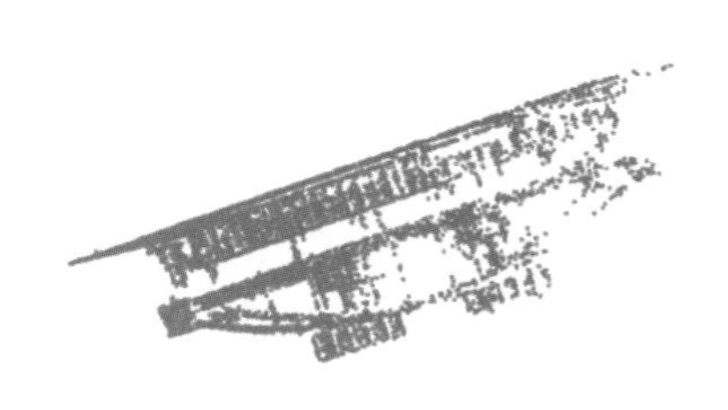

图 8-12　原始和变换后的源点云与目标点云

8.4.3　网格重建

网格重建（Mesh Reconstruction）是指从一组离散的点云中创建出一个连续的三维网格模型。它的目标是将散乱的点云数据或体素数据转化为由三角面片组成的表面模型，如图 8-13 所示，以便在计算机视觉和其他相关领域进行进一步可视化、模拟或分析。

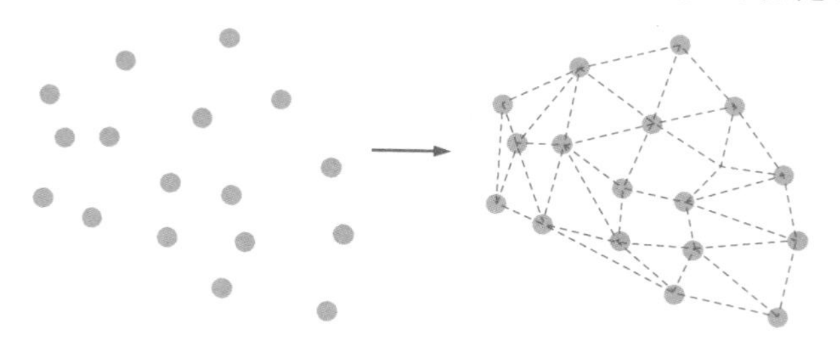

图 8-13　网格化

目前，网格化方法分为三类：①插值法：以 Delaunay 三角化算法为基础，对点云进行 Delaunay 四面体剖分，并根据 Delaunay 三角化规则搜索相关三角网格，直到完成整个拓扑搜索；②逼近法：根据特定规则对点云进行划分，对划分的点云区域采用多个平面近似模拟点之间的拓扑关系，需要定义一个全局调整的隐式函数，在算法过程中不断进行优化，直到整个拓扑结构完成为止，例如泊松表面重建算法；③区域增长法：以某个种子三角形为基础，然后按照某种规则扩展找到新的点，然后新点与已有的边生成新的三角形，直到遍历完所有的点，如 Power Crust 算法。

（1）基于 Delaunay 算法的三角网格建立

三维激光扫描技术提供离散的点云数据，这些点之间缺乏拓扑关系。为了恢复三维物体表面，必须建立准确的点之间的拓扑连接，以展示点云所代表的物体表面形状和结构。

Delaunay 三角剖分方法应用于给定平面上的一组离散点，根据空圆特性和最大化最小角特性构建三角剖分。空圆特性指 Delaunay 三角网中每个三角形的外接圆范围内没有其他点，而在三维情况下，通过构建四面体剖分，确保每个四面体的外接球不包含第五个点。最大化最小角特性旨在使 Delaunay 三角剖分中的三角形拥有最大的最小角度，避免出现细长的三角形，从而提高数值模拟的稳定性。

基于 Delaunay 三角剖分的生成算法分为两步：首先，生成包含所有离散数据点的凸壳；然后，利用这个凸壳生成初始的三角网。许多三维模型都是通过这种方法生成的，给每个点再加上高程信息，从而形成完整的三维模型。这种方法有助于从离散的点云数据中恢复出物体的表面形状和拓扑结构。

（2）泊松曲面重建算法

泊松重建的核心思想是，点云不仅代表物体表面的位置，还表现了内外方向的法向量。通过适应物体的指示函数，可以得出平滑的物体表面估计。这个算法的基本思路是，利用梯度关系来建立采样点和指示函数的积分关系。通过将点集划分为块，获得点集的向量场，从而计算指示函数梯度场的近似值，形成泊松方程。通过矩阵迭代，根据泊松方程求解出近似解。使用移动立方体算法来提取等值面，从而从测量数据点集中重构出被测物体的模型。由于泊松方程在边界处的误差为零，所以得到的模型不会有虚假的表面框。为了避免向量场在表面边缘产生无穷大值，该方法先对指示函数进行平滑滤波，然后求得平滑函数的梯度场，以获得更可靠的梯度信息。这一方法通过将点云的位置和法向量进行整合，实现了从点云数据到平滑物体表面估计的有效过渡，为三维模型重建提供了有力支持。

泊松表面重建流程：①构建八叉树：采用自适应的空间网格划分方法，根据点云的密度调整网格深度。通过将采样点集的位置映射到八叉树上，定义每个采样点所在的深度为 D 的叶节点；②设置函数空间：为八叉树的每个节点设置空间函数 F，通过将所有节点函数 F 的线性和表示为向量场 V，采用盒滤波的 n 维卷积来定义基函数 F；③创建向量场：在均匀采样的情况下，假设块的划分是常量，通过向量场 V 逼近指示函数的梯度，采用三次条样插值（三线插值）；④求解泊松方程：利用 Laplace 矩阵迭代求解泊松方程，这一步得到了泊松方程的解；⑤提取等值面：为了重建表面，需要选择适当的阈值来获得等值面。首先估计采样点位置，然后使用这些位置的平均值进行等值面提取，最后借助移动立方体算法获得最终的等值面。

（3）Power Crust 算法

Power Crust 算法基于中心轴变换思想，通过构建物体的骨架生成表面，利用采样点围成的区域和中心轴进行分段线性估计。骨架的构建依赖于一组离散的极点，这些极点用来近似模拟物体的中心轴。随后，根据给定极点生成对应的 Power 图，标记极点球在边界内外。通过分析 Power 图，识别出极点球的内外边界，形成最终的结果。算法具有坚实的理论基础，适用于各种输入情况，具有较强的鲁棒性，能有效处理锐利边缘、不均匀采样和高噪声散乱点集。Power Crust 算法可以生成高质量、准确的三维物体表面重建结果。其过程可用图 8-14 描述，具体步骤如下：

1）对点云进行采样，得到样点集 S。随后，对 S 进行 Delaunay 四面体剖分，连接 S 中相邻的点构建 Voronoi 图。这些由连线的中垂线形成的连续多边形组成了 Voronoi 图。

2）计算每个采样点的极点。极点是指在包含该采样点的 Voronoi 单元中，离该采样点最远的 Voronoi 顶点。若 Voronoi 单元不是闭合的，极点被视为无穷远点。通常极点倾向于分布在中心轴周围。

3）进行极点的 Power 图计算。Power 图是一种加权的 Voronoi 图，它由与极点的 Power 距离最小的所有空间点构成的多边形组成。

4）在 Power 图中标记出极点是在边界的里面还是外面，找出分离内外极点的边界组成的平面，生成近似曲面即为场景的表面。

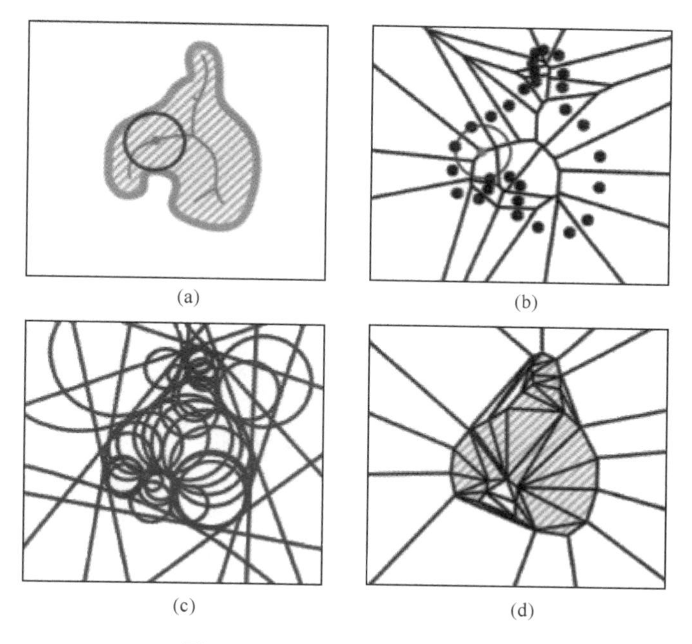

图 8-14　Power Crust 算法过程

8.5　本章小结

本章介绍了立体视觉与三维重建的内容。首先，概述了主动视觉测量和被动视觉测量两种方法，包括结构光法、飞行时间法、激光扫描法以及相机与特定算法获取立体空间信息。接着，详细介绍了双目立体视觉方法，包括测量原理与数学模型、对极几何和双目立体匹配，利用左右两个相机计算视差以获得深度信息，实现三维重建。随后，讨论了运动恢复结构方法，包括增量式 SFM、光束平差法和多视图稠密重建，利用多个视图的图像序列、匹配算法和三角测量原理恢复场景的三维结构和相机的运动轨迹。最后，介绍了点云处理的相关内容，包括点云降噪方法（统计滤波算法、半径滤波算法）、点云配准方法（迭代最近点法）以及网格重建方法（基于 Delaunay 算法的三角网格建立、泊松曲面重建算法、Power Crust 算法）。总的来说，本章提供了立体视觉与三维重建的基础知识和方法，这些内容为读者进一步探索和应用立体视觉与三维重建技术提供了基础和引导。

复习思考题

1. 列举两种主动视觉测量方法和两种被动视觉测量方法。
2. 解释双目立体视觉方法中的视差是如何用于获取深度信息的。
3. 什么是对极几何？
4. 简要描述增量式 SFM 的流程。
5. 点云处理中的统计滤波算法和半径滤波算法分别是如何对点云进行降噪的？
6. 什么是点云配准？简要说明迭代最近点法的基本原理。

第3篇

典型应用案例

9 基于计算机视觉的结构位移监测应用案例

知识图谱

基于计算机视觉的结构位移监测应用案例
- 泗安塘大桥位移监测应用
- 南沙大桥位移监测应用
- 基于无人机的结构动位移测量

本章要点

知识点 1. 基于固定基座相机的桥梁位移监测与分析流程。

知识点 2. 基于无人机的桥梁位移监测方案。

学习目标

（1）理解面向户外桥梁结构位移监测的计算机视觉解决方法。

（2）了解无人机平台相机运动引起的变形误差校正方法。

9.1 泗安塘大桥位移监测应用

9.1.1 测试方案

泗安塘大桥位于 G318 沪聂线长兴县境内，建成于 2011 年。桥梁全长 477.4m，跨径为 5×30m+(45+80+45)m+5×30m，桥面总宽 11.8m，其中行车道宽 10.8m。桥面采用沥青混凝土铺装。上部结构主桥采用变截面预应力混凝土连续箱梁，跨径布置为(45+80+45)m，为单箱单室箱形截面。引桥采用 30m 预应力混凝土小箱梁，先简支后结构连续。

本次现场测量采用基于 SURF 和 FREAK 算法(S-F)的位移无标记测量系统进行桥梁位移测量，采用长布道 MF9005S 镜头，焦距为 90 mm。测点为主桥中跨跨中、四分之三跨腹板底部位置及 3 号、4 号墩间引桥小箱梁腹板底部位置，详见表 9-1。该高速桥梁在测量时间内处于正常行车状态。

泗安溏大桥测点 表 9-1

测点	具体位置
1	北幅（林城-李家岗方向）主桥中跨跨中
2	北幅（林城-李家岗方向）主桥中跨四分之三跨
3	北幅（李家岗-林城方向）3～4 号墩间引桥

现场仪器布置情况如图 9-1 所示。测点位置如图 9-2 所示。

(a)

(b)

图 9-1 仪器现场布置图

（a）基于图像匹配技术的桥梁位移测量系统；（b）雷图 BJQN-V2.0 动静态位移检测系统

(a)

(b)

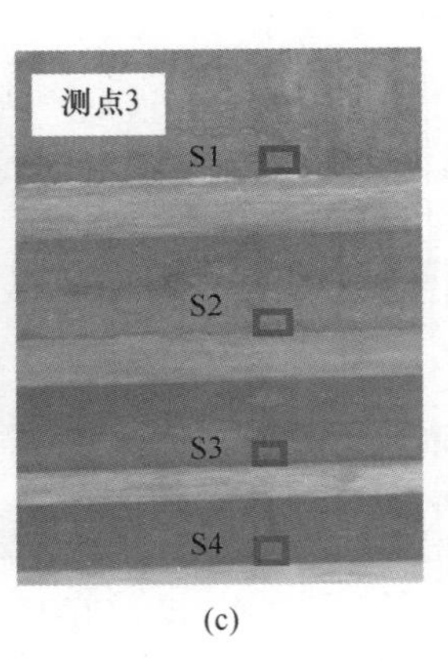

(c)

图 9-2 测点示意图

相机与各测点的位置关系及比例因子见表 9-2。

相机与各测点的位置关系及比例因子 表 9-2

测点		距离（m）	垂直角度（度）	比例因子（mm/pixel）
1		23.854	9.1	0.938
2		12.815	15.7	0.530
3	S1	18.858	14.7	0.773
	S2	21.558	12.5	0.867
	S3	24.286	11.1	0.967
	S4	27.037	9.7	1.067

对于测点 1、2，同步使用雷图 BJQN-V2 动静态位移检测系统（测量精度±0.02mm）进行位移测量。同时，通过无人机记录了测点 1、2、3 桥面车辆通行情况。

9.1.2 测量结果

（1）主桥位移

测点 1、2 位移测量结果对比如图 9-3、图 9-4 所示。对于测点 1、2，由位移时程曲线可以看出 S-F 位移测量系统的位移测量结果与雷图 BJQN-V2.0 测量结果一致。

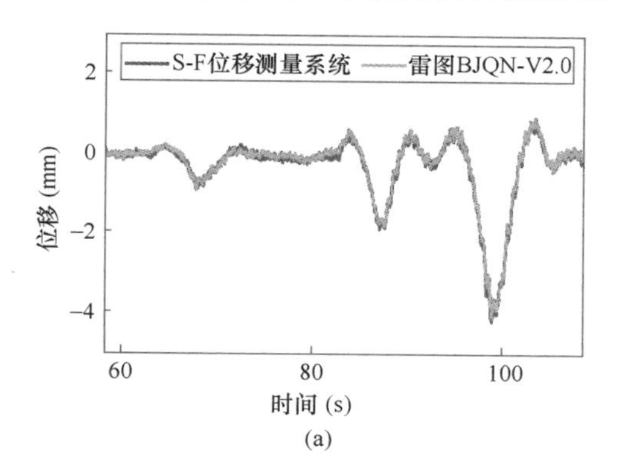

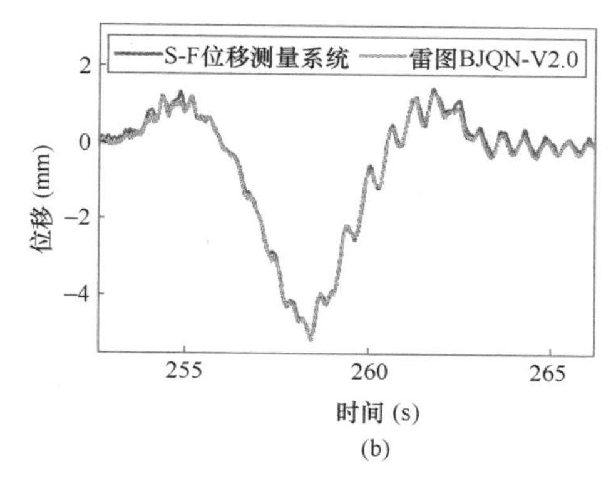

图 9-3　主桥中跨跨中位移时程曲线

(a) 60～100s；(b) 255～265s

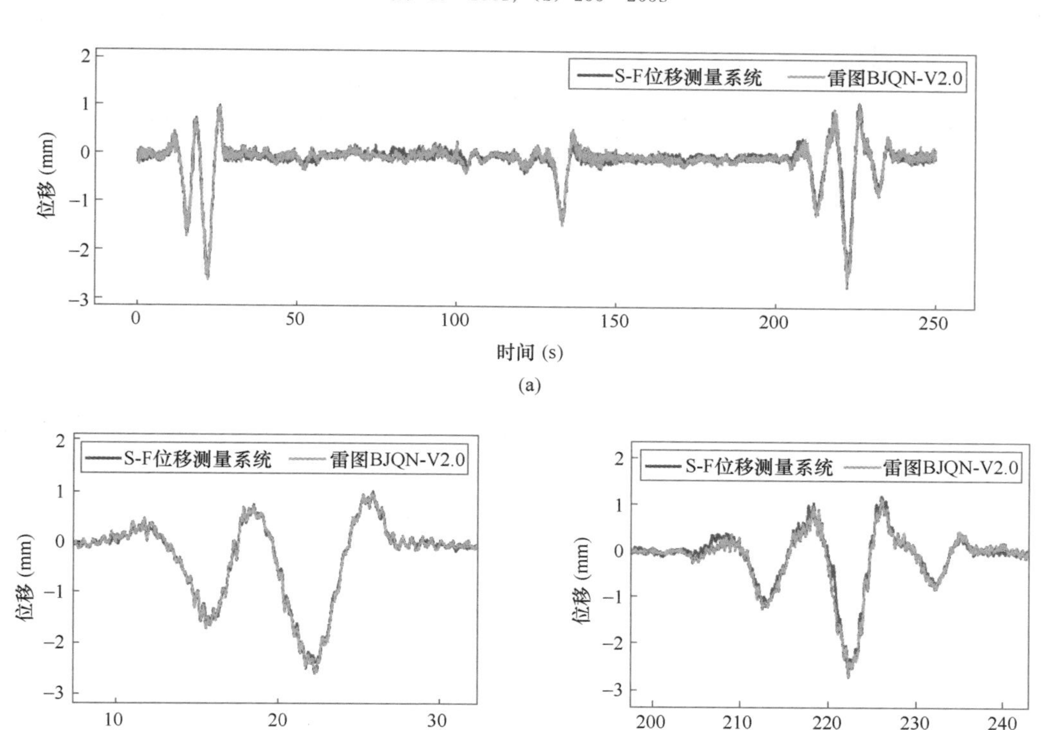

图 9-4　主桥中跨四分之三跨位移时程曲线

(a) 0～250s；(b) 10～30s；(c) 200～240s

(2) 引桥位移

如图 9-5 所示，展示了桥面过车时，引桥 4 片小箱梁协同作用下各自的位移。为方便观察，将位移数据进行了截止频率为 15Hz 的低通滤波。

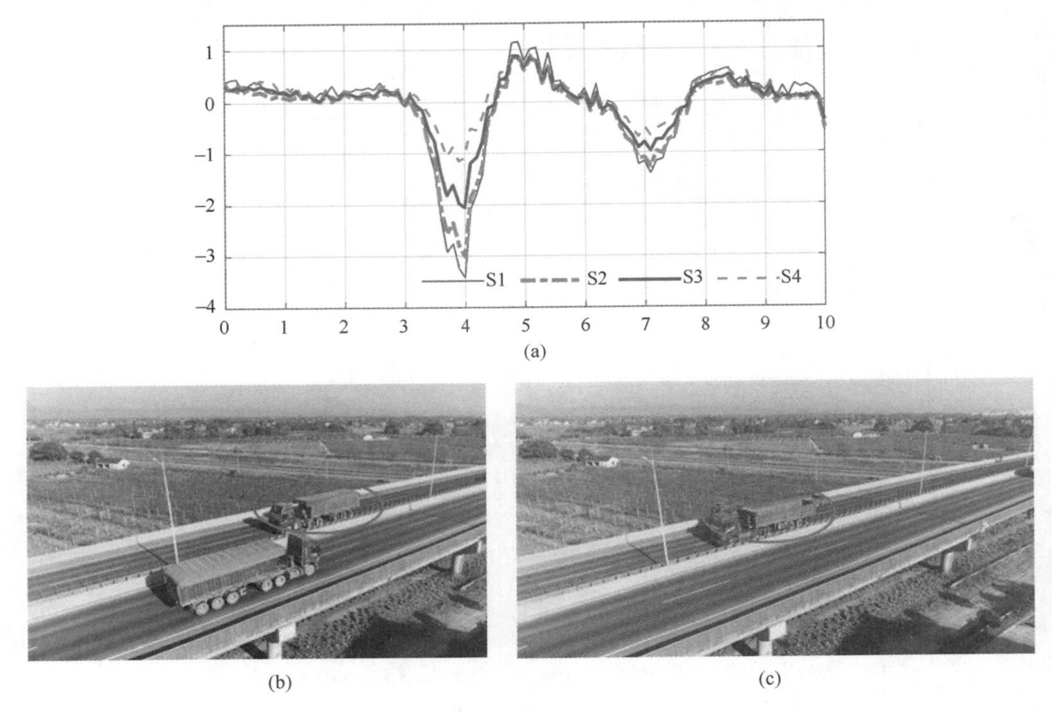

图 9-5 引桥跨中位移时程曲线与过车情况

(a) 引桥跨中位移时程曲线；(b) 第 4s 引桥过车情况；(c) 第 5s 引桥过车情况

对于测点 3，如图 9-5 (b)、(c) 所示，在测量开始后的第 4s 和第 5s，分别有一辆车经过引桥，分别引起引桥 4 片小箱梁相应的位移。将此引桥 4 片小箱梁由南至北分别编号为 S1、S2、S3、S4。由图 9-5 (a) 可知，第 4s 时一辆满载车由超车道经过，引起 S1、S2 小箱梁的较大的挠度，S3、S4 小箱梁挠度依次减小。随后，第 5s 时，两辆空车并排经过，引起 S1、S2、S3 小箱梁相比于第 4s 稍小的挠度，且较远的 S4 小箱梁挠度依旧比较小。针对引桥多片小箱梁的同步测量，显示了利用基于图像匹配技术的桥梁位移测量方法进行多点测量的有效性。

9.2 南沙大桥位移监测应用

南沙大桥原称虎门二桥，是中国广东省境内一座连接广州市南沙区与东莞市沙田镇的过江通道，位于珠江主干流之上。该桥单跨 1200m，桥塔高 193.1m，为双向八车道，桥面宽 40.5m，桥梁宽 49.7m，于 2019 年 3 月中旬进行通车前的荷载试验。该桥设计阶段在基准点和挠度测量点之间安装了连通管，利用连通管原理，通过测量液面变化可监测测量点相对于基准点竖直方向的位置变化（即挠度）。进行计算机视觉技术的应用时，采用型号为 UI-3370CP 的 IDS 工业相机，其图像传感器 CMOS sensor 的像素大小为 5.5μm。荷载试验在夜间进行，桥面均布的LED灯是夜间测量时的理想靶标。相机被架设在岸边，以斜光轴测量的方式，基于灰度平方质心法对多个截面靶标进行同步追踪，如图9-6所示。

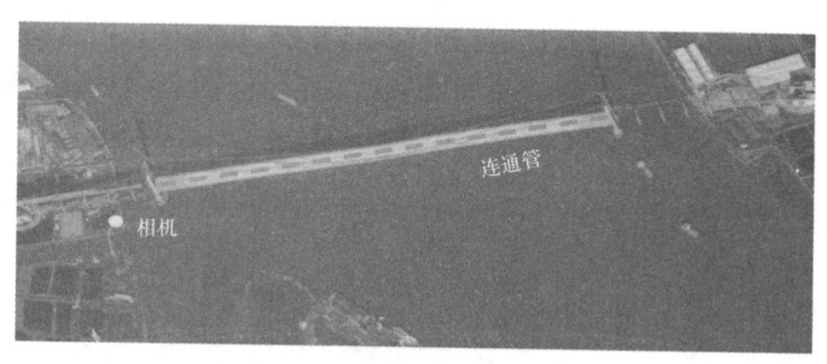

图9-6 南沙大桥位移监测示意图

荷载试验车辆拟定为总重350kN的试验车，前轴重70kN，中轴、后轴重均为140kN，后轴间距1.4m，中轴与前轴间距3.6m，横向轮距1.8m，具体参数如图9-7所示。

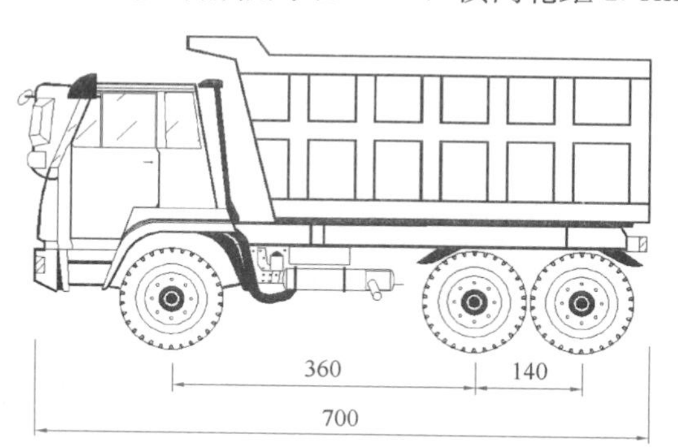

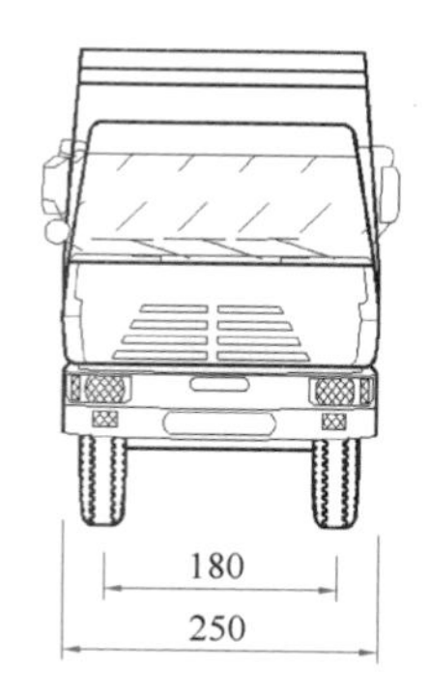

图9-7 荷载试验车辆示意图（单位：cm）

静载试验：以二分之一截面对称加载，测量最不利荷载下的挠度。采用卡车加载，共64辆车，按四级加载。卡车的就位顺序如图9-8所示。

图9-9给出了静载试验中连通管和计算机视觉方法在7个八分截面的测量结果，可见两者在变形幅值上吻合较好。

当卡车即将上桥时，相机开始采集图片，相机采集帧频为2Hz，连续采集。该工况主要关注八分之二截面的挠度，如图9-10所示。

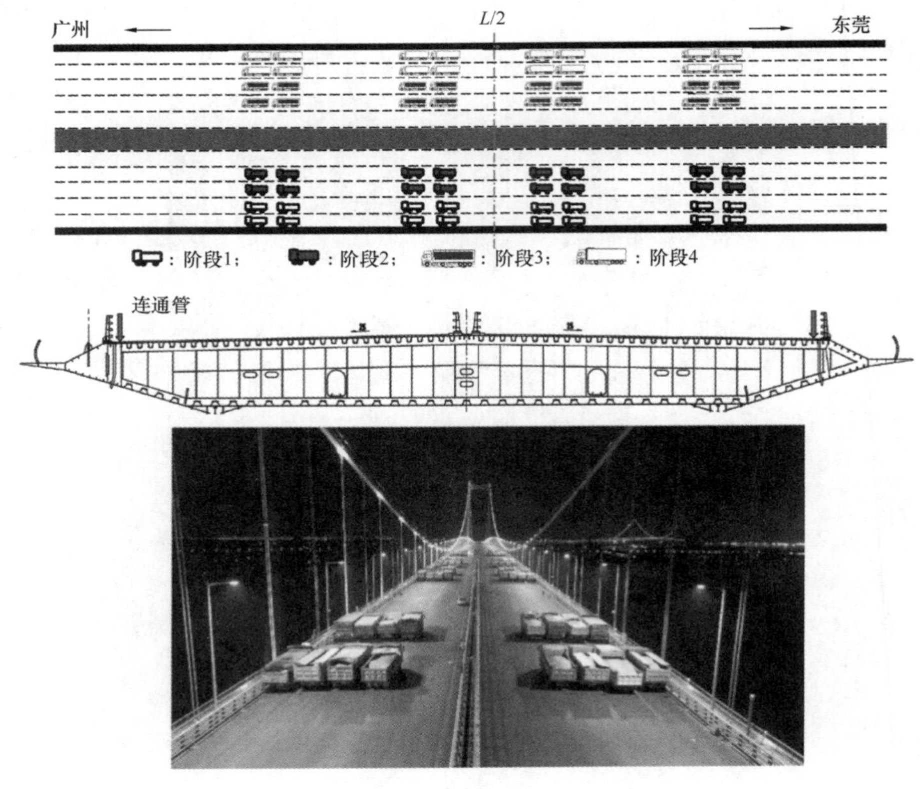

图 9-8 静载试验布载示意图

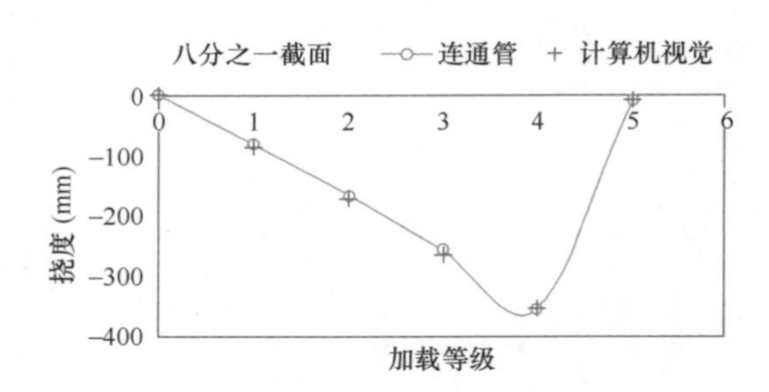

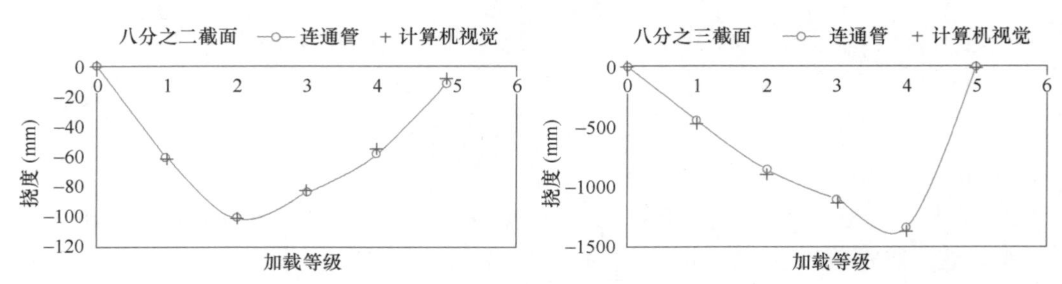

图 9-9 静载试验位移测试结果（一）

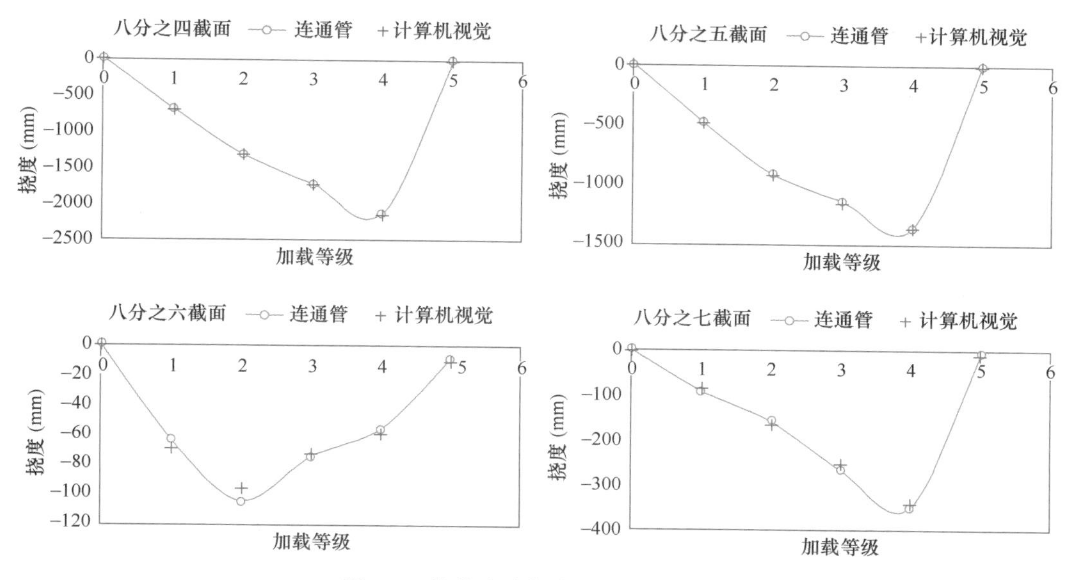

图 9-9 静载试验位移测试结果（二）

图 9-10 行车荷载试验布载示意图

图 9-11 给出了卡车以不同时速（10km/h、30km/h、40km/h）通过时，桥梁八分之二截面测量处的变形时程。

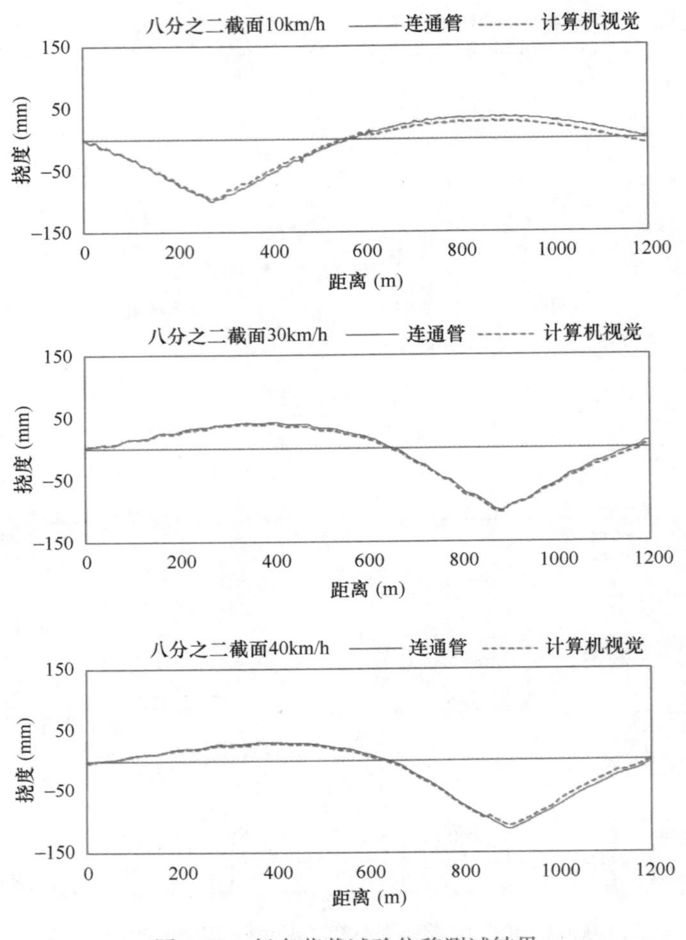

图 9-11 行车荷载试验位移测试结果

9.3 基于无人机的结构动位移测量

在南京夹江大桥进行现场测试，对其正常车辆通行条件下跨中位置产生的竖向动位移进行测量。如图 9-12 所示，该桥为单塔斜拉桥，总长 455m（35m＋248m＋60m＋77m＋35m），主跨 248m，主缆锚固于 P2 和 P5 两桥墩墩顶处。测试过程中，无人机悬停于测点附近，调整无人机及相机云台角度，尽量使无人机镜头正对测点，激光灯架设于岸边扰动较小的位置，并在测点附近投射出较为清晰的光斑。测试时，在岸边架设静止相机同步进行光学测量，并以此结果与本节方法的测量结果进行对照。

图 9-13 显示了夹江大桥正常通车情况下垂直位移的测量结果，包括：激光点相对于无人机的位移、靶标相对于无人机的位移、使用无人机方法计算的靶标的绝对位移及利用固定在地面上的静止相机测量的靶标位移。结果表明，用该方法计算的位移与用静止相机测量的位移吻合较好，在截止频率为 0.1Hz 的低通滤波后计算均方根值，结果为 4.39%。根据无人机拍摄的视频，当桥梁出现明显的挠度（约在第 14s、32s、60s、97s、115s 和

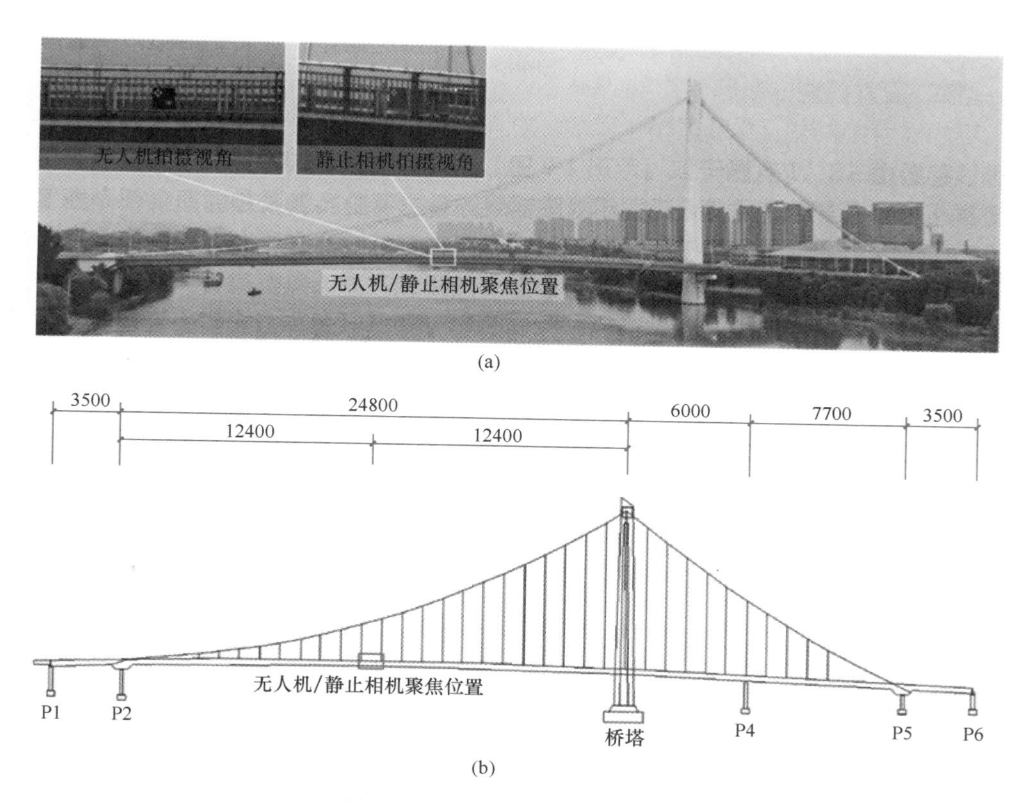

图 9-12 南京夹江大桥现场测试

(a) 无人机、静止相机拍摄视角；(b) 夹江大桥构造尺寸及测点位置（单位：cm）

124s）时，总有重型车辆（如卡车、大巴车等）经过，其中最显著的位移出现在 60s 左右，是由一辆经过的混凝土搅拌车引起的。图 9-13 还展示了视频处理的中间结果，可以看出，尽管激光光斑的显示度比在室内环境中淡了很多，仍能准确识别并定位靶标和激光光斑。

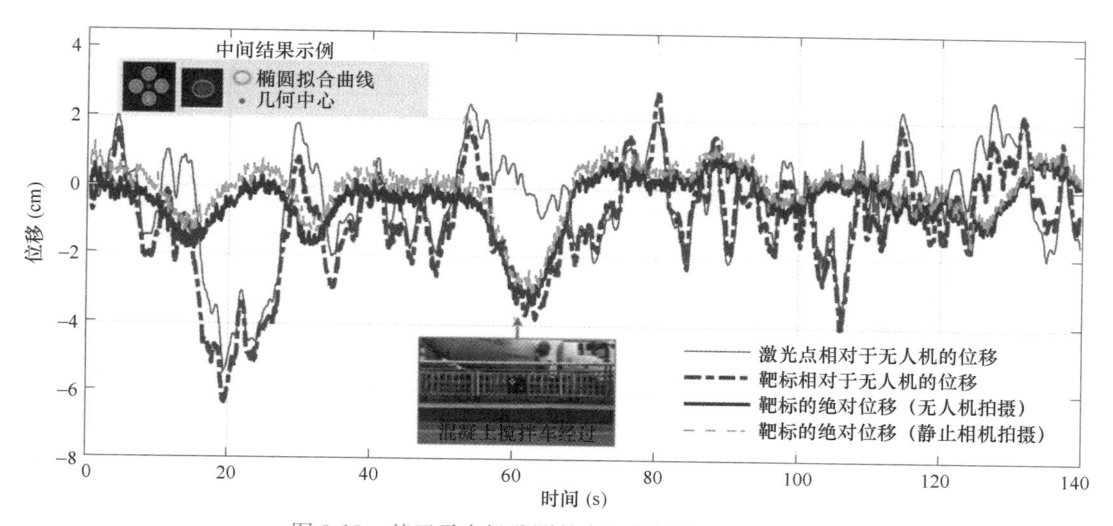

图 9-13 基于无人机监测的夹江大桥位移时程曲线

9.4 本章小结

本章在第 5 章的基础上详尽介绍了三个基于计算机视觉的桥梁变形监测的应用案例，通过展示测量系统、测试方案以及位移测量结果，为同学们开展户外测试实践提供了重要的参考。前两个案例使用的是固定基座相机，分别应用于桥梁正常运营状态监测和荷载测试阶段的变形测量；第三个案例则使用的是无人机，介绍了无人机运动引起测量误差的校正方法。

复习思考题

1. 结构位移监测与位移测量的区别是什么？
2. 结合课程所学与本章案例，提出针对桥梁结构位移监测的具体方案。

10 结构病害智能检测应用案例

知识图谱

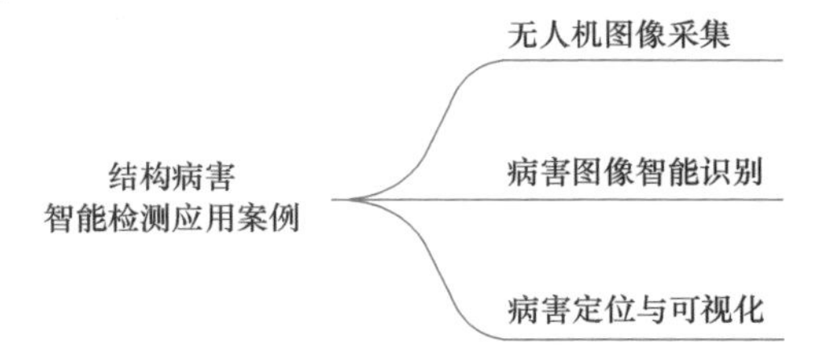

本章要点

知识点 1. 病害智能图像识别。

知识点 2. 病害定位与可视化。

学习目标

（1）了解结构病害检测的工程需求和基于计算机视觉的解决方案。

（2）掌握目标检测、图像分割、三维重建等技术在病害智能检测中的应用。

在土木工程领域，结构病害的智能检测正成为一项备受关注的研究领域。随着基础设施的日益复杂化和规模的不断扩大，及时准确地检测和评估结构病害的重要性日益凸显。结构病害不仅可能导致安全隐患和功能异常，还会对工程的可持续发展和使用寿命造成影响。因此，研究人员和工程师们迫切需要一种智能化的检测方法，能够实现对结构病害的精准识别、快速定位和准确评估。本章将带领读者深入探索结构病害智能检测的典型案例，该案例基于计算机视觉、深度学习和图像处理等先进技术，展示了智能检测在土木工程中的巨大潜力和应用前景。通过学习该案例，读者将深入了解智能检测方法的原理和工作流程，为今后的研究和实践提供有益参考。

10.1 无人机图像采集

典型案例聚焦于苏淮扬高速公路上的一座大跨度桥梁，如图 10-1 所示，它是一座预应力混凝土斜拉桥，主跨度为 370m，边跨为 152m，桥梁宽度为 38.6m。该桥的断面为双面箱梁的异形断面，因此只需对两侧箱梁的底面进行检查。

该桥建于2005年，经过十余年的服役，桥面和桥塔上出现了一定数量的裂缝、剥落和锈蚀。以往的检查报告显示，表面病害主要分布在桥底和桥塔上，本章将结合无人机与计算机视觉、深度学习和图像处理等先进技术，对主跨的底部、两侧边跨的底部和桥塔的外表面进行检查。

图10-1 桥梁概况

10.1.1 典型结构病害

在执行检测任务之前，首先需要了解待检测的病害类型。土木工程中的典型表观病害主要有：蜂窝、麻面、锈蚀、裂缝等，如图10-2所示。蜂窝是指混凝土结构局部出现酥

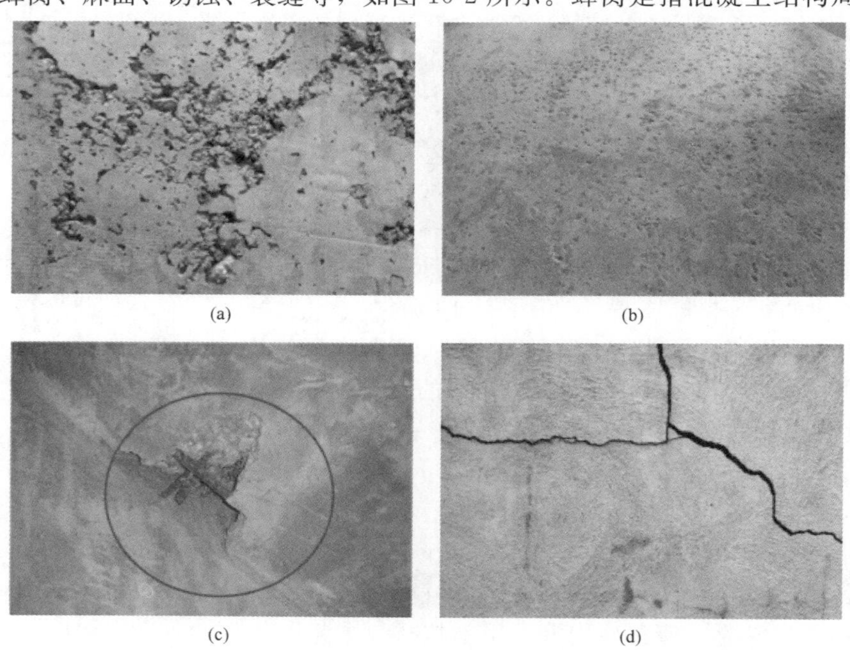

图10-2 表观病害

(a) 蜂窝；(b) 麻面；(c) 锈蚀；(d) 裂缝

松，砂浆少、石子多，石子之间形成空隙类似蜂窝状的窟窿。麻面是指混凝土结构表面局部出现缺浆和许多小凹坑、麻点形成的粗糙面，但无钢筋外露现象。锈蚀是指钢筋表面由于暴露在潮湿、接触氧气和盐分等有害环境条件下，发生了化学反应而导致的腐蚀现象。裂缝是由于内部或外部因素的作用而导致结构物发生物理结构变化，从而降低了结构物的承载能力、耐久性和防水性。因此，裂缝往往是导致结构物损坏的主要原因之一。上述病害是一般性工程结构的通病，特殊的结构类型会存在相应的病害，例如悬索桥、斜拉桥的索套会存在破损等问题；钢结构类型设施的螺栓会存在松动、脱落等问题，这些特殊类病害对结构同样具有危害，病害处会成为结构的薄弱点，破坏最先在这里产生，然后由局部蔓延到整体，最终导致结构倒塌。本章案例重点关注裂缝、剥落和钢筋锈蚀这三种病害。

10.1.2 数据采集方案

确定病害检测类型后，需要策划桥梁数据采集方案。桥梁通常位于高空或难以到达的区域，传统的检测方法需要人工爬行或搭建架设设备，耗时费力且操作复杂。该典型案例将无人机作为桥梁检测工作的主要手段。无人机快速的响应能力和高效的数据采集能力使其成为桥梁检测工作的理想选择，其能够克服人工检测的困难和限制，实现整个桥梁结构的轻松覆盖，如图 10-3 所示。同时，无人机设备可以配备高分辨率的摄像设备和先进的传感器技术，能够获取高质量、高精度的桥梁图像和数据。通过使用无人机搭载的摄像头，可以对桥梁表面进行全方位的拍摄，捕捉细微的结构病害和损伤。同时，无人机还可以搭载其他传感器，如红外热像仪、激光扫描仪等，以获取更加全面和多样化的数据，进一步提高检测精度和可靠性。此外，无人机具备安全性和可操作性。在传统的桥梁检测中，工程师需要亲自进入高风险的环境，存在安全隐患，而使用无人机进行检测，可以避免工作人员的潜在危险，减少人为风险的发生。这些优势使得无人机成为现代土木工程领域中越来越受欢迎的检测工具，为工程师提供了一种高效、准确的方式来进行桥梁结构的智能检测与评估。

图 10-3 无人机检测过程

在该典型案例中，无人机飞行时距离桥梁底部的安全距离为 2～3m，在该距离下相机的视场宽度为 3～4m。桥底两侧的检查区域为 8.5m，因此每一侧的检查至少需要飞行 3 条路线。跨江大桥附近的风速普遍较高，无人机检测时的天气为晴朗但风速较大的天气，风速约为 6m/s。为了确保安全飞行，无人机系统由一名熟练的操作员控制，对一跨桥底的检测执行了三次飞行，总飞行时间约为 30min，飞行轨迹如图 10-4 所示。以该结果为参考，操作人员能在一定程度上掌握无人机的飞行路线和已检测的区域。飞行过程由人工操作完成，因此无人机无法维持平直规则的飞行航线。

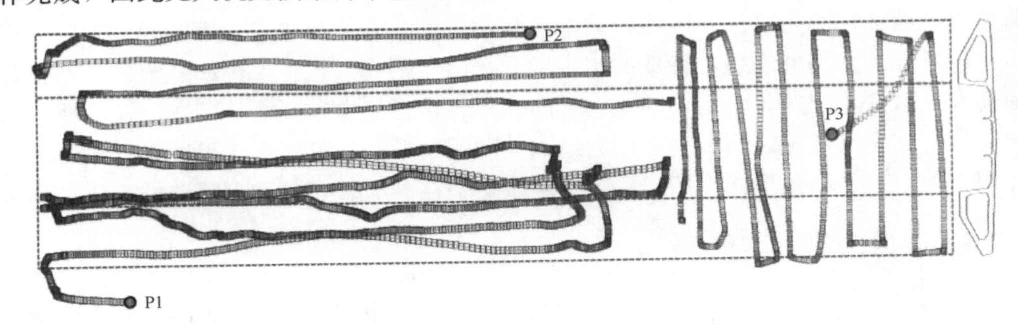

图 10-4 桥梁病害检测过程中的无人机轨迹

10.2 病害图像智能识别

数据收集完成后，针对裂缝、剥落和钢筋锈蚀这三种结构病害的检测任务，本案例采用了第 7 章介绍的基于深度学习的目标检测网络进行多类型病害的识别，并取得了显著的成果。首先，针对裂缝的检测，通过训练深度学习模型，能够准确地检测出桥梁结构中各种尺寸和形态的裂缝，并对其进行分类和定位。这为工程师提供了重要的信息，使其能够及时采取修复措施，防止进一步的结构损害。其次，对于剥落问题，基于深度学习的目标检测网络能够有效地识别桥梁表面剥落的区域和程度。通过分析剥落的特征，工程师可以快速了解结构的健康状况，制订相应的修复计划，并确保桥梁的稳定性和安全性。最后，针对钢筋锈蚀这一严重的结构病害，基于深度学习的目标检测网络能够在图像中准确识别和定位锈蚀的钢筋区域。通过对锈蚀程度的评估，工程师可以及时采取防腐措施和维护工作，延长桥梁的使用寿命，确保其结构的稳定性和可靠性。

本案例中，选取 YOLO V3 模型作为病害检测框架（图 10-5）。为验证病害自动识别

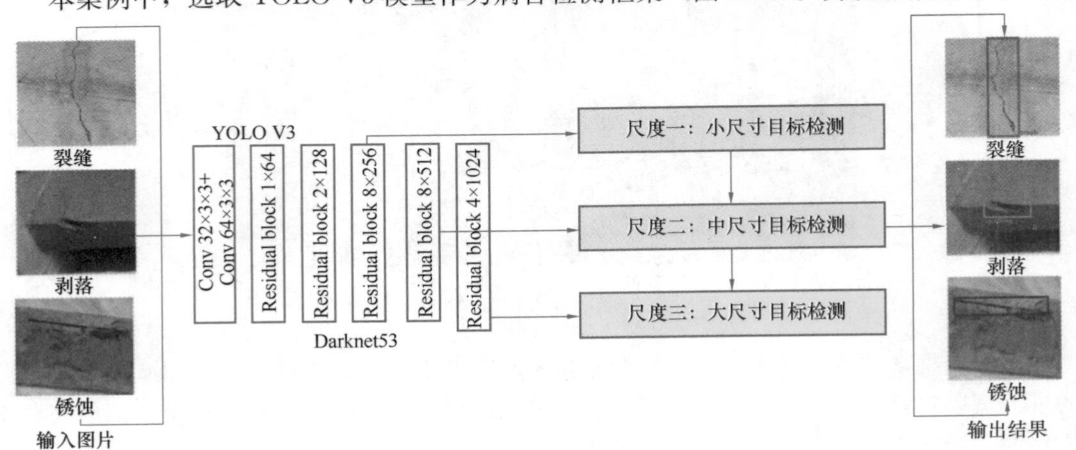

图 10-5 多类型病害检测框架

结果的准确性，从桥底检测和桥塔检测的视频中选取了分辨率为1920像素×1080像素的21min视频，提取1014帧作为对比数据集，对所选取的帧采用所提出的方法与人工目测识别和标记的方法标记出的病害进行对比。

结果显示，1014幅图像的平均分类精度为92.8%，平均重叠率为80.7%。测试结果示例见二维码10-1。

10.3 病害定位与可视化

10-1 测试结果实例

无人机视频的病害检测结果不仅显示了病害的存在，还揭示了一些重要的观察结果，分析这些结果可以更深入地理解和评估病害的特征和规模。含有病害的图像往往以成组的形式出现，如图10-6所示。这意味着对于长度较长或面积较大的病害，例如长裂缝，单帧图像仅包含裂缝的一部分，从离散的图像中很难准确评估整个裂缝的几何参数。这样的情况使得单帧图像的分析和判断具有一定的局限性。为了克服这个问题，本案例采用了一种病害帧聚类的方法。首先，将具有连续表面病害的相邻帧归为一组。通过将这些相邻帧进行聚类，可以获得一组关联度较高的图像序列，其中每个图像都涉及病害的不同部分。这种聚类方法有助于提供更全面、连续的病害信息，为后续分析和处理奠定基础。进一步地，为了生成每组病害图像的局部病害拼接图，采用了基于ORB特征提取和匹配的图像拼接方法。ORB特征是一种快速而有效的特征描述符，能够对图像中的关键点进行描述和匹配。通过提取每组病害图像中的ORB特征，并进行特征匹配，能够将这些图像拼接成一张更大范围的局部病害拼接图。这样的拼接图提供了更全面的视角，使得病害的空间分布和形态特征更加清晰可见。综合而言，通过采用病害帧聚类和基于ORB特征的图像拼接方法，本案例能够从无人机视频中获得更具完整性和连续性的病害信息。这种扩充的分析方法为我们提供了更全面地了解和评估结构病害的特征，并为后续的病害诊断和修复工作提供了有力支持。此外，这种基于无人机视频的病害检测和分析方法也为结构监测领域的进一步研究和发展提供了新的思路和方向。

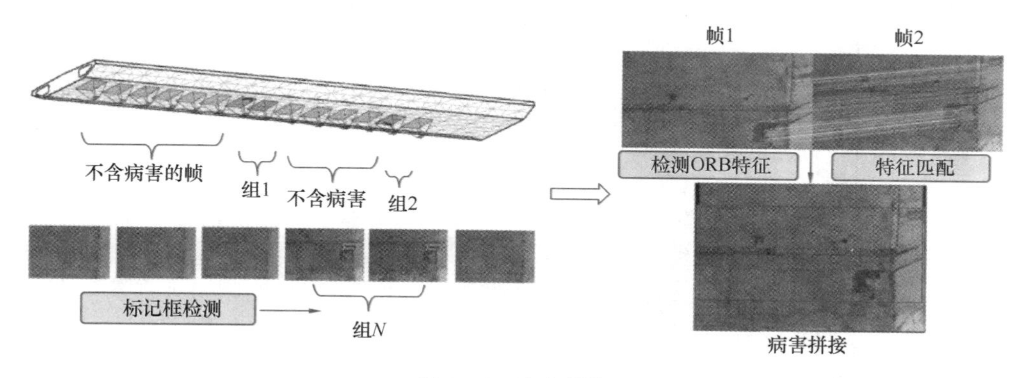

图10-6 病害拼接

为了便于展示检测结果并获得更全面的桥梁信息，本案例利用无人机拍摄了桥梁的视频，并采用了第8章介绍的运动恢复结构法对桥底和桥塔进行了三维重建。通过这一过程，能够获得桥梁的立体模型，并对其进行更加细致的分析和评估。从图10-7中可以观察到一些有趣的现象。首先，在对桥底进行检测之前，该区域已经进行了修复工作，因此检测到的表面损伤相对较少，主要存在一些局部的混凝土剥落问题，而这些病害对于桥梁整体的安全性能影响较小，这说明之前的维修工作在一定程度上保障了桥梁的结构完整性。然而，对于桥塔的侧面，长期受力的作用导致大量的长裂缝出现，这需要及时进行修复。这些长裂缝的存在可能会对桥梁的稳定性和承载能力产生潜在的影响，因此针对这些裂缝病害需要采取有效的维修和加固措施，以确保桥塔的结构安全性和可靠性。通过对桥底和桥塔进行三维重建和病害检测，能够更全面地了解桥梁结构的状况，包括病害类型、位置和严重程度等方面的信息。这为工程师提供了重要的参考依据，以制订合理的维修计划和预防措施，确保桥梁的长期使用和安全运行。

为定量评估病害自动定位的误差，选取 760 幅桥塔侧面图像人工拼接为桥塔侧面的全景图，如图 10-7 所示。拼接后的图像分辨率超过 108 亿像素，按高度将图像分为 16 个子

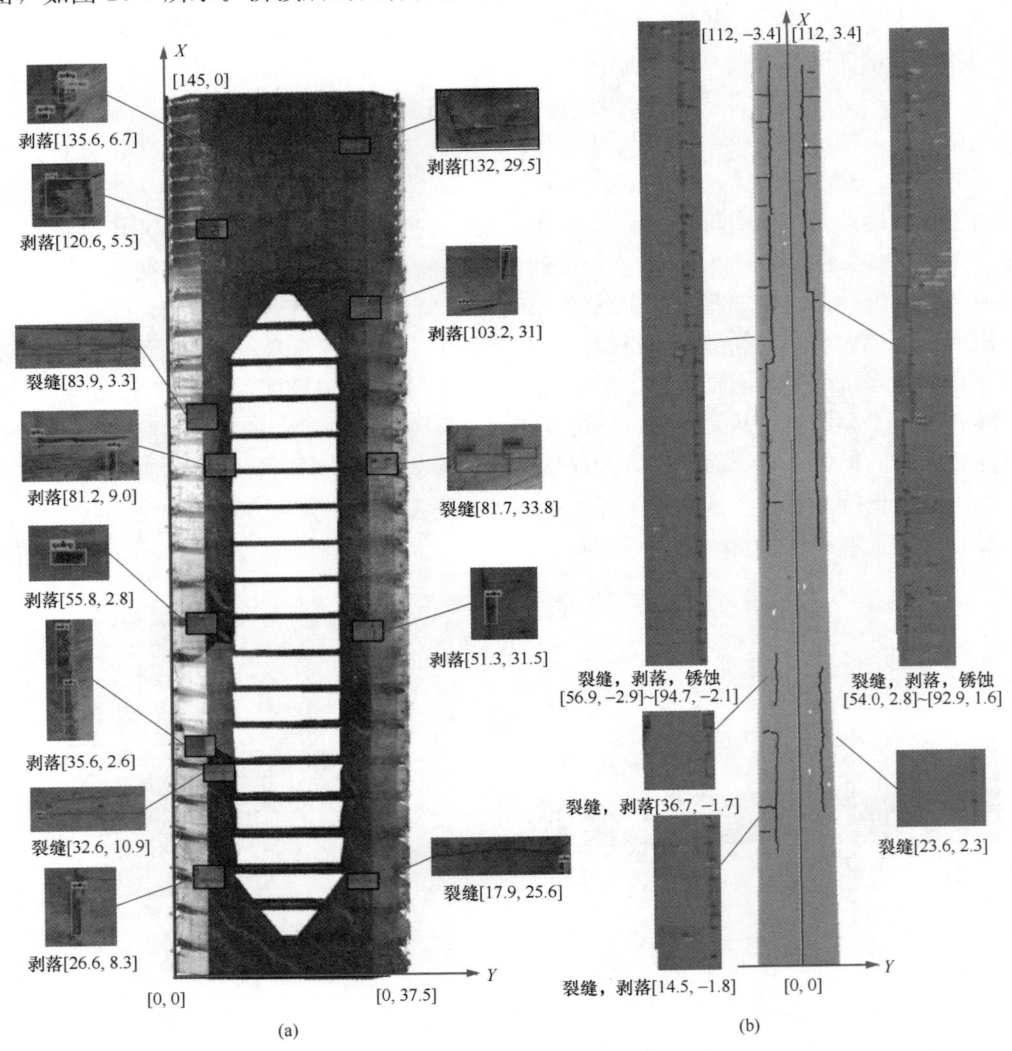

图 10-7 桥梁底部和桥塔的检测结果

(a) 桥梁底部；(b) 桥塔

图像进行处理。由于桥塔的几何尺寸是已知的，图像的坐标系设定为以桥塔底部的水平线为 X 轴，以桥塔中间的垂直线为 Y 轴，以桥塔底部的中点为（0，0）。然后采用人工标注的方式将图像中的三种损伤全部标注出来，并将标注的方框中心的坐标记录为病害的位置。将上述操作计算出的结果作为真值，与所提出的方法的定位结果对比。病害识别的误差包括真值（TP）和三种类型病害的准确性，病害定位的误差包括 X 和 Y 坐标的平均绝对误差（MAE）和平均相对误差（MRE）。结果显示，病害识别的平均检测精度为91.7%，X 和 Y 坐标的定位误差在分米级。对于高度为137m的桥塔的顶部，由于误差的累积，平均定位误差约为40cm，但靠近桥塔底部的定位误差一般小于20cm。上述结果表明，所提出的方法的精度符合工程要求。

综上所述，本案例的病害智能检测工作在裂缝、剥落和钢筋锈蚀等方面取得了显著的进展。基于深度学习的目标检测网络为土木工程领域的桥梁检测工作带来了革命性的改变，提高了检测的准确性、效率和可靠性。这一案例的成功经验为类似的结构病害检测工作提供了有益参考，并为进一步推动智能化的土木工程领域提供了宝贵的经验。

10.4 本章小结

随着基础设施的复杂化和规模的扩大，及时准确地检测和评估结构病害的重要性日益凸显。本章基于计算机视觉、深度学习和图像处理等先进技术，展示了结构病害智能检测的案例分析。首先介绍无人机图像采集方案，接着采用基于深度学习的目标检测网络对裂缝、剥落和钢筋锈蚀进行识别，最后介绍了病害定位与可视化方法。无人机视频的检测结果不仅显示了病害的存在，还提供了更深入地理解和评估病害的特征和规模。通过对图像进行聚类和分析，可以更准确地评估整个病害的几何参数。通过学习本章的案例，读者将了解到智能检测技术在结构病害领域的应用和意义以及智能检测方法的原理和工作流程。

复习思考题

1. 什么是结构病害智能检测？
2. 深度学习在结构病害智能检测中起到了什么作用？为什么它比传统方法更具优势？

11 结构施工视觉测量应用案例

知识图谱

结构施工视觉测量应用案例
- 预埋件尺寸测量
- 预制墩柱安装位姿监测

本章要点

知识点　施工精准监测的一般实施流程。

学习目标

（1）了解双目相机、激光扫描仪、相机—激光扫描融合设备等测量工具在构件精确定位、安装检测等场景中的应用方法。

（2）了解双目相机、激光扫描两种方法在三维定位任务中的适用性和各自的优缺点。

计算机视觉因其具有非接触、远距离、高精度和多点测量的优点被逐渐应用于土木工程领域，如结构缺损、变形的监测与定位、施工进度更新等。目前，基于计算机视觉技术在施工过程中的应用主要集中于施工人员安全管理和施工检测两方面，对在建结构的实时监测研究相对较少。在施工工地拍摄的视频和图像主要用于记录及跟踪项目状态、跟进施工进度、记录结构质量检测数据等。此外，目前施工现场采集的图像及视频需要人工检查及记录，数据挖掘不充分，自动化处理程度低。因此，在日益增长的施工监测需求和劳动力短缺的背景下，开发基于计算机技术的施工过程自动化监控和测量新技术具有重要的工程意义。

本章节提供了典型施工监测场景的案例：使用相机和激光扫描融合系统进行预埋件的几何尺寸测量。接着，针对预制墩柱安装位姿监测和质量控制的需求，探讨了基于双目视觉和激光扫描的两种解决方案，为施工现场预制构件安装提供指导。

11.1　预埋件尺寸测量

工程安装包括钢板、螺栓、接线盒等结构件，以及连接管、排水管等预埋管。工程安装的施工质量直接影响建筑工程的施工进度和结构安全，应牢牢控制。在这一阶段，各种工程安装的位置由工人在现场进行检查，然后再填充水泥。对于大型工程，其工程安装数量巨大、安装位置分散，如接线盒、管道等预埋件对齐复杂，因此人工检查费时费力、效率低下，并且工人在高层建筑施工中爬高是危险的，如图 11-1 所示。

图 11-1 传统预埋件安装位置测量

对于仅使用相机的计算机视觉方法，存在无法获得深度方向坐标的缺陷；而仅使用三维激光扫描仪的方法存在扫描速度慢、点云数据量大、无法在现场快速得到测量结果等问题。此外，图像处理方法与三维激光扫描相比具有分辨率高、图像采集快、处理速度快等优点，但无法获得深度信息。采用图像和激光点云融合的测量方法，可结合图像和激光点云各自的优点，以图像处理为主要方法，激光点云深度信息采集为辅助方法，整体工作环节如图 11-2 所示。从二维图像中快速检测出预埋件采用的是语义分割网络 UNet＋＋。

预埋件安装位置现场测量场景如图 11-3 所示。

预埋件安装位置现场测量结果如图 11-4 所示，测量误差在毫米级。

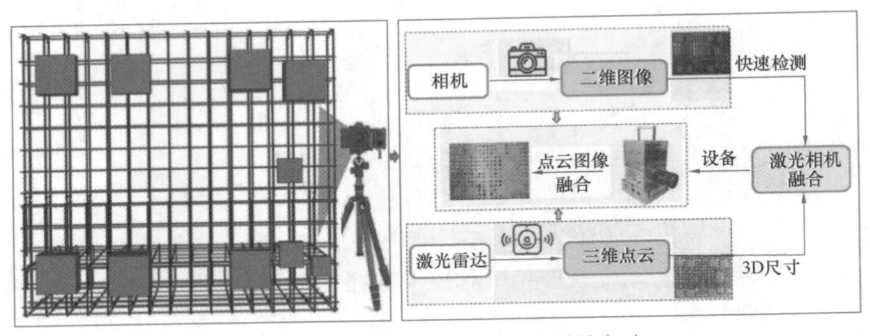

图 11-2 激光点云与图像融合测量方法

图 11-3 预埋件安装位置现场测量场景

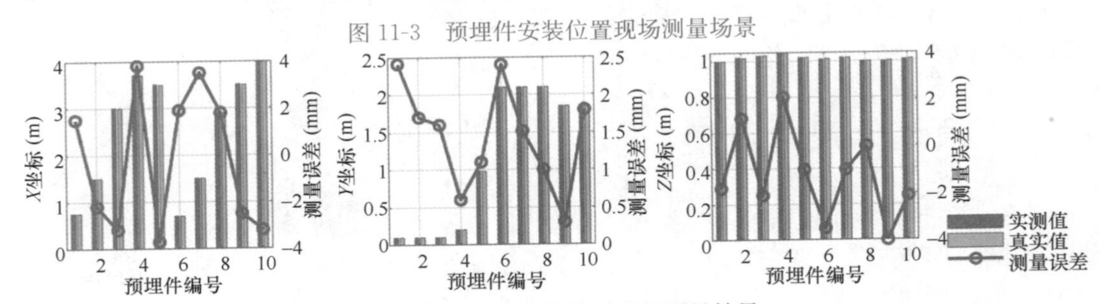

图 11-4 预埋件安装位置现场测量结果

11.2 预制墩柱安装位姿监测

装配式桥梁结构具有建造速度快、对周边交通干扰小等优点，因此受到推广。装配式预制墩柱吊装属于危大工程施工，在保证施工安全的同时也要严格控制安装精度。如图 11-5所示，传统的基于全站仪和水准仪的监测方法需预先在承台上放样出两水平轴线，用于安装观测仪器，同时在墩柱表面标注出纵向轴线，用于安装垂直度校核。

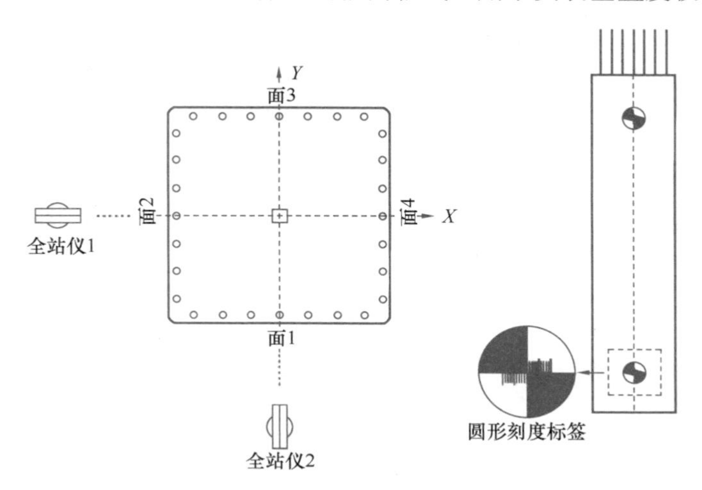

图 11-5 基于水准仪的预制墩柱安装监测方案

传统测量方式自动化程度低、测量前准备工作复杂，并且需要投入较多的人力、物力，故亟需提高施工现场的测量方式。双目视觉具有多点同步、三维非接触测量的特点，三维激光扫描仪具有大范围内三维精确感知、不依赖标志点等优点，两种测量方法均可实现结构六自由度位姿监测，是预制构件安装质量控制的可行方案。

双目视觉的方案通过在墩柱及地面上分别安装靶标，利用双目相机测量墩柱上多个靶标的三维坐标获取墩柱的三维姿态，并通过其三维姿态与地面姿态的换算关系实现墩柱的位姿监测，指导墩柱安装。双目视觉方案检测靶标的方法为基于深度学习的目标检测方法，使用 YOLOv5 检测靶标。三维激光扫描直接获取的三维点云数据可实现墩柱的位姿监测，不需要粘贴靶标。

基于双目视觉及三维激光扫描的监测示意图分别如图 11-6、图 11-7 所示。

通过双目视觉与激光扫描仪获取的控制点在参考坐标系下的坐标与对应的理想坐标进行对比，当所有控制点在参考坐标系下的坐标与对应的理想坐标之间的误差均小于预设阈值时，判断完成预制构件的吊装。构件吊装监控流程如图 11-8 所示。

基于双目视觉的选定控制点的三维运动轨迹图如图 11-9 所示。测量结果显示了控制点的空间位置随时间的变化，可以看到立柱在墩帽上方约 800mm 的高度开始下降。当五个控制点到 500mm 高度处开始调整姿态，使得五个控制点的 XY 平面坐标接近设计值时，使所有钢筋和套管大致对准，构件可继续下落。当构件达到指定标高时，对构件的姿态进行微调，使得立柱达到最终设计状态。可以发现，所有控制点在最后的 10 个调整状态逐

图 11-6　预制桥梁现场吊装施工双目视觉监测图

图 11-7　预制墩柱安装过程中现场三维激光扫描监测图

图 11-8　构件吊装监控流程

渐靠近理想的设计状态，公差约为 2mm，在允许的误差范围之内。

基于激光扫描仪的墩柱安装位姿监测如图 11-10 所示，包含两个阶段，阶段 1 对应承台预埋钢筋插入前，主要监测墩柱相对设计状态的水平偏差；阶段 2 对应墩柱竖向就位后液压千斤顶微调过程，主要监测墩柱竖向倾斜角的偏差。可见，阶段 1 下降过程中墩柱中心点逐渐接近设计状态中心；阶段 2 微调后，墩柱安装的竖向倾斜角为 0.02°，两水平偏

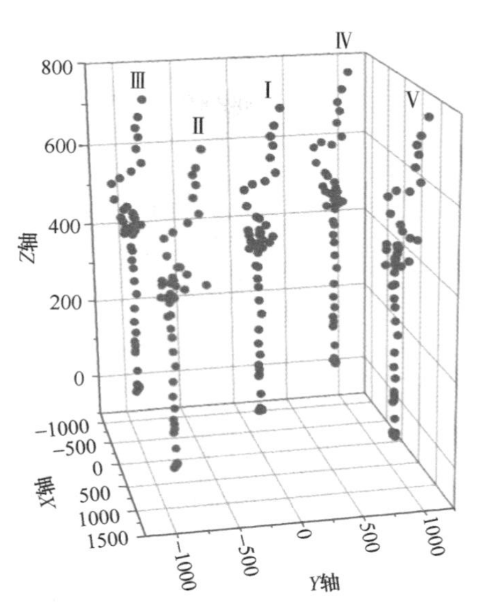

图 11-9 基于双目视觉的选定控制点的三维运动轨迹图（立柱吊装）

差分别为−0.23cm、0.45cm，满足安装质量控制要求。阶段 2 中水平偏差变化不显著，说明有必要在阶段 1 墩柱下降就位前调整好水平位置，避免重复起吊安装。

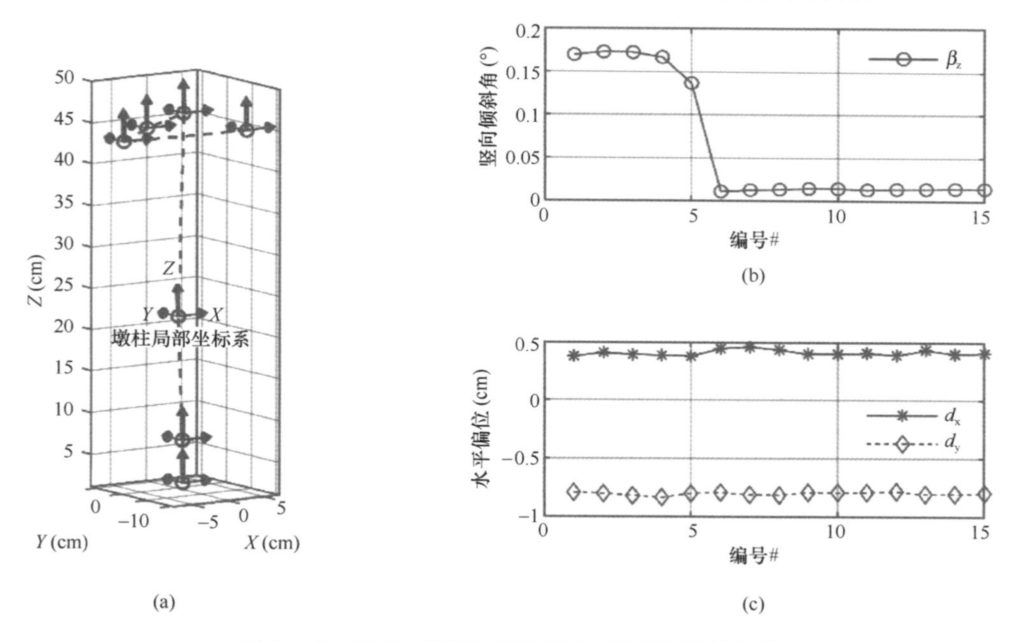

图 11-10 基于激光扫描仪的墩柱安装位姿监测结果

（a）阶段 1 墩柱下降过程中局部坐标系 P 相对墩柱设计坐标系的变化；

（b）阶段 2 墩柱微调过程中竖向倾斜角的变化；

（c）阶段 2 墩柱微调过程中两水平方向偏差的变化

11.3 本章小结

本章基于深度学习、图像处理、点云处理等先进技术，展示了计算机视觉在施工精准监测中的应用案例，主要包括预埋件验收与墩柱吊装安装对位两个场景。以相机—激光扫描融合设备、双目相机、激光扫描仪为测量工具，以计算机视觉相关算法为主要数据处理方式，快速、准确地进行施工测量，为施工人员提供精确的安装指导。

复习思考题

1. 分析双目相机、激光扫描、相机—激光扫描融合三种感知方法的特点。
2. 比较案例 11.2 中两种智能施工方式在目标获取与识别、三维重建上的异同点。

参 考 文 献

［1］ First Digital Image[EB/OL]. [2023-08-07].

［2］ HUBEL D H, WIESEL T N. Receptive fields of single neurones in the cat's striate cortex[J]. The Journal of physiology, 1959, 148(3): 574-591.

［3］ ROBERTS L G. Machine Perception of Three-Dimensional Solids: Outstanding Dissertations in the Computer Sciences[C]. 1963.

［4］ FUKUSHIMA K. Neocognitron: A self-organizing neural network model for a mechanism of pattern recognition unaffected by shift in position[J]. Biological Cybernetics, 1980, 36(4): 193-202.

［5］ LECUN Y. Generalization and network design strategies[J]. 1989.

［6］ MARR D. Vision: A Computational Investigation into the Human Representation and Processing of Visual Information[Z]. The MIT Press, 2010.

［7］ LOWE D G. Distinctive Image Features from Scale-Invariant Keypoints[J]. International Journal of Computer Vision, 2004, 60(2): 91-110.

［8］ VIOLA P A, JONES M. Robust Real-time Object Detection[J]. International Journal of Computer Vision, 2001.

［9］ KRIZHEVSKY A, SUTSKEVER I, HINTON G. Image Net Classification with Deep Convolutional Neural Networks[J]. Neural Information Processing Systems, 2012, 25.

［10］ PETERS W H, RANSON W F. Digital Imaging Techniques In Experimental Stress Analysis[J]. Optical Engineering, 1982, 21(3): 213427.

［11］ PAN B. Digital image correlation for surface deformation measurement: historical developments, recent advances and future goals[J]. Measurement Science and Technology, 2018, 29(8): 82001.

［12］ 于起峰，尚洋．摄像测量学简介与展望[J]. 科技导报，2008，26(24)：84-88.

［13］ Adaptive Construction Intelligence with deep learning in the Metaverse using SKY ENGINE AI platform to improve on-site predictive analytics[EB/OL]. [2023-08-07].

［14］ BRAUN A, TUTTAS S, BORRMANN A, et al. Improving progress monitoring by fusing point clouds, semantic data and computer vision[J]. Automation in construction, 2020, 116: 103210.

［15］ 谷柳凝，宫文然，邵新星，等．基于主应变场的混凝土全表面开裂特征实时测量与分析[J]. 力学学报，2021，53(7)：1962-1970.

［16］ MIURA H, ARIDOME T, MATSUOKA M. Deep learning-based identification of collapsed, non-collapsed and blue tarp-covered buildings from post-disaster aerial images[J]. Remote Sensing, 2020, 12(12): 1924.

［17］ 张文聪，唐冬冬，孙学宏．机器视觉技术及应用[M]. 北京：机械工业出版社，2021.

［18］ 宋丽梅，朱新军．机器视觉与机器学习：算法原理，框架应用与代码实现[M]. 北京：机械工业出版社，2020.

［19］ 双锴．计算机视觉[M]. 北京：北京邮电大学出版社，2020.

［20］ 梁玮，裴明涛．计算机视觉[M]. 北京：北京理工大学出版社，2021.

［21］ ROSTEN E, DRUMMOND T. Machine learning for high-speed corner detection: Computer Vision-ECCV 2006: 9th European Conference on Computer Vision, Graz, Austria, May 7-13, 2006. Proceedings, Part I 9[C]: Springer, 2006.

[22] VISWANATHAN D G. Features from accelerated segment test (fast): Proceedings of the 10th workshop on image analysis for multimedia interactive services, London, UK[C]. 2009.
[23] FENG D, FENG M Q. Computer vision for structural dynamics and health monitoring[M]. John Wiley & Sons, 2021.
[24] FENG D, FENG M Q. Computer vision for SHM of civil infrastructure: From dynamic response measurement to damage detection-A review[J]. Engineering Structures, 2018, 156: 105-117.
[25] MCCULLOCH W S, PITTS W. A logical calculus of the ideas immanent in nervous activity[J]. The bulletin of mathematical biophysics, 1943, 5: 115-133.
[26] ROSENBLATT F. The Perceptron, a Perceiving and Recognizing Automaton Project Para[M]. Cornell Aeronautical Laboratory, 1957.
[27] RUMELHART D E, HINTON G E, WILLIAMS R J. Learning representations by back-propagating errors[J]. Nature, 1986, 323(6088): 533-536.
[28] O MAHONY N, CAMPBELL S, CARVALHO A, et al. Deep Learning vs. Traditional Computer Vision[J]. Cham: Springer International Publishing, 2020.
[29] The Neural Network Zoo-The Asimov Institute[EB/OL]. [2023-08-08].
[30] KINGMA D P, BA J. Adam: A method for stochastic optimization[J]. arXiv preprint arXiv: 1412.6980, 2014.
[31] NIU Z, ZHONG G, YU H. A review on the attention mechanism of deep learning[J]. Neurocomputing, 2021, 452: 48-62.
[32] 李泽. 基于ISSD的铲车铲齿实时目标检测算法研究[D]. 武汉：武汉理工大学，2020.
[33] 杨涛. 传统图像分类与深度学习分类算法比较研究[J]. 荆楚理工学院学报，2020，35(2)：27-34.
[34] 张盛博，刘娜，霍宏，等. 基于层次形状特征提取模型的图像分类[J]. 高技术通讯，2016，26(1)：81-88.
[35] 张谦. 多源遥感图像配准与识别方法研究[D]. 北京：北方工业大学，2015.
[36] 房雪键. 基于深度学习的图像分类算法研究[D]. 沈阳：辽宁大学，2016.
[37] 王晨. 基于深度学习的汽车造型分析与评价[D]. 大连：大连理工大学，2020.
[38] 谢东阳. 基于SSD和Inception_resnet_v2网络的目标检测与识别算法研究[D]. 邯郸：河北工程大学，2021.
[39] DENG J, DONG W, SOCHER R, et al. Imagenet: A large-scale hierarchical image database: 2009 IEEE conference on computer vision and pattern recognition[C]. Ieee, 2009.
[40] LIN T, MAIRE M, BELONGIE S, et al. Microsoft coco: Common objects in context: Computer Vision-ECCV 2014: 13th European Conference, Zurich, Switzerland, September 6-12, 2014, Proceedings, Part V 13[C]. Springer, 2014.
[41] EVERINGHAM M, ESLAMI S A, Van GOOL L, et al. The pascal visual object classes challenge: A retrospective[J]. International journal of computer vision, 2015, 111: 98-136.
[42] 李聪聪. 三维复杂环境协同感知与可视化[D]. 西安：西安电子科技大学，2020.
[43] 刘琚，吴强，于璐跃，等. 基于深度学习的脑肿瘤图像分割[J]. 山东大学学报(医学版)，2020，58(8)：42-49.
[44] 任楚岚，王宁，张阳. 医学图像分割方法综述[J]. 网络安全技术与应用，2022(2)：49-50.
[45] 徐慧萍. 卷积神经网络下深度特征融合的图像语义分割方法研究[D]. 兰州：兰州理工大学，2021.
[46] 张博. 基于计算机视觉的桥梁车流信息识别与防船撞预警方法研究[D]. 南京：东南大学，2021.
[47] 黄毅，包世洪，马亮，等. 基于多重深度学习网络的安全帽检测及工地人员身份识别方法研究[J].

建筑安全，2023，38(4)：67-70.
[48] 杨必胜，董震．点云智能处理[M]. 北京：科学出版社，2020.
[49] 汪威．基于图像匹配技术的桥梁位移无标记测量方法研究[D]. 南京：东南大学，2021.
[50] 于姗姗．基于相机扰动校正的桥梁结构变形测量方法与应用[D]. 南京：东南大学，2021.
[51] CHENG Y，LIN F，WANG W，et al. Vision-based trajectory monitoring for assembly alignment of precast concrete bridge components[J]. Automation in construction，2022，140：104350.